JN087851

口絵1　樹林帯の積雪（山形県月山，5月）

口絵2　高山帯の積雪
　　　　（富山県立山室堂平，6月）

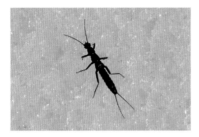

口絵3　セッケイカワゲラ（立山室堂平）

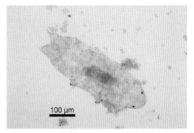

口絵4　積雪中のクマムシ
　　　　（ヒプシビウス・ニバリス）

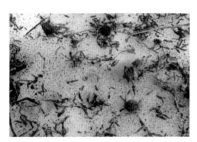

口絵5　樹林帯の積雪に現れた緑雪
　　　　（山形県月山，5月）

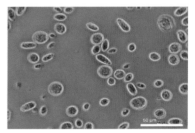

口絵6　緑雪中の雪氷藻類（クロロモナス属）

口絵7　高山帯の積雪に現れた赤雪
　　　　（アラスカ，8月）

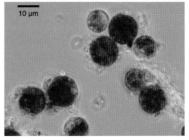

口絵8　赤雪の原因となる雪氷藻類
　　　　（サングイナ・ニバロイデス）

口絵 9　ヒマラヤ・ヤラ氷河
　　　　（ネパール，2008 年 8 月）

口絵 10　ヒョウガユスリカ（ヤラ氷河）

口絵 11　ヒョウガソコミジンコ（ヤラ氷河）

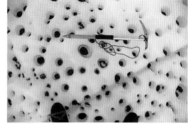

口絵 12　クリオコナイトホール
　　　　（グリーンランド）

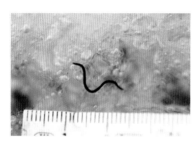

口絵 13　コオリミミズ
　　　　（アラスカ，ハーディング氷原）

口絵 14　氷河カワゲラ
　　　　（パタゴニアドラゴン）

口絵 15　白い氷河と暗色化した氷河
　　　　（左：カナック氷河，右：ウルムチ No.1 氷河）

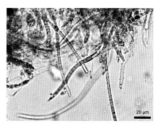

口絵 16　氷河のシアノバクテリア

Snow and ice ecology

雪と氷にすむ生きものたち

竹内 望・植竹 淳・幸島 司郎 著

雪氷生態学への招待

丸善出版

まえがき

　本書は，いままであまり知られていなかった雪や氷の世界にすむ生物のことをまとめたはじめての本である．雪や氷の世界にすむ生物といっても，ペンギンやシロクマの話ではなく，本書で扱うのは雪と氷を直接の棲みかとする生物のことである．たとえば，スキー場の雪の上に小さな黒い虫が歩いていることを見たことがある人がいるかもしれない．詳しくは本文でのべるが，これがユキムシとよばれる昆虫である．ユキムシは，我々のすむ常温の世界では生きていけず，雪上の氷点に近い温度でないと体を動かすこともできない．このような寒冷環境に特化した不思議な生物が，近年になって次々と発見されるようになった．生物は暖かい環境を好むもの，という我々の常識が雪と氷の世界の生物の発見を遅らせてきたのである．しかし，その気になって雪氷の世界を覗いてみれば，多様な生物の世界が広がっていることを誰でも知ることができる．

　雪と氷のような寒い環境にはいったいどんな生物が暮らしているのだろうか，なぜこんな環境でわざわざ生きているのだろうか．その疑問が本書の出発点である．雪と氷の世界にすむ生物を雪氷生物とよんでいる．日本は，世界有数の豪雪地帯として知られ，実は世界でもまれにみる多様な雪氷生物の生息地でもある．雪氷生物の観察地として最適な場所であるにもかかわらず，まだ多くの雪氷生物の生態は未知のままで，未発見の種も多数存在すると考えられている．さらに，雪氷の世界は，日本の雪国だけでなく世界の高山や極域を中心に，地球の広い範囲に分布する．実は地球上の雪氷の存在は，現在の地球環境の維持に欠かすことができないことがわかっている．連日報道されているとおり，近年の地球温暖化は世界の雪氷を着実に融かしつつある．地球の歴史とともに雪氷上で暮らしてきた生物は，今最も絶滅の危機にある生物ということもできる．しかしそれだけではなく，雪氷生物そのものが，雪氷の存在に大きな役割を果たしていることもわかってきた．雪氷生物の存在を知ることなしに，氷河や積雪の変動や気候変動の本当の意味も理解できないのである．

　本書は，雪氷の生物に興味を持つ高校生や大学生を主な対象とし，専門知識がなくても理解できるように一般の方でもわかるように書いている．単に教科書的な事実の羅列にならないように，筆者らの研究の軌跡を辿りながら，雪氷生物の面白さを身近な雪景色から，世界の氷河に広げて順に解説した．舞台となる雪山には，観光地としてもよく知られた場所も含まれている．雪氷生物のことを知ってもらえば，旅行の楽しさも倍になるはずである．さらに，様々な専門の研究者の方にも役に立つように，国内外の最新の研究成果もなるべく含めて構成した．雪氷生物の幅広い関連分野について横断的に解説したので，単に生物学だけでなく，雪氷学や気候学，地球化学，極域科学などを専門にする方にも楽しん

でいただけるはずである.

　雪氷は，単に身近な冬の風景にとどまらず，惑星規模の地球環境，数十億年にのぼる地球の歴史，さらに太陽系や宇宙に存在する無数の天体という，果てしなく続く時間と空間を超えてつながる現象である．なにか世のためにすぐに役に立つというわけではないが，我々の好奇心を刺激してくれることはまちがいなく，それがユキムシ研究の大きな魅力である．SNSやメタバースなどバーチャルな世界への関心が高まっていく時代の中，身近なリアルの世界にこんなに面白く未知の現象が存在することを，この本を通して知ってもらえれば望外の喜びである.

　2023 年 5 月

筆者を代表して　竹内　望

目　次

本書の付録「日本の雪氷生物の観察手引き」と「雪氷生物図鑑」は WEB 上で閲覧できます．
右の QR コードを読み取るか，以下の URL からアクセスしてください．

https://www.maruzen-publishing.co.jp/info/n20694.html

または弊社 WEB サイト（https://www.maruzen-publishing.co.jp）の
本書紹介ページからもご覧いただけます．
なお本サービスは予告なく変更または停止，終了する場合がございます．
あらかじめご了承ください．

第 1 章
雪氷生物研究の始まり
ユキムシから氷河生態系へ

氷河上での昆虫採集

標高 5000 m を越えるネパール・ヒマラヤの山々は，氷河に覆われた雪と氷の世界である．頭上にはポスト・モンスーン期の深い藍色の空が広がり，周囲には 7000 m 級の急俊な山々が，深い空の色を背景に強烈な日差しを浴びて白く輝いている（図 1.1）．1982 年の秋，筆者（幸島）は，標高 5300 m の氷河の上で，薄い空気に息切れしながらピッケルを振るい，憑かれたように氷河の氷を砕いていた．強い日差しの中で虹色に輝く氷の中から，ユスリカの幼虫や成虫がうごめきながら次々に姿を現してくる．氷を砕くピッケルの音の他は何も聞こえない静寂の世界である．筆者はどきどきしながら，氷の中から一匹一匹注意深く取り出していった（図 1.2）．こんな昆虫採集は世界でも自分一人しか経験したことがないだろうと思うと，何だかとても愉快な気分になってきた．氷河に定住することが明らかになった最初の昆虫，ヒョウガユスリカの発見である（Kohshima, 1984）．ついに探し求めていたものを見つけたのだ．信じられ

図 1.1　ネパール・ヒマラヤの氷河と山々

図 1.2　ヒョウガユスリカを採集する筆者

ないかもしれないが，筆者は氷河にも昆虫が生息するに違いないと信じて，何年も探し続けていたのだ．

ほとんどの人にとって，雪や氷と昆虫の取り合わせは明らかなミスマッチだろう．昆虫採集といえば，暑い夏休みの思い出の定番だ．それに「昆虫は変温動物だから，雪や氷のある寒いところで活動できるはずがない」と，少し知識のある人ならいうだろう．しかし，筆者が氷河で昆虫を探そうなどと考え始めたのには訳がある．それは，筆者が日本でセッケイカワゲラやクモガタガガンボというちょっと変わった昆虫を研究していたからだ．セミやトンボなど，多くの昆虫が気温の高い季節に親（成虫）となって活発に活動し，寒い季節には活動を休止するのに対して，ユキムシ（雪虫）とも呼ばれるこれらの昆虫は，寒

い冬に幼虫から成虫となるのだ．しかも，わざわざ冷たい雪の上に出てきて活発に活動するのである．

　これらの昆虫の詳しい生態については第2章（2.3）で解説することとして，この章では，ユキムシとの出会いから始まった雪氷生物の研究が，どのように氷河昆虫の発見や氷河生態系の研究，また，氷河生態系の微生物が氷河の融解へ及ぼす影響や氷河微生物を利用した古環境復元の研究へと発展していったのかについて概説することにする．

ユキムシとの出会い

　1978年の夏，大学の山岳部員だった筆者は，富山県の立山連峰にある劔沢雪渓の上を歩いていた．雪渓とは，谷筋に溜まった大量の雪が夏でも融けずに残っているものだ．鋭い岩峰に囲まれた雪渓の上を，冷たい風が吹き下ろしてくる（図1.3）．筆者にとっては夏合宿で何度も訪れたなじみの雪渓だ．しかしその時，ふとあることに気づいて，しばらく茫然と立ちつくしてしまった．なんと，足元の雪の上を，体長1 cmほどの黒い虫が何匹も歩きまわっていたからである（図1.4）．

　雪渓の上で昆虫を見たのはこれが初めてではなかった．雪渓の上には，冷たい気流に巻きこまれて体温が下がり，動けなくなったアキアカネやハエ，ハチなどが落ちていることがよくあるからだ．ただ，それらの虫はほとんどが死んでおり，生きていてもゆっくりと肢や翅を動かしてもがく程度である．けれどもこの黒い虫は，雪の上をしっかりした足取りで歩いていることから，もともと雪渓の上で暮らしている虫だと思われた．そもそも翅の痕跡すらないので，飛んでいるところを気流に巻きこまれて雪渓に落ちてきたとも思えない．

　彼らが活動している雪渓の表面数 cmの気温を測ると，ほぼ安定して約0 ℃だった．どうしてこんな低温で活動できるのだろうか．筆者はさっそくこの黒い虫を採集して，研究室に持ち帰ることにした．山登りが大好きだった筆者は，山でできる卒業研究のテーマを探していたからだ．

　持ち帰った虫の標本を，指導教員だった動物行動学者の日高敏隆先生に見せると，先生はすぐに，それがセッケイカワゲラという虫の仲間であることを教えてくださった．先生も昔，白馬岳の大雪渓で見かけて興味をもったことがあるそうだ．どんな生活史を送っているのかさえ，まだほとんどわかっていないという．筆者はすぐに，この虫を研究しようと決心した．どうせ研究す

（左）図1.3　寒風の吹き下ろす劔沢雪渓
（右）図1.4　雪渓の上を歩き回るセッケイ
　　　　　　カワゲラの仲間

るなら，まだ誰も研究したことのない動物を研究したいと思っていたからだ.

雪の上の虫たち

　文献をあさり，セッケイカワゲラに関する情報を集めていくうちに，おもしろいことがわかってきた. この虫の仲間は高山の雪渓だけでなく，北海道や東北，北陸などの多雪地帯では，真冬の低山に積もった雪の上にも出現するというのである. じつは，夏の雪渓上に出現するものと冬の積雪上に出現するものでは種が異なる. しかも，ややこしいことに当時は，なぜか冬の積雪上に現れるものがセッケイカワゲラ（*Eocapnia nivalis*），夏の雪渓上に現れるものがセッケイカワゲラモドキ（*Apteroperla* sp.）という逆転した和名でよばれていた. 最近では前者をユキクロカワゲラ，後者をヤマハダカカワゲラに変更しようという意見が出ているそうだ.

　筆者は冬の積雪上で活動するセッケイカワゲラを研究することにした. 低温という点では，雪渓よりも冬の積雪のほうが条件が厳しいと思われたからだ. そこで，冬になるとさっそく琵琶湖の西岸にある比良山地で調査を開始した.

　比良山地の最高峰である武奈ヶ岳（1214 m）の南面，標高約 1000 m にある調査地は，12 月も末になると，深さ 1～2 m の厚い積雪に覆われる. それまでは気づかなかったが，「雪の上にも虫がいるかもしれない」と意識して探してみると，真冬の雪の上にも，カワゲラやユスリカ，トビムシ，ガガンボ，タマバチなど，予想外にさまざまな昆虫が見つかることがわかってきた. なかでも最も低温に強く，積雪環境にうまく適応していたのが，セッケイカワゲラとクモガタガガンボだった.

セッケイカワゲラ

　セッケイカワゲラ（図 1.5，口絵 3）は，カワゲラという幼虫時代を川の中で過ごす水生昆虫の仲間である. 渓流釣りが好きな人なら，岩の下に潜むカワゲラの幼虫を釣りの餌にしたことがあるかもしれない. しかし，多くのカワゲラの成虫には翅があり，春から夏に羽化して川から飛び立って交尾や産卵を行うのに対して，セッケイカワゲラの成虫には翅がないので飛ぶことはできず，真冬に川から上陸すると，もっぱら雪の上を歩きまわって生活している.

図 1.5　セッケイカワゲラの成虫

　成虫の体長は 8 mm ほどで，黒くて翅がないので，少し細長いアリのようにも見える. 東北や北陸などの多雪地帯では，天気のよい冬の日に川岸に行けば，雪の上を走りまわっているたくさんのセッケイカワゲラを見ることができるだろう.

　冬の調査地で筆者がまずやったのは，一匹の成虫をできる限り追跡して観察することだった. 何もない白い雪原で，彼らが何をしているのか不思議でならなかったからだ.

　これは，思ったよりずっと大変な仕事だった. 彼らはときどき雪の中に潜りこむので，

すぐに見失ってしまうからだ．雪に潜るといっても自分で穴を掘るわけではない．クモガタガガンボにも同じような行動が見られるが，雪の隙間，特に樹木の周りにある隙間を利用して，積雪の深い部分まで下りてゆくのである．日射で暖められた幹が雪を融かすので，樹木の幹と積雪の間には必ず，彼らが入り込める隙間ができるのだ．

　特に気温が下がる夜間や悪天候の時には，彼らはこのようにして比較的温かな積雪の中に潜りこんで過ごしていた．いくら低温に強いといっても，セッケイカワゲラは−十数℃，クモガタガガンボは−15℃前後まで気温が下がると，さすがに体が凍結して死んでしまうからだ．冬山では，積雪表面の気温が−10℃以下に下がることなど決して珍しくはない．彼らは，一歩間違えば確実に凍死してしまうような，厳しい環境で生きていたのである．

雪の上で何をしているのか？

　積雪の表面をひたすら早足で歩きまわっているセッケイカワゲラを観察していると，ときどき立ち止まっては口を動かし，何かを食べるようなしぐさをしていることがわかった．雑食性で，雪の上にある有機物ならなんでも食べるらしい．ときには雪の上にある昆虫の死体や樹皮のかけらなど，人間の目にも見えるものを食べていることもあったが，ほとんどの場合は，目に見えない小さなものを食べていた．解剖して消化管の中を調べてみると，当時はまだ十分判別できなかったが，雪氷微生物という雪の中で増殖する藻類やバクテリア，線虫，ワムシなどを食べていることがわかってきた．一見したところ何もない雪の上も，彼らにとっては，御馳走がいっぱいの理想的な餌場だったのである．

　じつは，成虫期に餌を食べることは，カワゲラの仲間では非常に例外的な習性である．大多数のカワゲラは，幼虫期の摂食によって得られる物質とエネルギーだけで卵や精子を十分成熟させているので，成虫になればもはや餌を食べる必要がない．だから成虫の寿命も数週間と短く，交尾と産卵をすませるとすぐに死んでしまう．餌を食べる必要がないので，成虫の口や消化管が退化しているカワゲラも多い．ところがセッケイカワゲラの場合，12月から1月に川から雪の上に上陸してくる羽化直後のメス成虫は，まだ非常に未成熟な卵しかもっておらず，卵の成熟に必要なエネルギー源となる脂肪組織もほとんど発達していなかった．オスの精子は羽化直後にはすでに成熟していたが，メスと出会わせても交尾しようとはしなかった．したがって，オスも羽化直後には，やはりまだ性成熟していないと考えられる．成熟卵で腹部が膨れ上がったメスや交尾するオスの割合は，2月〜3月の雪融けの季節に急速に増加した．つまり，セッケイカワゲラの成虫は，雪の上を数ヵ月間も歩きまわって餌を食べることで，性成熟に必要なエネルギーを得ていたのである（Kohshima & Hidaka, 1981）．

　この事実は，セッケイカワゲラの生活史において，雪上での活動が非常に重要な意味をもつことを示している．つまりセッケイカワゲラは，雪があるから仕方なく雪の上を歩きまわっているわけではなく，摂食のために積雪という環境を積極的に利用していたのである．

夜行性の珍虫

　クモガタガガンボ（*Chionea nipponica*）は，体長5 mmから1 cmほどのガガンボの仲間である（図1.6）．ガガンボは巨大なカ（蚊）のような姿をした昆虫で，夏によく灯火の周りに集まってくるので，見たことがある方も多いはずだ．ただし，クモガタガガンボには翅がなく，胴体もずんぐりしているので，カには似ていない．それよりも，長い足で雪の上をひょこひょこ歩く姿がクモのように見えることから，クモガタガガンボという名がつけられたらしい．

図1.6　クモガタガガンボのメス成虫

　比良山地の調査地では12月下旬から2月初旬の厳冬期にだけ，この虫の成虫が雪の上に出現する．まさに真冬の昆虫である．幼虫がどこでどんな生活を送っているのかはまだわかっていなかった．雪の上を歩きまわっている成虫だけが知られていたのだ．

　採集した成虫を解剖してみると，オスもメスも消化管はほとんど退化しており，親は食物をほとんどとらないらしいことがわかった．おそらく成虫は交尾や産卵のためだけに雪の上で活動しているのだろう．雪の上で交尾している個体も，まれにだが観察することができた．

　調査の結果，おもしろいことに，比良の調査地では昼間より夜間に活動する個体のほうが多いことがわかってきた．昼間は一日歩きまわっても10匹も見つからないのに，夜中に探すと何十匹も採集できるのである．この虫はめったに見つからない珍虫として知られ，標本も非常に少なかったのだが，これは当然予想されるように，真冬の雪山で，しかも夜中に虫を探す人がほとんどいなかったからに違いない．

寒くないと動けない

　クモガタガガンボが夜間でも活動できるという事実は，筆者にとって大きな驚きだった．当初は，低温環境で活動する昆虫は，太陽光で体を暖めたり，温度の高い微環境にとどまったりして体温を上げているのではないかと考えていたからだ．ところが夜には太陽光で体を暖めることはできない．また，彼らが夜に利用できる最も気温が高い環境は，雪の断熱効果で寒さが届きにくい深い雪の中だが，高いといっても0℃付近の低温である．しかも，彼らが活動している夜中の積雪表面は，周囲の環境の中でも最も温度が低く，−10℃以下にもなるのだ．自ら発熱して体温を上げようにも，この虫の大きさでは体重あたりの体表面積が非常に大きく，放熱の効果が高いため，環境温度以上に体温を維持することは熱力学的にも困難である．ということは，彼らは環境温度とほぼ同じ，つまり−10℃近い体温で活動していることになる．

　そこで，先端が非常に細い熱伝対温度センサーを使って，夜中に活動しているクモガタガガンボの体温を直接測定したところ，体温はやはり外気温とほぼ同じであった．つまり，

外気温が−8℃のときには，クモガタガガンボの体温もほぼ−8℃だったのである．まだわかっていないが，おそらく低温でも活性の高い特殊な酵素系をもっており，体温を上げなくても低温で活動することができるのだろう．我々は，昆虫が体温を上げないと活動できないという誤った固定観念にとらわれすぎていたのだ．

　調査の結果，クモガタガガンボもセッケイカワゲラも低温に強く，だいたい−5℃から＋5℃くらいの気温で活発に活動できることがわかった．逆に，高い温度には弱く，20℃以上に温めてやると痙攣を起こし，長く置くと死んでしまう．たとえば，小さな瓶に入れてポケットの中でしばらく温めてやると，痙攣を起こして動けなくなってしまう．しかし，瓶を雪の上において冷やしてやると再び元気に歩き出すのだ．つまり，彼らは「寒くても動ける」のではなく，「寒くないと動けない」昆虫だったのである．

氷河へ虫を探しに行く

　こうしてユキムシの研究を進めるにつれ，「氷河にも昆虫がいるかも知れない」と考えるようになった．彼らが低温に適応し，積雪という環境を積極的に利用した見事な生活史を送っていることがわかってきたからだ（第2章3）．それに，最初にセッケイカワゲラの仲間に出会った北アルプスの劒沢雪渓は，最終氷期が終わったほんの一万年ほど前までは立派な氷河だった（最近の研究によって，現在も氷河として活動していることが明らかになっている）のだから，あの虫たちは雪渓が氷河だった時代からそこにすんでいたのだろうと考えたのだ．ところが，いくら文献を調べても氷河に昆虫が生息しているという報告は見つからなかった．氷河は定住性生物のいない無生物的環境であると信じられていたのである．しかし筆者は，これまで報告がないのは，単に雪と氷の世界で本気で昆虫を探す研究者がいなかったからではないかと考え，自分でヒマラヤの氷河に虫を探しに行くことにした．山好きの筆者にとって，ヒマラヤで調査することは夢でもあったからである．

　氷河にすむ昆虫を最初に発見したのは，ネパール・ヒマラヤのヤラ氷河でのことだった．ヤラ氷河は標高5100〜5600 mにある比較的小型の氷河である．当時名古屋大学水圏科学研究所におられた氷河学者である樋口敬二さんや渡邉興亞さんが中心となって計画された，ヒマラヤでの氷河調査（GEN）に参加させていただいたのだ．

　ヒマラヤの氷河へ至る旅は厳しい旅だ．標高数百 mの低地から歩きだし，5000 m以上の標高差を何日もかけて登りきらねばならない．しかも，標高3000 mを越えた辺りからは，高山病を防ぐために，何度も上り下りを繰り返しながら徐々に高度を上げ，高所順化せねばならない．また，雨の多いモンスーン期には，ジュガとよばれるヒルに悩まされ，雨の中を血だらけになりながら歩くこともしばしばだった．しかし，登るにつれて変化する人と自然の姿は素晴らしいものだった．インド系の人々が亜熱帯の赤土を耕して米やバナナ，マンゴーを栽培している低地から歩き出し，モンゴロイド系のタマン族がシコクビエやトウモロコシを栽培する丘陵地帯を経て，標高3000 m付近にある雲霧林を抜けると，そこはチベット系の人々の世界になる．彼らは谷筋でハダカムギやジャガイモ，ソバをつくり，標高4000 m以上の高地草原で羊やヤク（毛深い牛の仲間）を放牧して暮らしてい

る．植生も亜熱帯林から針葉樹林，
高地草原へと登るにつれて見る見る
うちに変化する．そして，高地草原
のさらに上，標高 5000 m 以上の高
所に，雪と氷の世界である氷河地帯
が広がっているのだ．こうして，高
山病の頭痛と脱力感に悩まされなが
ら，やっとたどり着いたヤラ氷河の
姿は，予想以上に荒涼としたもの
だった．調査を行った 1982 年の秋
（ポストモンスーン期）には，全面
が厚い積雪に覆われ，見渡す限り純

図 1.7　ヤラ氷河の末端　（標高 5100 m）

白の雪と氷の世界だったのである．冷たい風が
吹き荒れる氷河を見ていると，「やはり生物は
いないのだろうか？」という考えが頭をよぎる
（図 1.7，口絵 9）．
　しかしあきらめずに探してみると，なんとこ
の雪の表面を歩き回っている体長 3 mm ほどの
小さな黒い昆虫（ヒョウガユスリカ，図 1.8，口
絵 10）や氷河表面の融水に生息する体長 1 mm
ほどのオレンジ色の甲殻類（ヒョウガソコミジ
ンコ，口絵 11）が見つかったのだ．これらの氷
河動物の詳しい生態については，第 3 章（3.2）
で解説する．

図 1.8　ヒョウガユスリカの成虫（左：オス，右：
メス）

氷河生態系の発見

　ヤラ氷河で発見されたこれらの動物たちは，ユキムシと同様に低温に強く，雪と氷の環
境にうまく適応しているだけでなく，氷河の雪や氷の中で光合成を行って増殖する藻類や
シアノバクテリアなどの微生物を食物として，氷河の中だけで生活環を完結していること
が明らかになった．この発見は，氷河に関する定説をくつがえすものだった．それまでは
雪と氷の世界である氷河では光合成生産がほとんどないと考えられてきたからだ．また，
氷河に定住している動物はおらず，氷河上で時々発見されるクモなどの動物は，風によっ
て他の生態系から運ばれてくる有機物を食物として，一時的に滞在しているに過ぎないと
考えられてきた．ところが，この氷河には「氷河生態系」とよぶべき，光合成生産に支え
られた定住性の高い動物群集を含む特異な生態系が成立していたのである（Kohshima et
al., 2002）．その詳しい構造や特性については第 4 章（4.4）で解説する．
　多くの生物が発見されたヤラ氷河は，決して例外的な氷河ではない．その後も，世界各

図 1.9　エベレスト山麓の氷河内部の氷の洞窟

図 1.11　南米パタゴニア氷原

図 1.10　上図で見つかったカワゲラ類の幼虫

図 1.12　上図で見つかった氷河カワゲラ（*Andiperla willinki*）

地の氷河でさまざまな氷河生物を見つけることができた．エベレスト山麓の氷河では，融水の作用によって氷河の内部に形成された大規模な氷の洞窟内で（図 1.9），カワゲラ類などの氷河昆虫（図 1.10）を発見した（幸島, 2007）．また南米のパタゴニア氷原（図 1.11）でも，翅のない氷河カワゲラ（*Andiperla willinki*, 図 1.12，口絵 14）やその食物となっているトビムシ類（*Isotoma* sp.）などの氷河昆虫が見つかった（Kohshima, 1985b）．このカワゲラの幼虫も氷河内部に発達する洞窟などの氷体内水系に生息していることがわかった．つまり，氷河生態系における生物の生息場所は表面ばかりでなく，氷河内部にも広がっていたのだ．また，パタゴニア氷原では，雪氷藻類とよばれる赤い色素をもった緑藻類が主な一次生産者になっており，それをトビムシ類が食べ，トビムシ類をカワゲラが食べるというように，ヒマラヤより食物連鎖が一段複雑であることもわかった．氷河生態系に生息する動物は，昆虫やミジンコなどの節足動物だけではない．アラスカの太平洋岸にある氷河には，コオリミミズ（*Mesenchytraeus solifugus*）とよばれるミミズの仲間が生息している（図 1.13，口絵 13）．コオリミ

図 1.13　アラスカのコオリミミズ

ミズも低温でないと生きられない生物で，暖めると死んでしまう．また，夜行性で，日中
は氷河の雪や氷の中に表面から1m近く潜ってじっとしているが，夜になると表面に現れ，
表面で増殖している雪氷藻類を食べていることも明らかになった．このように氷河生態系
には，予想以上に多様な生物が生息していることがわかってきた．これらヒマラヤ以外の
地域の氷河生態系に関しては第5章で詳しく解説する．

氷河生物のアルベド低下作用

研究が進むにつれ，
一見我々の生活には何
のかかわりも無いよう
に見えるこれらの生物
が，実は氷河の拡大・
縮小など，地球規模の
環境変動に大きくかか
わっていることが，し
だいに明らかになって
きた．一部の氷河では
雪氷中で増殖する微生
物が氷河の色を変え，
氷河の融け方に影響を
与えていることが明ら
かになったのだ．たと
えばヒマラヤの氷河で

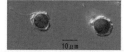

図1.14 雪氷中で増殖する微生物が氷河の色を変える

は，モンスーン期（夏）になると，氷河上で増殖するシアノバクテリアを主成分とする大
量の黒い泥状物質が氷河表面を覆うため，氷河の下半分が黒く色付けられる（図1.14，口
絵9）．これらの物質は氷河表面のアルベド（反射率）を大きく下げるため，氷河の表面融
解が3倍近く加速されていることが明らかになった．雪や氷は地球上で最も白い，つまり
アルベドの高い物質であり，太陽からの入射エネルギーのほとんどを跳ね返してしまう．
ところが，その表面が黒い汚れに覆われると，アルベドが下がり入射エネルギーの吸収効
率が上がるため，融解が加速されるのだ．つまり，ヒマラヤの氷河では氷河上の生物活動
が氷河の融解を加速していたのである（Kohshima et al., 1993）．

また，アラスカの氷河では，夏になると赤い色素をもった緑藻類が大増殖するため，広
大な面積の氷河がピンクに染まることが，衛星画像の解析などによって明らかになってき
た．近年，このような微生物による氷河のアルベド低下作用が，グリーンランド氷床でも
大規模に起こっていることがわかってきた．グリーンランド氷床は南極に次いで大きな氷
床であり，その変動は温暖化による海面上昇など，地球規模の環境変動に大きく影響する
と予測されている．したがって，この事実は国際的にも注目されており，最近では，雪氷

微生物の作用を考慮した氷河や氷床のアルベド変動モデルも提案されるようになった.

雪氷微生物を利用した古環境研究

将来の環境変動を予測するには，過去の環境変動を理解する必要があるが，雪氷生物の研究は古環境の復元にも役立つことがわかってきた.

氷河の上流部（涵養域）では，春から夏にかけて表面で増殖した雪氷微生物が，秋の降雪によって埋められ，毎年氷河内部に取り込まれる．したがって，氷河の深い部分の氷には過去の雪氷微生物が年層となって保存されている．筆者らがヒマ

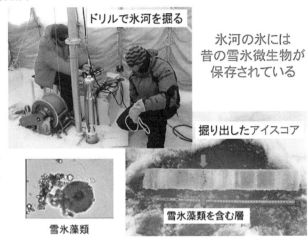

図 1.15　氷河アイスコアには過去の雪氷微生物が保存されている

ラヤや中央アジア，北極などの氷河で行った氷河ボーリングで採取したアイスコア（柱状氷試料）には，このような過去の雪氷微生物を含んだ氷層が多数含まれていた（図 1.15）.
調査の結果，ヒマラヤのヤラ氷河のアイスコア中に含まれる雪氷藻類の量や種類組成は，藻類の増殖に関係した過去の氷河上の環境条件（たとえば夏の気温や積雪量など）を反映しており，古環境復元の新しい情報源として利用できることが明らかになってきた．従来のアイスコア解析では，酸素安定同位体比や化学成分などの氷の物理的・化学的性質を指標として，過去の環境変動が復元されてきたが，雪氷微生物を分析すれば，これまで得られなかった環境情報が得られる可能性が高い．たとえば，ヒマラヤやパタゴニアなど，融解の激しい中低緯度の氷河のアイスコアでは，融解水の浸透による混合が大きいために，酸素安定同位体比や化学成分を環境指標として利用できないが，雪氷微生物を利用すれば，このようなアイスコアからも古環境情報を引き出すことが可能になることがわかってきた（Kohshima et al., 2002）.

このように，ユキムシとの出会いから始まった雪氷生物の研究が，近年では地球規模の環境変動研究の観点からも注目されるようになってきた.

次章では，我々の雪氷生物研究の出発点となった，日本の雪氷環境とそこに生息する雪氷生物について解説する.　　　　　　　　　　　　　　　　　　　　　［幸島　司郎］

第2章
日本のユキムシと雪氷生物

2.1　ユキムシ（雪氷生物）とはなにか

ユキムシとはなにか

　セッケイカワゲラのような雪の上で活動する昆虫を，本書ではユキムシとよぶことにしよう．ユキムシにはどんな種類がいて，いったいなぜわざわざ寒い雪の上で活動しているのだろうか．一般の多くの昆虫は夏に活動し，冬は卵または冬眠した成虫で過ごす．昆虫採集といえば夏休みの定番であることもあり，昆虫は気温の高い夏が好きな生物であるというのが，我々の常識である．夏に見られたたくさんの虫たちも，秋が近づき気温が下がってくると，途端に活動が鈍くなり，やがて死んでしまう．気温の低い冬は，卵または活動を停止した冬眠状態となる．暑さに強く，寒さに弱い，というのが我々の昆虫の理解である．一方，ユキムシはその正反対の生活史をもっている．セッケイカワゲラは，夏から秋の間は渓流で卵や幼虫として過ごし，冬に成虫となり雪の上に現れる．氷点に近い世界でも，その季節にのみ活動する虫が存在することは，驚きである．ユキムシはまさに，我々の常識を超えた生物であるということができる．

　ただし，ユキムシというと，北海道などの地域では，秋に現れて雪のように大気中を舞うアブラムシのことを指すことがある．しかし，本書でいうユキムシにはこのアブラムシは含まない．このアブラムシは，普段は羽がなく植物の上で生活しているが，冬が近づくと羽のある成虫が生まれて大気中を飛び回る．しかしその成虫は飛翔力が弱いために風にあおられるように飛び，さらに蝋物質をまとっているために，まるで雪が舞っているように見える．北海道では，ちょうど初雪の前にこのアブラムシが舞うことから，冬の訪れの合図となっている．しかし，雪氷上で生活する虫ではないので，本書の対象ではない．

　夏の山岳地の雪渓の上を歩くと，さまざまな昆虫が雪の上に落ちていることを見ることがある．多くは死んでしまっているかもしれないが，一部は雪の上を懸命に歩いていたりする．アブラムシの仲間や，テントウムシ，蛾，甲虫など，さまざまな種類の虫を見ることができる．これらの虫は，周辺の植生や山麓から風に巻き上げられ，不運にも雪の上に落ちてしまったものである．これらの虫も，雪の上で積極的に生活しているわけではないため，本書でいうユキムシには含まない．しかしながら，生態系として雪渓や氷河を見る場合には，これらの虫も炭素や栄養の供給源として重要な役割をもっている．

ユキムシと雪氷生物

　なぜ，一般の昆虫は夏に活動が活発になるのか，反対になぜ，ユキムシは冬に活動ができるのだろうか．一般の昆虫が正常に活動するには，気温が10℃以上の環境が必要だとい

われている．10℃を下回るとうまく活動できない．反対に40℃以上になると，暑すぎてやはり正常には活動はできない．最も活動的な温度は25℃から30℃である．生物は，温度が低すぎても高すぎても活動できないのである．この温度範囲外で活動できない大きな理由の一つは，生命活動維持のための代謝とよばれる化学反応がうまく働かないためである．代謝とは，生命活動を維持するための呼吸や生合成などの化学反応の総称であり，適度な温度でないとこの化学反応は進まない．また温度が高すぎても，反応を触媒する酵素が破壊される．詳しいことは，後の章で述べることにするが，温度は生命活動の根幹をなす化学反応に，直接かかわっているのである．気温が10℃以下で活動ができるユキムシは，つまり，10℃以下の体温でも代謝の化学反応をうまく維持できる特殊な仕組みをもっていることになる．

　ユキムシのように雪や氷の世界で生活する生物を，昆虫以外も含めて雪氷生物とよぶ．雪氷の世界の生物というと，ホッキョクグマやペンギンを思い浮かべる人が多いかもしれない．確かに，これらの動物も北極や南極の雪氷環境で一生を過ごしている．なので，ホッキョクグマやペンギンも広い意味では，雪氷生物といえるかもしれないが，本書では含まないことにする．その理由は，低温に対する適応方法が，セッケイカワゲラなどのユキムシとは全く異なるからである．それは，いわゆる恒温動物と変温動物の違いである．ホッキョクグマやペンギンなどの哺乳類と鳥類は，我々と同じように外部環境の温度に関わらず，体内の温度（体温）をほぼ一定に保っている．このような動物を，恒温動物とよんでいる．体温が常に30℃前後に保たれていれば，生命活動に不可欠な代謝の化学反応は，どんなに寒いところでも問題なく維持することができる．一方，ユキムシのような生物では，体内温度を自ら調整することはできず，外部環境の温度と同じとなる．このような生物では，先ほど述べた通り，特殊な代謝機能をもたないかぎり生命活動を維持することはできない．雪氷生物の特殊性とは，この代謝機能にあるといえる．

　雪氷生物には，ユキムシのような昆虫だけではなく，目に見えないような微生物も含まれる．雪を持ち帰り顕微鏡で覗いてみると，驚くほど多様な微生物が雪の中に生息していることがわかる．たとえば，最初に目につくのは，活発に動き回っているクマムシやワムシといった微小な無脊椎動物である．また，雪の中には小さな赤やオレンジ，緑色をした雪氷藻類という微生物が多数含まれていることがある．さらに，無色の星型をした小さな菌類や，点にしか見えないが動き回るバクテリアも観察される．このように微生物も含めると，雪氷の世界は，非常に多様な生物が生息しているのである．これらの生物は，0℃またはそれを下回る温度環境で，活発に動き回りさまざまな代謝を行うことが共通の特徴である．

　私たちの身近な日本列島の積雪には，このような驚くべき生命の世界が広がっている．雪氷生物は雪の上で，いったいどのように生活しているのだろうか．我々のような常温の世界で生きる生物には見当もつかないが，ユキムシになったつもりで雪氷の世界での生活を想像すると，少しはわかるかもしれない．そのためには雪氷という物質の物理的，化学

的性質を理解することが必要である．次に，日本列島を中心に，積雪の基本的性質と雪氷
の世界に生息する生物の具体的な生活を見ていくことにしよう．　　　　　　［竹内　望］

2.2　日本の積雪と雪渓

世界有数の豪雪地帯：日本列島

　日本列島に多様な雪氷生物が生息しているのは，単なる偶然ではない．それは豪雪地帯
という日本列島の特有の地理と気候条件がもたらした結果である．まずはその豪雪地帯と
しての日本の特徴と雪氷生物の棲みかである積雪の性質を整理してみることにする．
　我々が暮らすこの日本列島に毎年降る雪の量が，世界でもまれにみる多さであることは
意外と知られていない．我々は冬に北海道や東北地方で 2 m を超える雪が積もったことを
ニュースで聞いても当たり前のように感じるが，実は一冬で 2 m を超える雪が降るような
場所は，この地球上ではごく限られている．さらに，そのような大雪の降る地域に，人口
10 万人を超えるような都市がいくつも存在するのは日本だけである．たとえば，年平均気
温＋2.8 ℃，約 40 万人が暮らすアラスカの最大都市アンカレッジは，年間降雪量 1.8 m で
ある．年平均気温−1.4 ℃，約 2 万人が生活する北極圏の島グリーンランドの首都ヌークで
は，年間降雪量 2.5 m である．それに対し，約 200 万もの人が生活している日本の札幌は，
平均気温は＋9.2 ℃であるが，年間降雪量は 6.3 m で，それはアラスカの 3 倍以上，グリー
ンランドの 2 倍以上の量である．さらに人口約 30 万人の青森は，年間降雪量はなんと約
7.8 m にもなる．秋田，山形，新潟，富山，長野，鳥取など，人口が 10 万人を上回る県庁
所在地も，すべて年間降雪量は 2.5 m を超えている．このような豪雪地帯は，そこに暮ら
す人々にとって生活に大変な苦労を伴う場所かもしれないが，反対に雪を棲みかとする雪
氷生物にしてみれば，最適な生息地ということができる．
　日本より北に位置するアラスカやグリーンランド，シベリアは，寒くてもっと雪が降る
だろうと想像しがちであるが，実は気温と降雪量は必ずしも相関するわけでない．世界で
最も寒い人間の定住地として知られているシベリア内陸部のオイミャコンという村では，
冬には−70 ℃を下回るような極寒冷地であるが，年間降雪量はわずか 15 cm 程度である．
日本列島よりも北側に位置する場所では，気温は低いとしても降雪量が多くなるとは限ら
ない．それは雪が降るには，気温が低いだけでなく，雪のもとになる水蒸気の供給が必要
だからである．

アジアモンスーンと豪雪

　なぜ日本列島には，世界にも類のないほど大量の雪が毎年降るのだろうか．それは，冬
の気温が適度に低いことに加え，雪の材料となる大量の水蒸気の供給があるためである．
特に重要なポイントは，雪のもととなる大量の水蒸気の日本海からの供給である．この水
蒸気供給を担うのは，アジアモンスーンとよばれる大陸からの季節風と，比較的温暖な日
本海の海水である．アジアモンスーンは，日本からインドにかけて，季節によってはっき
りと風向きが変わる特徴的な気候現象の一つである．天気予報でおなじみのように，日本

列島の夏は太平洋高気圧に覆われることが多いのに対し，冬は西高東低の気圧配置となり大陸からの強い西風が吹き付ける．この季節風は，冬にユーラシア大陸北部のシベリアで発達した巨大な高気圧から，大気が太平洋に向かってあふれ出すことによって吹く風である．さらに，より大きなスケールで見ると，地球を周回する東向きの大気の流れである偏西風と合わさることで，強くて冷たい西風となる．この西風は，巨大なユーラシア大陸の乾燥地帯を通過してきた大気であるため，ほとんど水蒸気を含まない非常に乾燥した大気である．しかし，日本列島に到達する前に日本海を通過することで，大雪をもたらす湿った大気に変貌するのである．

　水蒸気のもととなる日本海表面の水温は，積雪量を決める重要な条件である．日本海の海水の大部分は，東シナ海の大陸棚斜面を北上する黒潮を起源とし，対馬海峡を通って流入する高温で高塩分の水である．この水はさらに北上して津軽海峡を通って太平洋に，一部は宗谷海峡を通ってオホーツク海に流出する．この暖水の流れは対馬暖流とよばれ，日本海の南側を中心に表層の海水を高温で高塩分の状態に維持している．冬の大陸からの乾燥した大気が，この暖かい海水上を吹き抜けると，大量の水蒸気が蒸発する．この水蒸気は，強い季節風にのって東へ移動し，冬の天気予報でおなじみの日本海の筋状の雲となる．水蒸気を含んだ大気は，日本列島に上陸して平野部に雪を降らせ，さらに内陸の山岳地帯いわゆる脊梁山脈に衝突すると，強制的に上昇することによって冷やされた水蒸気が大雪となって降り積もる．このように，日本列島の位置と地形，日本海の存在，さらに北半球全体の大気と海水の循環の絶妙な条件が，日本列島を世界有数の豪雪地帯とし，多様な雪氷生物の生息を可能にしたのである．

雪国

　「国境の長いトンネルを抜けると雪国であった」という，川端康成の小説『雪国』の一節にある通り，日本列島は越後山脈を含む脊梁山脈を境に，東西で大きく気候が変わる．日本海からの西風が大量の水蒸気を運んでくるため，雪国は日本海側に分布する．冬の間，雪国では晴れる日は少なく，雲に覆われて雨や雪が降る日が毎日続く．山岳地帯ではさらに雪の量が増えるため，雪に覆われる期間は11月から6月の半年以上にもなる．一方，関東地方を中心とした太平洋側の地域では，冬は澄み渡った青空が広がる晴天の日が多い．これは，脊梁山脈に衝突し山岳地帯に大雪を降らせた大気が，乾燥したからっ風となって太平洋側の平地に下るためである．太平洋側にすんでいる人には，雪国の厳しい冬は想像しにくいのである．

　実際の日本列島の積雪分布をみてみよう．図2.1は，全国の最大積雪深の平年値を示したものである，北海道では2m以上の積雪がある地域は，西部の天塩山地から増毛山地にかけて，さらに札幌のある石狩平野の西側，積丹半島から渡島半島にかけてであることがわかる．一方，十勝や釧路といった道東の地域は，北海道の中でも気温が低いことは知られているが，積雪量はそれほど多くない．本州では，東北地方の中心部を南北に貫く奥羽山脈の西側は，山地を中心に2mを超える積雪量である．同じ東北地方でも，奥羽山脈の

東側は対照的で，積雪量は非常に少な
い．積雪量を分ける奥羽山脈は南にい
くと新潟の越後山地につながる．越後
山脈周辺は，目立つほどの積雪量であ
る．豪雪地帯は，さらに新潟から長野
北部，富山，金沢の山岳地帯に続き，
徐々に範囲を狭くしていくが，福井，
兵庫，鳥取，島根の山地まで続く．関
東から東海，近畿では，積雪はゼロで
はないが，富士山や南アルプスのよう
な高山帯を除けば，非常に限られた量
である．九州や四国は平地ではめった

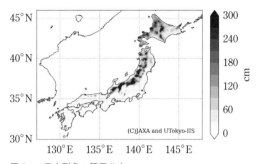

図 2.1　日本列島の積雪分布
[JAXA と東京大学生産技術研究所の水循環モニタリング
システム Today's Earth のプロダクトを用いて作成]

に雪が積もることはないが，山地では毎年積雪がある．最も南では，屋久島の山頂付近も
毎年積雪があることで知られている．

　このように雪国が分布するのは，基本的には冬の日本海からの季節風が直接あたる地域，
特に山沿いの地域であることがわかる．日本列島を南北にのびるこの地域が，雪氷生物の
生息地と考えることができる．一般に平地よりも山地のほうが積雪量は多く，標高が高い
ところほど雪は多くなる．ただし，山地でも森林限界より上の高山帯では，強い風が雪を
吹き飛ばすため積雪深は浅くなる．山岳地帯の中で局所的に最も積雪が深くなるのは，稜
線の風下側や，谷沿いなどの，雪が吹き溜まる場所である．

積雪期と融雪期

　積雪量が最も多くなるのはいつだろうか．実際の積雪の観測記録を見てみることにしよ
う（図 2.2）．冬期の積雪の深さは，日本の各地で観測されているが，その中でも最も長期
間にわたって記録されてきたのが，新潟県の十日町にある森林総合研究所十日町試験地で
ある．この十日町試験地の観測は 1917 年に始まり，100 年以上欠かすことなく記録されて

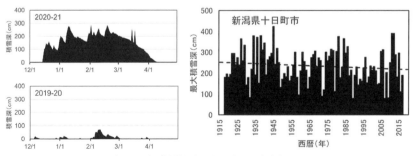

図 2.2　新潟県十日町市の積雪の記録 [森林総合研究所十日町試験地，https://www.ffpri.affrc.go.jp/
labs/tkmcs/index.html]

いる，このような連続的な記録は，世界にもまれにみる貴重なものとなっている．

　比較的大雪となった2020-21年シーズンの記録をみると雪が積もり始めるのは，12月中旬ころであることがわかる．1月から2月にかけて積雪の深さは徐々に深くなり，深さが最大に達するのは，年にもよるがだいたい2月上旬から中旬ころである．積雪の多い年では，最大積雪深は3m以上に達することもある．12月から2月にかけては，積雪深が上下を繰り返す小さなこぶのような箇所がいくつも見られる．これは雪が降って新雪が積もった後に，雪が圧密されて深さが減少するためである．さらに，真冬でも気温が上昇して雪が融けることもあるので，そのような時には急な積雪深の減少がみられる．3月に入ると積雪深は，徐々に減少する．完全に雪がなくなるのは，4月上旬ころである．したがって，冬期を積雪環境から二つに分けるとすれば，雪が積もっていく12月から2月の積雪期と，雪が融けていく3月から4月の融雪期に分けることができる．この二つの時期では，この後で説明する積雪粒子の特徴も大きく異なり，雪氷生物の生息場所としても大きく性質が異なる．

　一方，2019-20年シーズンの積雪記録は，2020-21年のものと大きく異なる．この年は暖冬で，積雪深は2月でも1mに届かず，冬季を通して連続的に積もることもなかったことがわかる．十日町の100年分の積雪記録からわかる重要なことは，年によって積雪量が大きく異なることである．年間最大積雪深の100年分の記録をみると，徐々にその量は小さくなってきている．積雪量が少ない年は気温が高く，冬でも雪ではなく雨が降る日が多くなる．十日町の冬の平均気温は−2℃程度なので，少しの温度上昇が雪を雨に変えてしまう．雪として降っていたものが雨として降るようになれば積雪量は大きく減少する．この地域の積雪深は，冬の気温に敏感に反応するのである．気温の上昇は，地球温暖化の影響と考えられているが，将来温暖化がさらに進めば，積雪深はさらに減少することが予想される．これは当然，雪氷生物の生活史に大きく影響を与えるはずである．積雪量だけでなく，積雪の季節パターンもユキムシの生活段階には影響が大きいに違いない．日本の積雪環境への温暖化の影響については，また後の章で詳しく考えることにしよう．

『北越雪譜』とユキムシ

　『北越雪譜』は，日本の雪国の自然や生活を詳細に記録した，江戸時代の書物である．著者は鈴木牧之という，現在の新潟県南魚沼市塩沢に生まれた商人である．地元名産の縮の仲買で新潟と江戸を行き来していた鈴木牧之は，江戸の人があまりにも雪国の生活を知らないことに驚いたという．人の行き来や情報の伝達も限られていた江戸時代，江戸にすむ人にとって雪国の世界は想像もつかない未知の世界であったのである．この雪国の生活を紹介しようと思い立って書き上げたのが，この『北越雪譜』である．1837年に出版したこの本は，またたくまに江戸でベストセラーになったという．『北越雪譜』は，雪国の百科事典のようなもので，前例のない本であった．

　この『北越雪譜』の一節「雪中の虫」では，雪の上にみられるユキムシについて解説されている．なんとユキムシの存在は，江戸時代から知られていたのである．本文では，古

代中国のユキムシの記録を引用している．『山海経』という書物には，
蜀の国，峨眉山というところには夏にものこる雪渓があり，その雪の
中に雪蛆という虫が生息している，と紹介している．それを受けて，
「越後の雪中にも雪蛆あり，その虫早春の頃より雪中に生じ，雪消え
終わらば虫も消え終わる，始終の死生を雪と同うす．」と記載されて
いる．ここで述べられている虫の現れる季節は，まさにセッケイカワ
ゲラの出現時期に一致する．しかしながら，本文中に描かれている虫
のスケッチは，セッケイカワゲラとは少し違うようだ（図2.3）．描か
れている2匹のユキムシには両方とも翅が生えており，カワゲラとい
うよりもむしろカゲロウとバッタのように見える．実際のセッケイカ
ワゲラの形態とは一致しない．理由はわからないが，もしかしたら本
人が実際に見て描いたスケッチではないのかもしれない．

図2.3　北越雪譜に
でてくるユキムシ

積雪の分類

　六花とよばれるように，空から降ってくる雪片は一般に六角形をし
た美しい結晶の形をもつことが知られている．六花の神秘を世界で初
めて科学的に明らかにしたのは，日本の物理学者，中谷宇吉郎である．中谷は，この美し
い多様な形をもった雪の結晶の形が，上空の気温や水蒸気量という条件によって決まるこ
とを発見し，「雪は天から送られた手紙である．」という有名な一文を残した．この一文は，
雪の結晶の形を読み解くことによって，上空大気の条件（気温と水蒸気の過飽和度）を推
定できることを意味する．

　積雪は，この天から降ってきた数えきれないほどの小さな雪片が，地上に積み重なった
ものである．雪は，降り積もった後，時間とともに形や性質が大きく変化していく．それ
は，積雪の粒子が，刻々と変わっていく気温や湿度などの大気条件によって変性するため
である．その積雪粒子の形は，肉眼で観察が可能で，雪氷学の世界では専門的に分類され
ている．以下，専門的な分類用語を使って，雪の種類を説明していこう．

　空から降り積もって間もない積雪を新雪という（図2.4）．新雪の特徴は，六花または針
状の結晶がまだそのまま維持されており，その結晶をもつ粒子が重なり合って大量の空気
を含むために，密度も0.05〜0.10 g/cm³程度と非常に低い．

　美しい形をもった降雪粒子は，地上に降り積もったあと，すぐに変形していく．降り積
もってしばらく時間が経つと，積もった表面の温度や湿度によって，結晶の水分子が昇華
し，徐々に形を変えていく．繊細な六花の形は失われることが多く，より丸みを帯びた単
純な形の雪の粒子となる．この状態の雪をしまり雪，またはこしまり雪という．一方，雪
が降った後に温度が変化したり，水蒸気を含む空気が運ばれてきたりすると，積雪表面の
雪粒子から，再び新しい雪の結晶に発達することがある．肉眼で見ると先のとがった針状
の粒子が発達することが多い．降り積もった後に再び結晶が発達した雪粒子で構成される
このような雪を，しもざらめ雪という．しもざらめ雪は，雪の温度が低い場合に発達する

ことが多く，しまり雪も，
しもざらめ雪も，氷点下
の条件でのみ存在できる
積雪粒子であるので，一
般にさらさらと砂糖のよ
うに流れるような雪であ
り，雪だるまをつくると
きのように固めることは
できない．また当然，春
以降の融解の始まった積
雪では，これらの積雪粒
子は見ることはできない．
　気温が上昇し，氷点を
超えると積雪は融け始め
る．積雪粒子はとがった

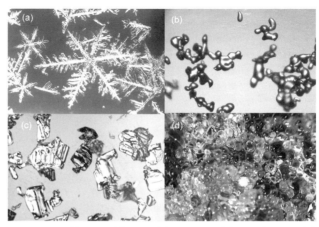

図 2.4　雪の変性と種類 (a) 新雪，(b) しまり雪，(c) しもざらめ雪，(d)
　ざらめ雪［提供：尾関俊浩（北海道教育大）］

箇所から融け始めるため，融解が進むと粒子は丸みを帯びた形となり，さらに融解水が粒
子の表面を覆って再凍結することで粒子が大きくなることもある．このような雪をざらめ
雪という（図 2.4）．ざらめ雪は複数の球が合体したような複雑な形をしている．粒子の大
きさは直径 0.5 mm から，大きいものでは 2.0 mm ほどである．ざらめ雪の密度は，0.5〜
0.7 g/cm³ 程度で，寒冷条件のしまり雪やしもざらめ雪よりも重い．
　積雪が融解して生じた融解水は，一部は再凍結して粒子の成長に使われるが，残りは粒
子間の隙間を通って，下層に向かって浸透していく．この液体の水を浸透水とよぶ．積雪
層はスポンジのように空気の間隙が多くあるので，浸透水はその間隙を埋めるように積雪
下層へ流れていく．途中に積雪内に粒子間隙が狭い層（積雪粒径が小さい層）があると，
浸透水は水の表面張力によってその層に保持される．これをスポンジ効果，またはキャピ
ラリ効果という．その積雪層の温度が氷点下であると，その融解水はそのままその層で再
凍結して氷となる．このように形成された氷の層を，氷板層という．氷板層は，厚さ
1 mm 程度のものから 10 cm 以上になるものもある．
　以上のような積雪の物理的性質による分類は，国際的に定義されており，学術論文等で
はこの定義にのっとった分類が用いられる．2012 年には積雪分類が改訂され，日本雪氷学
会が日本語訳を公表している．
　積雪の粒子の形や大きさを丁寧に観察することは，雪氷生物の生息場所を理解するため
には欠かせないことである．積雪表面を歩くユキムシにとって，雪の粒子の形や大きさは，
身を隠すための空間や歩行のしやすさにもかかわってくる．積雪中の微生物は，積雪粒子
の間に存在する融解水が生息場所となる．微生物よっては積雪層内を自ら自由に移動する
こともわかっている．積雪内部の微構造は，微生物の分布を決める重要な要素となる．

積雪断面観測：積雪の中の地層

　雪氷環境の野外調査で積雪粒子を観察する際は，積雪表面からその下の地面まで，穴を掘って垂直方向の連続的な分布を記録する．このような積雪の内部の構造の調査は，積雪断面観測（ピット観測ともいう）とよばれ，積雪の重要な観測項目の一つである（雪氷学会, 2010）．積雪断面とは，観測する雪面をスコップで穴（ピットとよぶことが多い）を掘り，その穴の中にできた積雪の壁のことである（図 2.5）．積雪断面観測では，この穴の壁を専用のへらを使って，凸凹のないきれいな平面に整えたあと，表面から地面までの積雪粒子を丁寧に観察し，記録する．積雪断面観測の労力は，積雪の深さによって異なる．1 m よりも浅い場合は，比較的に穴も簡単に掘れるし，観測もすぐに終えることができる．しかし，2〜3 m となると，人の身長以上となるので，観測をするには穴の掘り方を工夫しなくて

図 2.5　積雪断面の層構造（立山室堂平）

はならない．さらにもっと深いピット観測をすることもあるが，掘るだけで 1 日が終わってしまう場合もある．南極観測では深さ 20 m のピットを人力で掘った記録もある．

　ピットの壁（断面）を注意深く観察すると，地層のような縞模様をみることができる．この層は，連続的に積もった降雪イベントに対応する．温度計でそれぞれの雪の層の温度を測ると，降雪時の気温を知ることができる．空気を含む積雪は断熱性が強いため，降雪時の気温が積雪にそのまま保存されているのである．ただし，熱は伝導によってゆっくりと拡散してしまうので，雪温はやがて層を通して平均化される．さらに積雪層には，雪や大気以外の物質も保存される．たとえば，大気から降ってくる微粒子（エアロゾル）である．エアロゾルは，大気中に漂う小さな粒子でさまざまな種類がある．海で発生する海塩粒子や，地上から吹き上がる砂埃（鉱物ダスト），森林から飛来する花粉，化石燃料の燃焼によって排出される化学物質などである．積雪断面の各層のこれらの物質を分析すれば，このようなエアロゾルがいつどれくらい大気に存在していたのか，さらにどこから運ばれてくるのかを知ることができる．実は，この方法で数百，数千年も過去の環境をさかのぼるような研究をアイスコア研究というが，そのことについては後の章で詳しく説明しよう．以上のように，積雪を調査することは，その場所の環境を知る非常に優れた方法なのである．

雪渓

　豪雪地帯といえども，冬に日本海側の平地に降った積雪は，3 月下旬にはほとんど融けてなくなってしまう．一方，山岳地帯では，平地より積雪量が多いだけでなく気温も低いので，雪が消えてなくなる日は平地よりも遅くなる．日本海側の山地の樹林帯では，4 月から 5 月まで雪が残る．落葉広葉樹の森林帯では，雪が残っている 4 月から 5 月に一斉に

新しい葉が芽吹いて，春山らしい美しい風景が広がる．標高 1000 m を超える場所では，6月から 7 月まで雪が残る．さらに 2000 m 以上の森林限界を超える高山帯では，8 月から 9月まで雪が残っている場所もある．夏まで雪が残る場所の多くは，山岳地の渓谷沿いである．渓谷のような地形では，単に降雪で積もるだけでなく，強風で周囲の雪が吹きだまるほか，雪崩による雪の堆積もあるため，冬の積雪深は 10 m を超える場所も多い．さらに渓谷の中は地形的に日射が届かないことが多く，そのような場所では雪は融けにくい．このような山岳地の渓谷に夏まで残る積雪は，雪渓とよばれる．

　山岳地帯でも特に積雪量の多い北アルプス（飛騨山脈）には，日本三大雪渓とよばれる雪渓がある．登山者にはなじみが深い，白馬大雪渓，劔沢雪渓，針ノ木雪渓である．白馬大雪渓は，全長 3.5 km，標高差 600 m もある大きな雪渓で，白馬岳（2932 m）に向かう登山道が通っていることから，多くの登山者に知られる雪渓である．劔沢雪渓は，立山連峰の劔岳（2999 m）の南側から東向きに黒部川に向かって全長 4 km にわたって広がる雪渓である．劔沢雪渓にも登山道が通っているが，こちらはより山が深いところにあるために，熟練登山家に知られた雪渓である．針ノ木雪渓は，北アルプスを横断する山岳観光コースである立山黒部アルペンルートの長野側の入り口，扇沢から後立山連峰の針ノ木岳（2821 m）に向かう登山道として利用される雪渓である．どの雪渓も，北アルプス主稜線の東側に存在するという共通点がある．稜線の東側に雪渓ができるのは，冬の季節風である西風の風下側で雪が吹き溜まり，大量の積雪が堆積するためである．

　北アルプスの日本三大雪渓を含め，日本各地の山岳地には大小さまざまな雪渓が存在する．標高 2000 m を超える高山帯の雪渓は，7，8 月ころまで残って最終的には融けて消えてしまうものもあるが，中には雪が融け切らずにそのまま次の冬を迎えるものもある．このような夏に融け切らずに年を越す雪渓を，多年性雪渓または越年性雪渓とよぶ．一般には，万年雪とよばれることもある．多年性雪渓は，例年冬の直前，10 月に最もその大きさが小さくなる．年によっては，消えてしまう雪渓もあるが，その大きさは冬に降った雪の量と夏の気温の影響を受けて決まる．比較的暑い夏では，その冬に降った積雪はすべて融けてしまうこともあるが，その場合，その前の年の雪の層が表面に現れる．北アルプスの立山連峰の雷鳥沢の登山道を登り切った稜線の西側には，ハマグリ雪渓（またはハマグリ雪）とよばれる小さな多年性雪渓がある．この雪渓は秋になると複数年にまたがってできた雪の層が，雪渓の斜面に縞模様となって表面に現れ，遠くから見るとその名の由来の通りハマグリのように見える．多年性雪渓では，一年を通して連続的に雪氷環境が存在するので，雪氷生物の生息場所としては，大きな意味がある．

雪渓と氷河

　最近，日本国内で多年性雪渓として考えられていたいくつかの雪渓が，氷河として認定されたことで話題をよんだ．氷河として認定された雪渓は，北アルプスの立山連峰の 5 つの雪渓（御前沢，内蔵助，劔沢，小窓，三ノ窓），および後立山連峰の 1 つの雪渓（カクネ里）である．ここで氷河と認定されたというのは，日本雪氷学会にその氷河についての論

文が受理，掲載された，という意味である．これらの多年性雪渓が氷河といえるかについ
ては，多くの議論が巻き起こったが，最終的には厳格な審査のもと論文が受理されたこと
で，日本の雪氷学者に認知されたということになる．では，もともと日本には氷河は存在
しない，と考えられていたのに，なぜ最近になって氷河と認定されるようになったのか．
それは，雪渓と氷河の違いがポイントとなる．

　氷河は，文字通りにいえば「氷でできた河」となるが，実は氷河も雪渓と同じように積
雪から生じたものである．氷河は，毎年の積雪が積み重なることで次第に下層が自重の圧
力で氷となり（氷化），その氷が重力によって下流部へ動き出したものである．氷河につ
いて詳しくは第3章で説明するが，氷河と雪渓の違いは，動いているかどうか，という点
になる．つまり，ある雪氷の塊が雪渓か氷河かを判定するには，動いているかどうかを測
定すればよい．しかしながら，氷河の流動は年に数mと目に見えるような速さではないの
で，そう簡単には計測することができない．最近，衛星からの電波を利用したGPSを用い
ることで，そのような小さな動きも検出できるようになった．立山カルデラ砂防博物館の
飯田肇氏と福井幸太郎氏は，雪渓上に立てたステークの位置を測量し，春から秋にかけて
50cmも斜面下方向に動いていることを明らかにした．さらに雪渓の深さをレーダーで観
測したところ50m以上もあることがわかった．これだけの深さがあれば，雪は氷となり，
その氷が重力で流れていてもおかしくはない．

　日本にも氷河が存在していた，ということは日本の雪氷生物の生態を理解する上でも重
要な意味をもっている．ただし，これらの日本の氷河は，後の章で述べるヒマラヤの山岳
氷河や極地の一般的な氷河と比べると，氷河の特徴としては足りない部分がある．日本の
氷河と世界の氷河では，生息する雪氷生物にどのような違いがあるのか，このことについ
ては，また後で考えることにしよう．

　日本の雪渓のもう一つの特徴は，雪渓の周辺にさまざまな氷河地形を観察できることで
ある．氷河地形とは，今から数万年前の寒冷期に存在した氷河が，その氷体の流動によっ
て大地を浸食したり岩石を堆積させたりすることによって形成された地形である．たとえ
ば，劔沢雪渓の上部には，劔沢カールという氷河地形が発達している．カールは圏谷とも
よばれ，山岳地の稜線近くに形成される丸いお椀の底のような地形である．北アルプスに
は稜線沿いに多数のカール地形が発達しており，それぞれのカールの底には夏まで雪渓が
残っている．またカール地形の底の部分には，モレーンとよばれる氷河流動が運んだ岩屑
を積み上げた地形がみられる．モレーンは氷河の末端または側面に沿って，堤防のような
盛り上がった地形として発達する．さらに劔沢雪渓の下流の部分には，急傾斜の岸壁と平
たい底面からなるU字谷とよばれる氷河地形が発達している．これは，氷河流動の浸食に
よって形成されたもので，水の浸食によって形成されるV字谷と区別される．大雪渓があ
る谷のほとんどはU字谷である．

　雪渓が氷河地形を伴うことは偶然ではなく，雪渓はかつて氷河であった，と考えること
で自然なことと理解することができる．雪渓とは，かつての寒冷期に周囲に氷河地形を作

りだすほどの規模だった氷河が，温暖期となって規模を小さくし，ほぼ流動のない積雪の塊として氷河地形の中に残ったものである．つまり雪渓と氷河は，雪氷学的には連続的に理解することができる．気候変動に伴い，温暖化すれば氷河は雪渓となり，寒冷化すれば雪渓は氷河となるのである．

日本列島の誕生とユキムシ

　日本の積雪の水蒸気の源である日本海が誕生したのは，今から約1400万年前のことである．もともとユーラシア大陸の東端の一部だった日本列島は，約2000万年前に火山活動で大陸が断裂することで誕生した．大陸から離脱した日本列島は，約1400万年前に現在の形になったと考えられている．大陸と日本列島の間にできた凹地は，最初は湖だったが，海水が流れこんで海となった．これが日本海の誕生である．

　約500万年前，マグマの上昇とプレート運動の圧縮力によって日本列島は隆起を開始する．その隆起によって標高2000 mを超える脊梁山脈が誕生した．この山脈が，大陸からの偏西風に乗った日本海からの水蒸気をせき止めて，日本列島に大量の積雪をもたらすことになる．こうして大豪雪地帯の日本列島が誕生した．

　日本海の誕生は，日本列島の生物に大きな影響を与えた．東西を海に挟まれ，大陸と太平洋の大気塊の影響を受けて日本の四季が生まれる．日本列島に生息する動植物は，その気候に適応してきたものである．ユキムシも日本列島誕生とともにこの地に適応した生物の1つと考えることができる．日本海の誕生という地質学的な事件が，日本列島に多様な雪氷生物を誕生させたといってもいいかもしれない．それでは具体的な日本列島の雪氷生物のユニークな生態について，次に見ていくことにしよう．　　　　　　　　　［竹内 望］

2.3　セッケイカワゲラとクモガタガガンボ

セッケイカワゲラの仲間

　北海道から東北，北陸など，日本列島の多雪地帯の積雪上や高山の雪渓上には，セッケイカワゲラをはじめとするさまざまなカワゲラ類の成虫が出現する．セッケイカワゲラのように成虫になっても全く翅がない種ばかりではなく，立派な翅がある種やメスにだけ翅がある種なども見られる．特に低山や平地では，融雪期の積雪上で翅がある種が多く観察される．ここでは主に，セッケイカワゲラのように特に雪氷環境に適応していると考えられる，翅のない小型カワゲラ類をセッケイカワゲラ類としてその生態を解説する．

　現在，日本にはクロカワゲラ科2属9種（*Eocapnia nivalis, E. yezoensis, E. shigensis, Apteroperla yazawai, A. babensis, A. elongata, A. monticola, A. tikumana, A. verdea*）とホソカワゲラ科1属1種（*Paraleuctra ambulans*），計2科3属10種のセッケイカワゲラ類が知られている．ただし，翅のないカワゲラの分類は難しいため，分類学的研究が遅れており，まだ未記載種が数多く報告されている．まず，冬の積雪上で活動する種の代表としてセッケイカワゲラの生態を紹介しよう．

セッケイカワゲラ

セッケイカワゲラ（*Eocapnia nivalis*）は，東北や北陸，中部，滋賀，京都など，本州の多雪地帯に広く分布するクロカワゲラ科の小型無翅カワゲラで，低山帯から高山帯の積雪上で最も普通に見られるユキムシである（図 1.5）．ただし，名前と違って雪渓には分布しないことから，最近の文献ではユキクロカワゲラともよばれている．京都の北山や滋賀の比良山地では，12 月から翌年 3 月ごろまで，体長 8 mm ほどの本種の黒い成虫が雪の上を活発に歩き回っているのを見ることができる．成虫の雪上での活動はほぼ日中に限られており，北山では気温が約 −4 ℃から ＋10 ℃の時に観察されたと報告されている（萩原，1977）．天気がよくて気温が高い時に，特にたくさんの成虫が雪上で観察されるが，悪天時や夜間には，立木や岩などの周辺にできる雪の隙間から積雪の深い部分に潜り込んでしまうので，雪上から急速に姿を消す．断熱効果が高く，温度が安定している雪の中に逃げ込んで，悪天や夜間の低温によって凍死するのをまぬがれているらしい．この虫ではまだ調べられていないが，北米の冬に活動するカワゲラ類の成虫では，−12 ℃から −13 ℃まで気温が下がると体が凍結して死ぬことや，−9 ℃程度の低温に 1 分間さらすと約半数の個体が死亡することが報告されているからだ（Raymond et al., 2009）．

成虫たちは雪の上を歩き回りながら，時々立ち止まって，雪表面にある昆虫の遺体や植物片などの有機物や，雪氷微生物とよばれる雪氷中で増殖する藻類などを食べている．筆者の調査では 12 月に採取した羽化直後のメス成虫が成熟した卵をもっておらず，成熟卵をもつメスは 2 月以降にしか見られなかったことから，メスは雪上を数ヵ月間も歩き回って食べた食物の栄養とエネルギーで卵を成熟させていると考えられる．オスも 12 月〜1 月にはメスと出会わせても交尾しなかったが，2 月下旬から 3 月上旬にはほとんどの個体が交尾するようになった．また，2 月中旬までは，ほぼ同数のオスとメスが観察されたのに，2 月下旬以降にオスの比率が急速に減少したことから，オスは融雪期が始まる 2 月下旬以降に，卵が十分成熟したメスと交尾して死んでゆくと考えられる．3 月に入り，渓流を覆っていた積雪の融解が進むと，数例ではあるが水辺に下りて腹部の先端を水につけて産卵するメスを確認することができた．

雪上での行動：上流への移動

比良山地での調査では，雪の上をせっせと歩く一匹のセッケイカワゲラの成虫をできる限り追跡して，その行動を詳しく観察した．図 2.6 は，追跡した虫が歩いたあとを細い棒でたどって雪の上に線を引き，その虫が歩いた経路を記録したものだ．

こうした観察の結果，彼らの歩行には 3 つのタイプがあることがわかった．

1 つ目は，方向の定まらないゆっくりした歩き方で，触角を頻繁に動かし，ときどき立ち止まっては何かを食べるように口を動かすことから，餌を探す「探索歩行」だと考えられた．

2 つ目は，立ち木や岩など，雪の上に突き出した目標物に向かって歩く行動で，夕方や天気が急変して気温が急に下がったときによく見られる．目標物にたどり着くと，その周

りにある雪の隙間から積雪の深い部分に
潜り込むことが多い．寒さから逃れる時
の行動だと思われたので「避難歩行」と
よぶことにした．このとき，彼らは目標
物を目で確認して，それに向かって歩い
ていると考えられる．目標物を移動させ
ると避難歩行の方向も変わるからだ．雪
の上に立つ人間に向かってくることもあ
る．そんな時は，人間が移動すると彼ら
も歩く方向を変え，どこまでもついてく
る．彼らにとって，雪の上に直立してい
る物体は，ほとんどの場合，物好きな人

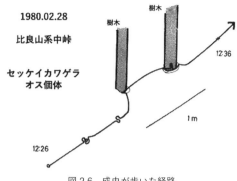

1980.02.28
比良山系中峠
セッケイカワゲラ
オス個体

樹木　樹木

12:36

1m

12:26

図2.6　成虫が歩いた経路

間ではなく，逃げ場所になる立ち木や岩だからだろう．

　そして3つ目が，「直進走行」と名づけたもので，ある方向に向かって直線的に早足で歩
き続ける行動である．長く続くことが多く，彼らの歩行距離に占める割合は，このタイプ
が最も大きかった．しかも直進走行の向きは，探索歩行や避難歩行の前後でもほぼ一定で
変わらないことが多かった．彼らはデタラメに歩いているのではなく，特定の方向に向
かって移動していたのだ．では，いったいどこへ行こうとしているのだろうか．

　調査地のいろいろな場所で，成虫たちが向かっている方向を調べてみると，オスもメス
も，大部分の虫たちは彼らが幼虫時代を過ごした川の上流方向へ移動していることがわ
かった（図2.7）．では，なぜ上流へ向かうのだろうか．

　このような上流への移動は「遡上行動」とよばれ，幼虫が川に生息する水生昆虫ではよ
く知られた習性である．これらの昆虫は，幼虫が流水の中で成長するので，成虫になって
上陸するまでに，どうしても水流によって下流方向へ流されてしまう．そのため，もし成
虫が上陸地点ですぐ産卵したとすると，分布域が徐々に下流へ移行してしまい，その昆虫
の生育に適した流域にとどまることができなく
なる．だから，生育に適した流域にとどまるた
めに，生活史のどこかの段階で上流に移動する
必要があるのだ．

　多くの水生昆虫は，成虫が川に沿って上流へ
飛行してから産卵することが知られている．し
かし，セッケイカワゲラの成虫は飛べないので，
雪の上を上流に向かって歩いてから産卵するこ
とによって，この問題を解決しているらしい．
どのくらいの距離を移動するかはわかっていな
いが，体長1 cm足らずの虫たちにとって，こ

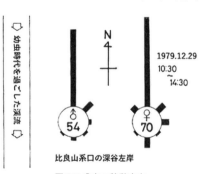

幼虫時代を過ごした流れ

N

1979.12.29
10:30
～14:30

♂
54

♀
70

比良山系口の深谷左岸

図2.7 成虫の移動方向
[Kohshima & Hidaka, 1981]

の移動は想像を絶する大事業であるに違いない．それに，水流の上を飛べるカワゲラと違い，川から遠く離れた雪の上を歩くセッケイカワゲラは，水流を見ることができないはずだ．それなのに，なぜ彼らは上流に向かって移動することができるのだろうか．

太陽コンパス

　鏡を利用した簡単な野外実験の結果，「直進走行」中のセッケイカワゲラ成虫は太陽の方向を手がかりにして，つまり太陽コンパスを利用して歩く方向を維持していることがわかった．板などで陰をつくって虫から太陽が見えないように操作し，鏡を使って逆方向から太陽の鏡像を見せると，歩く方向が逆転したからだ（図 2.8, 2.9）．太陽コンパスとは太陽の見える方向と一定の角度を保ちながら移動する定位法である．太陽は一時間に約 15°ずつ西に移動するが，ほとんどの生物がもつ「体内時計」とよばれる生理的な時計を使って，太陽方向の時間変化を補正してやれば，同じ移動方向を長時間維持することもできる．

　しかし，太陽コンパスは方位磁石（コンパス）と同じように，方位を確認する手段にすぎない．つまり，方位磁石があっても，目的地がどの方向にあるか知らなければ目的地につけないように，太陽コンパスを使って上流へ移動するには，そもそも上流の方向を知っている必要があるのだ．では，いったい彼らはどうやって上流方向を知るのだろうか．

　その後の調査，特に後で解説する氷河にすむ昆虫の移動の研究（第3章2）によって，この問題にも有力な仮説が得られた（Kohshima, 1985a）．簡単にいうと，彼らは太陽コンパスを利用した直進歩行中に斜面の最大傾斜方向を測定し，それを手がかりにして上流方向を推定しているらしいのである．時期による「直進走行」の方向の変化も，その可能性を示唆している（図 2.10）．羽化直後の成虫は，最初から上流方向に歩き出すの

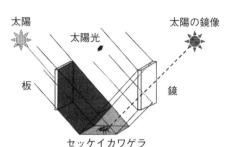

図 2.8　太陽の鏡像を見せる実験

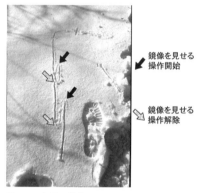

図 2.9　太陽の鏡像を見せると歩行方向が逆転する

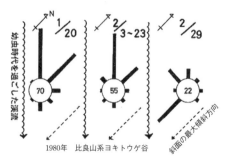

図 2.10　時期による移動方向の変化
[Kohshima & Hidaka, 1981]

ではないらしい．まず川岸の斜面の最大傾斜の方向に，つまり川から離れる方向にまっす
ぐ歩き，しばらくすると，右岸（下流を向いて右側の岸）に上陸した場合は右に90°，左
岸に上陸した場合は左に90°向きを変えて上流方向へ向かうと思われるからだ．つまり，
彼らは左右どちらの岸に上陸したかを記憶していて，その記憶と川岸の最大傾斜方向から
上流方向を割出しているのではないかと考えられる．また，交尾や産卵が起こる時期にな
ると，川岸の最大傾斜方向とは逆方向，つまり川に向かって下る方向に移動する個体が増
加することも，彼らが斜面方向を手がかりにして移動方向を決めていることを示唆してい
る．

幼虫の生態

　セッケイカワゲラは水生昆虫なので，幼虫時代を渓流の中で過ごしている．幼虫に関し
ては，成虫とほぼ同サイズで形態もよく似た終齢に近い幼虫が，11月から翌年2月にかけ
て水温3〜10℃の渓流の川床の沈葉中で見つかること，12月に終齢幼虫が現れて羽化が開
始され，2月末までにほぼ羽化が完了することなどが，北山で
の調査によって報告されていた（萩原，1977）．しかし，成長初
期の若齢幼虫や幼虫時代の食性がわかっていなかったので，比
良山地で調査を行った．調査地の渓流で採集した，それらしい
カワゲラの幼虫を，研究室で成虫まで飼育して調べたところ，
10月に川の中の枯れ葉の堆積の中から見つかった，体長1〜
2mmほどの白っぽい幼虫（図2.11）が本種の若齢幼虫である
ことが確認された．枯れ葉と一緒に実験室に持ち帰り，2℃の
恒温器の中で飼育したところ，12月には終齢幼虫となり，まぎ
れもないセッケイカワゲラの成虫が羽化してきたからだ．飼育
によって幼虫の食性も明らかになった．幼虫と一緒に入れて
あった枯れ葉が，葉脈だけ残して，きれいに食べられていたか

図2.11　若齢幼虫と終齢幼虫

らだ（図2.12）．彼らは水中で分解
しつつある枯れ葉を食べて数ヵ月間
で急速に成長していたのだ．

　3月の雪融けの頃に渓流に産み落
とされた卵が，いつ孵化して幼虫と
なり，10月に渓流に大量に流れこん
でくる枯れ葉の堆積に移動してくる
まで，どこで何をしているかはまだ
わかっていない．しかし，おそらく
川底の砂の中で，ほとんど成長を止
めた状態で過ごしているのではない
かと考えられる．8月に採取した調

図2.12　枯葉を食べる終齢幼虫

査地の川底の砂の中から，10月に枯れ葉の中
で見つかった幼虫によく似た体長1mm程度
の白っぽい小さなカワゲラの幼虫が見つかっ
たからだ．ただし，飼育してセッケイカワゲ
ラの幼虫であることを確認することはできな
かった．

　これらの調査結果から，彼らはおおよそ次
のような生活史を送っていると考えられる
（図2.13）．

　春の雪融けのころ，渓流の水中に産みつけ

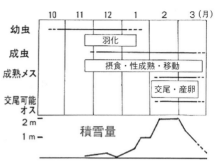

図2.13　セッケイカワゲラの生活史と積雪量

られた卵から孵化した幼虫は，夏の間，川底
の砂の中でほとんど成長を止めた状態で過ごす．しかし，10月下旬，渓流に落葉樹の落ち
葉が大量に流入するころになると，落ち葉の塊の中に移動して，水中で分解しつつある落
ち葉を食べながら急速に成長する．そして終齢幼虫にまで成長すると，12月中旬から翌年
1月にかけて，つまり，渓流が深い雪に完全に覆われて，川から雪の表面へ出るのが困難
になる前に，成虫となって川岸の積雪の上に上陸する．上陸した成虫は，雪の上を歩いて
上流方向へ移動しながら，雪の中の餌を食べて性成熟する．そして冬のあいだ雪に埋もれ
て近づけなかった渓流が，春の雪融けによって再び姿を現すころになると，水辺に下りて
交尾・産卵を終えて死んでゆくのである．つまり，雪で川から出られなくなる前に雪の上
に脱出し，雪融けで水辺への接近が可能になると川に戻って産卵するという，この地域の
積雪環境の季節変化にうまく適合した生活史を送っていることが明らかになった．

なぜ冬に活動するのか

　こうして彼らの生活史の全体像が明らかになってみると，なぜセッケイカワゲラが，多
くの昆虫と反対に真冬に成虫期を送るようになったのか，かなり理解できたように思った．
彼らの生活史を理解する鍵は，幼虫時代の食物と生息場所にある．つまり，秋に渓流に流
入する大量の枯れ葉を幼虫の食物と生息場所に「選んだ」ことが，彼らの特殊な生活史を
生み出すそもそもの原因になったのではないか，と考えたのだ．

　秋に渓流に流入する枯れ葉は，渓流にすむ生き物にとっては，限られた期間しか利用で
きない一時的な資源である．落葉期に集中して大量に供給されるものの，時間の経過とと
もに分解と流失が急速に進み，春の雪融けの増水によって，ほぼ完全に流失してしまうか
らである．

　このような一時的資源の有効利用という観点から見ると，セッケイカワゲラの生活史は
非常に理にかなっている．渓流の枯れ葉を食物や生息場所として利用するには，落葉が少
ない夏の間は成長を止めて眠って過ごし，大量の枯れ葉が供給される秋に急速な成長を開
始する必要がある．そして，量的にも質的にも良好な状態にある枯れ葉を利用して急速な
成長をとげた後は，渓流が深い雪に完全に覆われて上陸が困難になる前に上陸せねばなら

ない．それに，長く川にとどまれば，枯れ葉の分解が進んで食料としての価値は落ち，雪融けの増水ですみ場所ごと流されてしまう危険も増すからだ．

　こうして真冬に雪上に上陸するようになった彼らは，次に，雪の上にも食物資源があることを「発見」したのだ．そして，雪上の食物資源の発見は，成虫が上陸後も摂食して性成熟を続けることを可能にした．この変化は，幼虫の成長期間をいっそう短縮することにも役立ったはずである．さらに，成虫の摂食は，彼らが歩いて上流へ移動するために必要な成虫寿命の延長にも役立ったことだろう．

　つまり，セッケイカワゲラの生活史は，渓流の落ち葉と積雪中の有機物という二種類の食物資源を組み合わせて利用するという「アイデア」を主軸にして設計されていると考えられるのだ．低温下での活動能力は，このアイデアを実現するために，設計上必要になったから「開発された」のだろう．もともと冬には水温が1〜2℃になる冷たい渓流で幼虫が暮らしていた虫にとって，雪上での活動のために低温に適応することはさほど困難なことではなかったに違いない．

　じつは昆虫にとって，低温下で活動する能力を獲得するのは，それほど困難なことではないのかもしれない．多くの昆虫が低温下で活動できないのは，単に彼らが生活史を設計する上でそのような能力が必要なかったからだろう．

雪渓に出現するセッケイカワゲラ類

　夏の高山の雪渓に出現するセッケイカワゲラ類については，まだ研究が少ないため，その詳しい生活史や行動はわかっていない（Shimizu et al., 2007）．しかし，雪渓に出現するセッケイカワゲラ類も，冬の積雪上に出現するセッケイカワゲラと同様に，成虫は数ヵ月間雪の上で活動し，その間に卵の成熟や上流への移動を行なっていると考えられる．

　富山県の立山山系で，4月から7月に残雪や雪渓上に現れるセッケイカワゲラ類を調査した研究（根来, 2009）によると，立山の弥陀ヶ原から室堂浄土沢にかけての高山帯（標高約1900〜2300 m）で，残雪上や雪渓上で活動していた2種のセッケイカワゲラ類，ヤザワハダカカワゲラ（*Apteroperla yazawai*）とナガハダカカワゲラ（*A. elongata*）のメス成虫の卵の成熟度を調べたところ，4月から5月には成熟卵をもつメスの割合が非常に低かったのに対して，7月にはほとんどすべてのメスが成熟卵をもっていた．つまり，雪の上で数ヵ月間活動している間に卵を成熟させていることが明らかになった．筆者らが立山の雪渓上で採集した個体の消化管には，雪渓表面で増殖する藻類や菌類などの微生物が含まれていたことから，おそらくセッケイカワゲラと同様に雪上での摂食で得た物質とエネルギーで卵を成熟させているのだろう．

　また，最初に成虫が雪上で確認された4月には，高山帯のほぼ全域がまだ数m以上の厚い残雪に覆われており，幼虫時代を過ごした川から成虫が雪上に上陸できる場所（川を覆っている残雪の開口部）は，成虫がいた地点から1 km以上も下流に一ヵ所しか確認されなかった．したがって，これらの成虫はこの開口部から上陸後，上流に向かって1 km以上（標高差100 m以上）移動してきた個体だと推定された．さらに，ある地点で観察さ

れる成虫の個体数の季節変化に，未成熟メスの多い5月前後と，ほぼすべてのメスが成熟している7月前後の2回ピークが見られるのは，上流へ移動する個体と産卵のために下流へ移動する個体の通過をそれぞれ反映しているのではないかと考察されている．おそらく卵成熟と交尾を終えると，斜面を下って雪渓の下流部へ移動し，雪渓の開口部から水辺に下りて産卵するのだと考えられる．

　つまり，積雪期が短い低山帯に生息するセッケイカワゲラの成虫が，冬の積雪で川から出られなくなる前に雪上に出て，春の融雪で水辺への接近と産卵が可能になるまでの数ヶ月間，雪上で活動するのに対して，積雪期が半年以上と長く，真夏でも雪渓が残る高山帯に生息するセッケイカワゲラ類の成虫は，春の融雪によって川を覆っていた積雪に開口部ができると，そこから雪上に上陸し，上流の雪渓付近でも水辺への接近と産卵が可能になる夏までの数ヵ月間，雪上で摂食や性成熟，上流への移動を行っているらしい．積雪量が多く，積雪の存在期間が長い，高山帯の積雪環境にうまく適合した生活史だといえる．

　しかし，これらの種では，成虫がいつどこから雪の上に上陸し，いつどこで産卵するのかはまだわかっていない．また，幼虫も特定されておらず，その生息場所や食性もわかっていない．おそらく，雪渓や厚い残雪の下を流れる水流が幼虫の生息場所やメスの産卵場所になっていると考えられるが，そのような場所での調査には危険が伴うため，研究が難しいのだ．

クモガタガガンボの仲間

　クモガタガガンボ類（*Chionea* 属）は体長3〜7mmほどの双翅目ヒメガガンボ科の昆虫で，成虫が冬の積雪上で活動するのでユキガガンボともよばれている．ガガンボの仲間だが，成虫の前翅は細い毛のように小さく退化しており，飛ぶことはできない．長い足で雪の上をヒョコヒョコ歩く姿がクモのように見えることから，その名が付けられた．足を器用に折りたたんで，狭い雪の隙間に潜り込むこともできる．翅を退化させたのは，雪の隙間に潜り込むための適応とも考えられている．前翅は退化しているが，双翅目昆虫の特徴である，後翅が変化してできた平均棍は立派なものが残っている．何らかの役に立っていると思われるが，その機能はわかっていない．

　クモガタガガンボ類は，世界では北半球の積雪地帯から約40種が報告されている．日本では，北海道と本州に分布するクモガタガガンボ（*Chionea nipponica*，ニッポンクモガタガガンボ，またはニッポンユキガガンボともよばれる）（図1.6），北海道に分布するチビクモガタガガンボ（*Chionea crassipes gracilistyla*），本州と九州に分布するカネノクモガタガガンボ（*Chionea kanenoi*）の3種が確認されているが，まだ未記載種も多いと考えられる．

低温への適応

　クモガタガガンボ類の成虫は，冬の積雪上で活動するユキムシの中でも特に低温に強く，主に1月〜2月の厳冬期に雪上で活動する．日本に生息する種に関する詳しい研究はないが，北欧や北米の種に関する研究（Hågvar, 2010）によると，成虫の雪上での活動は，雪上1cmの気温が約+1から−7℃の時に見られ，特に−3℃から−4℃付近で多くの個体

の活動が観察されている．クモガタガガンボ類の成虫は，体液にトレハロースなどを蓄えて体の凍結を防いでいるが，−11.2℃以下にまで体温が下がると体が凍結して死亡する．しかし北欧の種（*C. araneoides*）の成虫では，−5℃から−6℃で既に動けなくなり，−7.5℃で死亡したとの報告もある．

　いずれにせよ，厳冬期の雪山では，特に夜間など，気温が−10℃以下になることは珍しくない．そんな時はセッケイカワゲラと同じように，立木や岩などの周囲にできる隙間から積雪の深い部分に潜りこんで，危険な寒さから逃れていると考えられる．セッケイカワゲラの「避難歩行」と同様に，積雪から突き出した立木や岩などの目標物に向かって直進的に歩く行動が報告されているからだ．積雪の厚さが約 20 cm を超えると，積雪の断熱効果で，積雪と地表面の間にできる空間の気温はほぼ 0 ℃で安定することが知られている．クモガタガガンボ類の成虫は，このような積雪下環境と積雪表面を行き来することによって，体温を+1から−5℃程度に保ちながら活動しているらしい．低温に適応はしているが，一歩間違えば寒さで命を落とす，ギリギリの生き方をしているのだ．事実，寒さから逃げ遅れて死んだと思われる成虫の凍った死体が，積雪表面で見つかることがある．

　雪上で活動する成虫は，晴天の日より曇天の日に多いと報告されている．これは，曇天の時の方が気温が安定しているからだと考えられる．晴天の日は，日射で体温が上がりすぎたり，放射冷却による夕方の気温低下が急すぎて，雪の中への避難が間に合わない危険性があるからだ．また，風が弱い日に多いのは，吹き飛ばされたり，風で急速に体温が下がったりするのを避けているからだろう．

生活史

　雪の上に現れるクモガタガガンボ類の成虫は，オスもメスも基本的にほとんど摂食しない．ただし水や水に溶けた食物は摂取するようだ．積雪期の初期に見つかる成虫も，メスは100〜200 個程度の既に成熟した卵をもっている．オスもメスと同じ容器に入れるとすぐに交尾することから，既に性成熟していると考えられる．北欧の種（*C. araneoides*）では，メスのもつ卵数が12月末から2月初めにかけて連続的に減少することから，厳冬期の間に雪の上を移動しながらあちこちに少しずつ産卵していると推定されている．まれにだが雪上での交尾も観察される．

　まだはっきり確認されていないが，おそらく交尾や産卵は，主に積雪の下にある枯れ葉や腐植土のある地表付近で行われていると考えられている．また，積雪下の地表付近にあるネズミ類の巣穴や通路からも成虫が見つかることや，ネズミ類を最終宿主とするサナダムシ類などの寄生虫が成虫から見つかることから，卵はネズミ類の巣に産みつけられ，幼虫はネズミ類の糞や毛などを食べて成長するのではないかとも考えられている．

　北海道のクモガタガガンボ類（*Chionea* sp.）を飼育した駒澤正樹氏の記録（http://gecko0912.web.fc2.com/HP3/index9e.htm）によると，成虫は−1〜+5℃で 30 日以上，最長 69 日生き，メスは湿った紙や腐植土の中に卵を一個ずつ産み付けたと報告されている．卵は約30日で幼虫になり，餌として，野菜屑などの半腐敗植物を与えても，野ネズミの糞

を与えても，約半年で蛹まで育ったという．おそらく，
幼虫は地表の腐植土中でもネズミ類の巣穴でも成長で
きるのだろう．

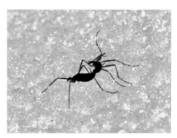

　しかし筆者は，クモガタガガンボの成虫たちが交尾
や産卵の場所としてネズミ類の巣を探しているのでは
ないかと思われる行動を比良山地で観察している．夜
に雪上に張ったテントで寝ていると，昼間はほとんど
見つけられなかったクモガタガガンボの成虫たちが，

図2.14　夜間にテントの近くで交尾する
　　　　ペア

テントの周りに数十匹も集まって来たのだ．テントの
すぐ近くの雪上で交尾しているペアや狭い通気口から
テントの中に入り込んでくる個体までいた（図2.14）．人が中にいる時には，明かりをつけ
ずに真っ暗にしていても寄ってきたのに，人が中にいないと，テントに明かりをつけてお
いても人の匂いのついた衣類や寝袋がそのまま置いてあっても全く集まらなかった．した
がって，光や匂いに引き寄せられた訳ではなく，動物の体から出る二酸化炭素などを手が
かりにして集まったと思われる．彼らは雪の下にあるネズミ類の巣穴を探していたのかも
しれない．

　まだ詳しくはわかっていないが，クモガタガガンボ類はおおよそ以下のような生活史を
送っていると考えられる．厳冬期に積雪の下にある腐植土やネズミ類の巣などに産みつけ
られた卵は1ヵ月ほどで孵化し，幼虫は分解中の植物やネズミ類の糞などを食べて成長し，
秋から初冬にかけて蛹を経て成虫になる．そして，成虫は厳冬期の積雪上を移動しながら
分散し，あちこちで積雪下の地表に下りて交尾や産卵を行うのだ．

　つまり，クモガタガガンボ類の主な生息場所は林床の土壌環境だと思われる．成虫は雪
上で見つかることが多いが，交尾や産卵，寒さからの避難など，移動以外の活動の大部分
を湿度が高く気温が安定した積雪下の地表付近で行っており，凍死の危険を冒して積雪表
面へ出るのは，障害物が少ない滑らかな雪面で効率よく移動するためだと考えられるから
だ．

　ヨーロッパでは林床の動物の巣穴や洞窟からも成虫が見つかっているのは，それらの環
境が，暗くて湿度が高く気温が安定した積雪下の土壌環境に近いためだろう．日本でも特
にカネノクモガタガガンボの成虫が雪のない林床などにも出現した観察例がある．

ユキシリアゲムシ類

　日本からの報告はまだないが，北米やロシア，ヨーロッパの多雪地帯には，ユキシリア
ゲムシ類（*Boreus* spp.）という冬の雪上で活動するシリアゲムシの仲間がいること知られ
ている．体長3〜5 mmの暗色の昆虫で，翅は小さく退化して短い棒のようになっているの
で飛ぶことはできず，細長い足で雪の上を歩いている姿はクモガタガガンボ類にそっくり
だ．しかし形態はよく似ているが，シリアゲムシ目（長翅目）の昆虫であり，ハエ目（双
翅目）の昆虫であるクモガタガガンボ類とは全く異なるグループに属している．よく見る

と，シリアゲムシ類の特徴である前方に伸びた細長い口をもっているので，簡単に区別することができる．また，雪の上でジャンプすることもあるらしい．

クモガタガガンボ類と同様に，低温に適応しており，冬の積雪上で活動するが，北欧での研究によると，活動に適した温度は主に厳冬期に活動するクモガタガガンボ類より少し高く，積雪期の初期や晩期など，気温が高い時に主に活動することが報告されている．

成虫も幼虫もコケを食べており，採食や交尾，産卵は主に積雪下の地表で行われているため，雪の上での活動は効率的な分散のためであると考えられる．幼虫は積雪下の地表のコケの中で成長し，積雪が形成される前に成虫になる．

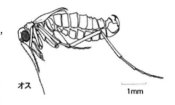

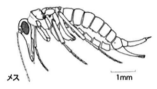

図 2.15　エゾユキシリアゲ

驚いたことに，この仲間の成虫が，1996 年に夏の大雪山の林床で発見され，エゾユキシリアゲ（*Boreus jezoensis*）と命名された（Hori et al., 1996, 図 2.15）．7 月〜8 月に標高 1450〜1650 m の残雪の近くにある林床に仕掛けたピットトラップで採集されたのだ．成虫はオスもメスも翅が退化しており，形態は雪の上で活動する種とほとんど変わらない．したがって夏の残雪の上で活動している可能性がある．しかし冬の雪上で活動するユキシリアゲムシ類は，日本ではまだ見つかっていない（2022 年時点）．　　　　［幸島　司郎］

2.4　積雪中の微小無脊椎動物

目に見えないほど小さなユキムシ

雪の上のユキムシの観察に慣れてくると，セッケイカワゲラやクモガタガガンボ以外にも，さまざまなユキムシをみつけることができる．雪の上を歩く小さなクモはよく見つかる．雪の上の生活に特化しているわけではないが，雪の上を自由に歩き回り，雪のくぼ地に巣を張ることもある．クモ以外にもゴミムシの仲間，アブラムシの仲間，ユスリカの仲間など，真冬にもかかわらずいろいろな虫をみることができる．しかしながら，これらの昆虫には翅をもつものも多く，低温でほとんど翅を使えないような雪の上で好んで生活しているとは思えないため，ユキムシの仲間として適切かどうかは，慎重に判断する必要がある．

トビムシ

目に見えないほど小さくはないが，雪の上をよく見ると，跳ね回る小さな黒い虫を見ることがある（図 2.16）．この虫は，トビムシである．この雪の上のトビムシは，英語ではユキノミ（snow flea）ともよばれるが，決してノミの仲間ではない．昆虫に近縁だが，より原始的なトビムシ目の節足動物である．トビムシは，腹部に特徴的な跳躍器をもち，ばねのようなその器官を使って跳ねることで，雪の上を自由に飛び回る．一度に跳ねる距離は，

数十 cm にもなる．この跳躍器を動かす筋肉は，
翅を動かす筋肉と違って，低温に強いようだ．
多くのトビムシは一般に土壌昆虫で，土の中に
生息し落ち葉を食べている代表的分解者である．
雪の上で活動するトビムシも，もともとは雪の
下の土壌に生息しているものが，雪の中を這い
上がってきたものと考えられている．樹林帯の
積雪では周辺の樹木の樹皮に生息しているトビ
ムシが，雪の表面に樹皮とともに落ちてきたも
のも含まれているかもしれない．しかしながら，

図 2.16　トビムシ（新潟県苗場山）

土壌に生息するすべてのトビムシが，雪の上で活動できるわけではなく，ある特定の種の
みが雪の上にでてくるらしい．雪の表面でみられるトビムシは，ツチトビムシ科ツチトビ
ムシ属（*Isotoma* sp.）のものが多い．

　トビムシの活動には，特有の日周期があることも明らかになっている．朝と夕方に雪の
表面に現れ，夜間と日中は雪の粒子の間隙に潜って姿を消す．土壌のトビムシではこのよ
うな日周期を調べることは難しいが，雪の上では白い背景に黒いトビムシを見つけること
は簡単なので，このような行動が明らかになった．ただし，なぜ朝と夕方に雪面で活動す
るのか，それ以外の時間にはどこで何をしているのか，については，まだはっきりしたこ
とはわからない．

　トビムシは日本の積雪だけでなく，世界中の積雪から報告されている．セッケイカワゲ
ラなど，他のユキムシは特定の地域でのみ分布することが多いが，トビムシは，ヒマラヤ
や北極など広範囲の氷河の雪氷上でもみられ，ユキムシの中では最も分布範囲の広い仲間
である．氷河の上で見つかるトビムシは，積雪上で見られる種とは違って土壌から移動し
てきたものとは考えにくい．氷河の厚さは数十から数百 m あるので，氷河の下の地面から
這い上がってきたとは考えられないからだ．このように氷河に生息するトビムシは，土壌
と積雪の二重生活をするトビムシとは異なり，氷河環境に特化した種だと考えられる．

クマムシ

　クマムシは，緩歩動物とよばれるグループに分類される微小な無脊椎動物である．体の
大きさは縦 0.3 mm，幅 0.1 mm 程度で 1 対 2 個の黒い眼，4 対 8 本の足をもち，ずんぐり
とした体形は名前の通りクマに似ている（口絵 4）．英語の一般名も，Water bear（水熊）
である．先端に爪が付いた 8 本の足をゆっくりと動かしながら歩く姿も，クマの動きによ
く似ている．

　クマムシは，直接見たことのある人は少ないかもしれないが，実は我々の身の回りにも
広く存在し，簡単に観察できる生物である．たとえば，アスファルトの道路の端によく見
かけるコケには，多数のクマムシが生息している．クマムシは身近な生物である一方，他
の生物がとても生きられない過酷な条件でも耐えられる極限環境生物としても知られてい

る．高熱や低温，乾燥条件といった，普通の生物では生きていけない環境でもクマムシは生存することができる．このような性質から，クマムシは地球最強の生物，として有名になった．ただし，過酷な条件に耐えるには，乾眠状態という特殊な体に変態する必要がある．クマムシは，生息に不都合な条件になると，樽のような形に変態する．この乾眠状態は，クリプトビオシスともよばれ，体内の代謝がすべて停止する仮死状態のようなものである．この状態になると，過酷な環境条件でも生き延びることができるほか，数十年という長期にわたって休眠することができる．周囲の条件が活動に適した環境に戻れば，乾眠状態から目を覚まし，元の体となって再び活動を開始する．

　クマムシはコケの中のほか，海や土壌中などを生息場所としているが，積雪中でも多数のクマムシが活動していることが最近明らかになった．山形県月山のブナの森林の林床（口絵 1）には，毎年 5 月頃に緑雪という緑色に染まる雪が現れる．緑雪は，後で説明する雪氷藻類という光合成微生物が大量に繁殖することで現れる現象である．この緑雪の中に多数のクマムシが活動していることが発見された（Ono et al., 2021）．そのクマムシの体は透明で，透き通った体内の腸は緑色をしていたことから，クマムシは緑雪の藻類を食べているものと考えられる．積雪を詳しく顕微鏡で観察すると，クマムシの脱皮殻やさらに脱皮殻に産み付けられた卵も見つかった．このクマムシは，積雪中で成長さらに繁殖もしているのである．緑雪は積雪上に直径 10 cm ほどのパッチ状にいくつも現れることが特徴で，緑雪のほかオレンジ雪や黄色雪などの色の異なるパッチも現れる．後で説明するが雪の色が異なるのは，それぞれ繁殖している藻類の種類が違うためである．これらの色の違う雪を調べた結果，クマムシは緑雪以外の雪にはほとんど見つからなかった．したがって，積雪のクマムシは，特定の藻類を食べるために緑雪に好んで集まるものと考えられる．さらに，森林の中の樹木についたコケや土壌の中のクマムシを調べた結果，積雪中から見つかったクマムシとは別の種であったので，積雪中のクマムシは，樹木や土から単にたまたま移動してきたものではなく，積雪中で活動することに特化した種であることがわかった．この積雪のクマムシを形態から分類すると，ヤマクマムシ科であることはわかったが，完全に一致する種の報告はなく，未記載の新種であることが明らかになり，ユキヤマクマムシ（*Hypsibium nivalis*）と命名した．さらにクマムシの形態を細かく調べた結果，積雪中のクマムシには少なくとも 2 種類の種が含まれていることがわかった（Ono et al., 2022）．雪が融けた後，夏の間は土壌中で過ごしているものと考えられるが，詳しいことはまだよくわかっていない．

　極限環境生物であるクマムシが積雪中で見つかるのは，驚くに値しないと思われるかもしれない．ただし，クマムシが極限環境で生き延びられるのはあくまでも乾眠状態になっている場合である．この積雪中のクマムシの驚くべきことは，積雪という低温環境で乾眠状態ではなく，実際に活発に動き回っていることである．この意味で，一般のクマムシとは異なり，低温状態で活動するための特別の代謝機能をもった種であるということができる．実験室で繁殖させることが可能になれば，低温環境に適応したモデル生物として，さ

まざまな実験や分析を行うことができる可能性がある．詳しい生理機能については，今後の研究に期待したい．

クマムシもまた，日本の積雪だけでなく，世界各地の氷河にも広く生息していることが知られている．北極域の氷河や，さらにヒマラヤや南極の氷河でもクリオコナイトホールに生息している．クマムシは，広く積雪や氷河の生態系で重要な役割を果たしていると考えられる．

ワムシ

ワムシは輪形動物とよばれるグループに分類され，体長はクマムシと同じ程度の微小動物である（図2.17）．クマムシとは違って足や体節はない．その代わり，体を伸び縮みさせながら，活発に動き回ることができる．

ワムシは一般に水環境に広く分布する，どこにでもいる微生物である．池や水たまり，観賞魚の水槽などの水をとってきて顕微鏡で見れば，必ずと言ってよいほどワムシが見つかる．水の中の有機物を食べて生活している．条件が整っている環境では，単

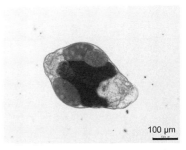

図2.17　ワムシ（山形県月山の積雪）

為生殖で卵を産んで個体数を増やしていく．水が乾燥すると，乾眠といってクマムシ同様に休眠状態になることができる．したがって，環境の変化にも強く，乾燥した個体は風で飛ばされて，別の場所に移動して分散する．このような特性から，陸上の水環境に広く分布しているものと思われる．

ワムシは，融解している積雪中に広く観察される．積雪サンプルを顕微鏡で見ると，活発に泳ぎ回るワムシをみることができる．体を伸縮させて細かく移動し，時折，頭部の風車のような器官を使って，長距離を一気に泳いで移動する．雪の中に見られるワムシが，積雪環境に特化した特殊な種なのかどうかは，まだよくわかっていない．しかし，0℃の融解水中でも活発に動き回っていることはたしかである．透明な体内には腸が透けて見え，腸の内部には黄色から緑色の消化物を見ることができる．おそらく積雪中の藻類か，バクテリアなどを食べているものと考えられる．

ワムシも積雪だけでなく，世界各地の氷河で確認されている．特にアイスランドでは氷河の上流部の涵養域の積雪中で多数のワムシが見つかっている．氷河の上流部で見つかっているということは，そのワムシは大気を介して氷河に落ちてきたことを示している．

［竹内 望］

2.5　彩雪現象と雪氷藻類，菌類，バクテリア

雪の中の植物：雪氷藻類（氷雪藻）

いままで紹介してきたユキムシは，すべて動物である．動物は従属栄養生物なので，自

ら何かを食べていかなければ生命活動を維持することはできない．ユキムシは，雪の上で何を食べているのだろうか．当然，水でできた雪を食べてもなんの栄養にもならない．必要なのは，我々人間の食生活と同じように，糖分，脂質，タンパク質などを含む有機物である．樹林帯の積雪には，落ち葉など樹木から落ちてきた有機物が比較的多く表面に堆積しているので，そのようなものはユキムシの餌になりえる．しかし，樹木のない高山帯や氷河では，そのような食べ物になりそうな有機物の供給はほとんどない．では何を食べているのか．実は，雪の中には自ら有機物を合成して繁殖している微生物が存在する．藻類とよばれる光合成微生物である．

　陸上や海洋の多くの生態系で，エネルギー源として動物群集を支えているのは，植物という光合成生物である．植物は，独立栄養生物とよばれ，動物と違って有機物を自ら食べなくても生命活動を維持することができる．それは，光合成という代謝機能をもっているからある．植物は，水を太陽光で酸素に分解することで化学エネルギーを蓄え，さらにそのエネルギーを使って二酸化炭素からブドウ糖を合成し，さらにさまざまな有機物を合成することができる．我々を含めた動物のほとんどは，この植物が生産した有機物を食べて，そこに蓄えられたエネルギーを用いて生命活動を維持している．このように光合成で有機物を生産する独立栄養生物は，陸上では樹木や草本，コケ，藻類など，海洋では海藻や植物プランクトンなどが含まれ，それぞれの生態系で動物群集を支えている．

　雪氷環境でも，他の生態系同様に動物群集を支える独立栄養生物が存在する．それは，雪氷中で光合成によって繁殖する微生物で，藻類とよばれる藻の仲間である．藻類は，一般には湖沼や海洋など水環境や表面土壌に広く分布する生物である．海洋の植物プランクトンも多くは藻類の仲間で，河川や湖沼でも水を顕微鏡で見れば，さまざまな形をした藻類の小さな細胞をみることができる．しかし，これらのほとんどは，雪氷上では繁殖できない．普通の生物にとっては，0℃という温度は代謝活動をするには低すぎるからである．しかし，藻類にも雪氷という特殊な低温環境で繁殖できる種が存在し，このような藻類を，雪氷藻類（または氷雪藻）とよんでいる．雪氷藻類が低温環境で繁殖できるのは，ユキムシと同様に，0℃に近い低温条件でも，光合成を含む化学反応を進めることができる特殊な代謝能力をもっているためである．

雪氷藻類と彩雪現象

　藻類の多くは，肉眼では見えないほど小さな微生物である．それでも大量に繁殖すると，肉眼でも見えるようになることがある．たとえば，池や沼では，藻の繁殖で水がうっすらと緑色に見えたり，池の縁の石や底に緑色の藻類の塊やマットを見ることもある．海洋では，春に沿岸域で頻発する赤潮が有名である．これも渦鞭毛藻という赤い色をした小さな藻類が，水温の上昇とともに大量発生して海水が赤くなる現象である．

　雪氷藻類も，肉眼で見えるほど雪の中で大量に繁殖することがある．もともと白い雪が藻類の繁殖で着色する現象を，彩雪現象という．彩雪現象は，雪融けが始まってしばらくたった5月から7月の積雪や雪渓の表面で広く見ることができる．彩雪現象の色には，赤

や緑，黄色などさまざまな色があ
り，それぞれ，赤雪，緑雪，黄色
雪とよばれる．群馬県の尾瀬ヶ原
で雪が赤茶色になる現象は，特に
アカシボともよばれている
（Fukuhara et al., 2002）．彩雪現象
にさまざまな色があるのは，繁殖
する藻類の種類や生活史段階が異
なるためである．色の違いについ
てはまた後で詳しく説明すること
にする．

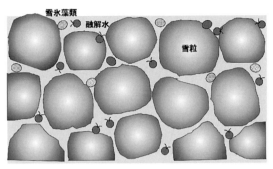

図2.18　積雪粒子の間の藻類の生息場所

　雪氷藻類の大きさは，10〜50 μm である．雪の粒子の大きさが，1〜2 mm なので，藻類
はそのおよそ100分の1の大きさとなる．藻類が繁殖するのは，雪が融けているざらめ雪
の中である．雪といっても氷点下の融けていない雪では藻類は繁殖できない．繁殖するに
は雪粒子の周りにある液体の水が必要なのである．藻類の生息場所は，雪の粒子と粒子の
間の間隙に溜まった液体の水の中ということになる（図2.18）．彩雪現象の赤や緑の色は，
正確には雪そのもの色ではなく，透明な雪粒子の周囲に存在する藻類細胞の色である．

日本列島の雪氷藻類

　日本列島の彩雪現象と雪氷藻類についての研究が始まったのは1950年代からで，その
成果を初めて包括的に論文にまとめたのが福島博氏である（Fukushima, 1963）．北は北海
道から，南は屋久島まで，日本列島の主な山岳地，全50ヵ所の積雪で調査を行い，彩雪現
象の広範囲の分布を明らかにした．日本列島のこれだけの広範囲の記録は，いまだにこの
論文だけである．この論文では，彩雪現象を，赤，緑，黄色だけでなくさらに細分化し，9
色（赤，赤茶，茶，黄茶，緑茶，黄緑，緑，灰，黒）に分類している．各地で採取した色
雪を顕微鏡で観察し，それぞれに見られた藻類を含む微生物を詳細に記載した．論文には
顕微鏡観察による藻類細胞の詳細な形態のスケッチが記録されている．形態を基に種の分
類が行われており，藍藻（シアノバクテリア）4種，黄金色藻2種，珪藻32種，緑藻17
種，菌類3種が記載され，日本列島の多様な雪氷藻類の存在を明らかにした．ただし，こ
の種の分類については，後に培養やDNA分析によって再分類されているものも数多く含
まれている．この論文によって，極地や欧米だけでなく日本列島も多様な雪氷藻類が生息
する場所であることが明らかになったのである．その後，日本の雪氷藻類の分類や生態に
関しては，主に富山県の立山の室堂平，山形県月山，群馬県尾瀬，北海道大雪山などで，
詳しい研究が進んだ．

　Fukushima（1963）でも示されている通り，日本の積雪の彩雪の原因となる主な藻類は，
緑藻の仲間である．場所や季節によっては，黄金色藻の仲間も彩雪現象を引き起こす．世
界の氷河では，緑藻に加え，シアノバクテリアが優占種となる．一部，南極の氷河には珪

藻もみられる．それぞれの藻類については，あとで詳しく説明することにしよう．

雪氷藻類の生活環

　藻類の多くは，単細胞生物である．我々人間のような多細胞生物とは異なり，細胞1つですべての生命活動を完結している．また周囲の環境の変化に合わせて細胞分裂で増殖したり，分裂をやめて有性生殖を行い休眠状態になったりするため，同じ種の藻類でもその生活史段階によって細胞の形は大きく変化する．このような世代交代のサイクルを生活環という（図2.19）．同一種の藻類が生活環の中でさまざまな細胞形態をもつことが，顕微鏡観察によって藻類の種類を同定することを難しくしている．

　藻類が細胞分裂によって繁殖する際は，全く同じ遺伝情報をもつ個体のコピー，いわゆるクローンがつくられていく．このような繁殖を無性生殖という．細胞分裂による増殖では，1細胞が2細胞に分裂し，さらにその2細胞が4細胞となり，4細胞が8細胞になる，というように2の累乗の指数関数のペースで細胞数が増えていく．春から夏の融解期の積雪のように繁殖のための環境条件が整っていれば，藻類は光合成をしながら無性生殖で指数関数的に個体数を増やしていく．このような繁殖の結果，雪が色づく彩雪現象が引き起こされる．しかしながら，このような藻類の細胞分裂は，永遠に続くことはない．積雪環境には，繁殖に必要な栄養塩の枯渇などによって，繁殖可能な藻類量の限界が存在するからだ．さらに季節が進み，雪が融けて消滅してしまえば，藻類は繁殖はできない．藻類は，生息環境が繁殖に適さない条件になると，細胞分裂による無性生殖をやめて，他の藻類細胞と接合（細胞融合）して，接合子という細胞になる．接合子は，2つの細胞が接合したものなので，通常の2倍のDNAを含む倍数体である．接合子になると，2細胞のDNAの交換が起きて，新しい遺伝子型の個体となる．接合子になった細胞は，細胞壁が厚くなって生理活動を停止し，そのまま休眠胞子となる．休眠胞子は，植物の種子のようなもので乾燥条件や温度環境が適さなくなっても，休眠状態で耐えることができる．季節が廻り，再び繁殖に適した環境条件に戻ると，

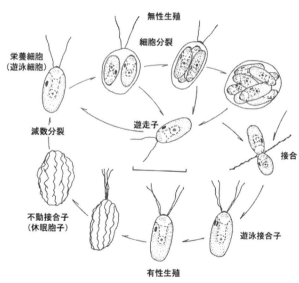

図 2.19　雪氷藻類の生活環
[Hoham et al., 2001]

休眠胞子は再び生命活動を開始する．休眠胞子は，まず減数分裂を行い，無性生殖が可能な藻類細胞になる．その後，藻類細胞は細胞分裂によって再び繁殖する．

　緑藻の場合，無性生殖で増える細胞は，2本の鞭毛をもつ遊泳細胞とよばれるものが多い．遊泳細胞は2本の鞭毛を使って，水の中を自由に泳ぎ回ることができる．植物は一般に自ら動き回ることはないので，同じ光合成生物でも泳ぐことができる藻類は，不思議に感じられるかもしれない．すべての藻類が遊泳細胞という生活史段階をもつわけではないが，彩雪現象の原因となる雪氷藻類の多くは，鞭毛をもった遊泳細胞になる．顕微鏡で観察すると，活発に動き回る藻類の遊泳細胞を見ることができる．ただし，よく誤解されるのは，鞭毛は進行方向の反対側にあると思われがちであるが，藻類の場合は，進行方向の側に鞭毛がついている．水泳にたとえるなら，藻類の鞭毛は足ではなく手に対応し，足を使わず手漕ぎのみで泳いでいると考えればよい．手漕ぎの動作にはいろいろあるが，雪氷中で増殖する緑藻類の鞭毛は，平泳ぎのような動きをする．

　遊泳細胞の鞭毛が力を発揮するのは，積雪中で繁殖条件の適した場所に藻類が移動する時である．雪氷藻類は，雪がなくなると休眠胞子となって土壌中で次の積雪シーズンまで休眠すると考えられている．冬に雪が積もり，春になって融解が始まると雪の下の土壌に融解水が供給され，藻類は休眠から目覚めて活動を開始する（図2.20）．休眠胞子から遊泳細胞となった藻類は，ほとんど日の当たらない積雪層の底の土壌から上方の積雪層へ移動し，さらに光合成が可能な表面の積雪層まで，泳いで垂直移動すると考えられている．積雪層を泳いで移動できるのは，積雪粒子が薄いフィルムのような融解水の膜に覆われているためで，その融解水の膜の中を泳いで表面へ移動する．ただし，実際に土壌から積雪表面まで移動している藻類を確認するのは難しい．一方，藻類が昼夜の周期で積雪内を移動する現象については，肉眼でも確かめることができる．藻類が繁殖した緑雪を観察すると，朝は濃い色をしていたものが昼になると薄くなることがある．これは朝には表面に集中していた藻類が，昼には積雪の下層に垂直移動したためである．このような雪氷藻類の垂直移動は，光合成に用いる日光が，強すぎず，弱すぎず，ちょうどよい強度となる積雪内の層に移動するために起こると考えられている．

　遊泳細胞が積雪内を泳ぎ回るのに対し

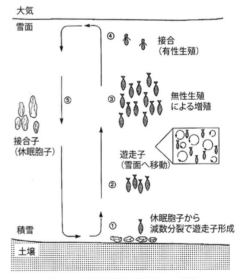

大気
雪面
④　接合（有性生殖）
⑤
③　無性生殖による増殖
接合子（休眠胞子）
遊走子（雪面へ移動）
②
①　休眠胞子から減数分裂で遊走子形成
積雪
土壌

図2.20　雪氷藻類の積雪内での移動
[Jones, 1991 から改変]

て，接合後に形成される休眠胞子は全く動くことがない細胞である．休眠胞子は，球形の細胞であることが多いが，種によっては楕円形などさまざまな形となる．細胞壁が厚く，乾燥にも耐えられる構造になっている．赤雪を顕微鏡で見ると，ほとんどは直径 20 μm ほどの赤い球形の休眠胞子であることが多い．休眠胞子は，文字通り完全に活動を停止していると考えられていたが，赤雪の休眠胞子の場合，実際には，光合成を行っていることが最近の研究で確かめられている．

雪氷藻類はどこから来るのか

　積雪表面で毎年繁殖する藻類は，そもそもどこからその雪面にやってくるのだろうか．雪氷藻類の起源については，大きく 2 つの仮説が考えられている．1 つは先ほども述べたように積雪の下の地面から泳いで表面に上がってきて繁殖するという説で，もう 1 つは大気から胞子が飛んできて積雪表面に落ちたものが繁殖するという説である．仮説として紹介したのは，藻類がどのように雪上に来たのかは直接確認することが難しく，まだどちらが正しいか断定できていないためである．積雪の下の地面から泳いで上がってくるとする説は，前節で説明した通り，積雪が消滅した後に土壌中で休眠胞子として過ごし，次の積雪期に再び繁殖する，というもっともらしい生活環を仮定している．ただし，土壌から表面までの積雪層を，藻類が本当に泳いで移動できるかどうかについて懐疑的な人もいる．北極での野外観測では，赤雪が現れる場所は積雪深が 30 cm 以下であることが多いため，積雪深 30 cm 程度が，藻類が地面から泳いで登れる限度ではないかと考えられている．しかしながら，日本の高山帯では，数 m を超える積雪深の場所でも赤雪現象は現れているので，それほどの深さの積雪を泳いで登ってきているとは考えにくい．一方，大気から積雪表面に胞子が供給されて繁殖する場合は，積雪の深さは繁殖には関係ない．ただし，大気によって運ばれる胞子は，どれくらい遠くから飛んできているのか，いまだに明確な答えはない．彩雪の周辺数 km 程度の地表面から風で運ばれた，全地球規模の大気の大循環にのってもっと遠方から運ばれた，または鳥によって運ばれた，などとも考えられているが，どれも確実な証拠はまだない．

彩雪現象にはなぜいろいろな色があるのか

　植物というと緑色，という印象をもつかもしれないが，植物と同じ光合成生物である雪氷藻類の細胞は，緑や赤，黄色などさまざまな色をしている．雪の中で繁殖する雪氷藻類の色に応じて，彩雪現象は赤雪，緑雪，黄色雪などの色を呈する．なぜ雪氷藻類にはこのようにさまざまな色があるのだろうか．

　植物を含む多くの光合成生物は緑色をしている．これは，細胞中に葉緑体とよばれる光合成を担う細胞内小器官が存在し，その中に葉緑素（クロロフィル）とよばれる光合成に必要な緑色の色素をもつためである．クロロフィルは，4 つのピロール環が環状になったテトラピロールにフィトールという長いアルコール鎖が結合した分子構造をもち，テトラピロールの中心にはマグネシウム原子が固定されている．この分子は波長 440 nm（青）と675 nm（赤）付近の光を吸収し，その吸収した光エネルギーを化学エネルギーに変えて，

光合成に利用する．クロロフィルが緑色である理由は，太陽光の中で吸収されずに残った緑の波長帯の光が，透過または反射されるためである．クロロフィルが吸収した光エネルギーは，葉緑体の電子伝達系に伝えられ，最終的には ATP というエネルギー貯蔵物質が合成される．クロロフィルには，結合する置換基が異なる複数の種類があり，クロロフィル *a*，クロロフィル *b* など英字で区別される．このうちクロロフィル *a* はすべての光合成生物がもつ色素で，クロロフィル *b* は一般の陸上植物や緑藻類がもつ色素である．

　多くの植物では，クロロフィルに加えて，カロテノイドとよばれる補助色素を細胞内にもっている．カロテノイドは，40 個の炭素原子が連なる細長い分子構造をもつ．炭素原子の鎖は，共役二重結合となっており，この結合が光を吸収する性質をもつ．共役二重結合の長さは 400〜500 nm で，この長さに等しい波長の光を吸収することから，カロテノイドは赤，オレンジ，黄色に近い色を示す．カロテノイドは，分子構造の違いで，ベータカロテン，アスタキサンチン，ルテインなど多くの種類が存在する．炭素と水素原子のみからなるものはカロテン，酸素原子も含むものはキサントフィルとよばれる．

　細胞内に含まれるカロテノイドの量がクロロフィルに比べ多くなると，細胞の色はクロロフィルの緑から，オレンジや赤，黄色などの色に変化する．したがって，多様な色の雪氷藻類が存在するのは，藻類細胞に含まれるカロテノイドの種類と量の違いによる．カロテノイドの多くは 450 nm 付近の光を吸収することから，オレンジ色から赤色に見えることが多い．さらに，強い光への適応として，ビオラキサンチン，アンテラサンチン，ネオキサンチンなどのカロテノイドが順次光の強さに合わせて合成と分解を繰り返すキサントフィルサイクルという反応も知られている．藻類細胞内では，環境中の光量に合わせて，このキサントフィルサイクルで吸収する光の量を調整している．また，この後に述べる赤雪を構成する緑藻細胞は，アスタキサンチンとよばれる赤いカロテノイドを大量に含んでいる．アスタキサンチンは，太陽光では最もエネルギーの高い 430〜550 nm の光を含む幅広い波長帯を吸収する．この波長帯は主に青から緑色に対応するため，この色素が大量に生成されると細胞は赤く見える．

　藻類の種類によっては，カロテノイド以外にも，タンパク質やフェノール類などの色素をもつものも存在する．シアノバクテリアは，フィコシアニンとよばれる色素タンパク質をもっている．フィコシアニンは青みがかった緑色の色素で，シアノバクテリアの別名が藍藻とよばれる所以となっている．フィコシアニンは，フィコビリンという色素とタンパク質が共有結合した分子構造をもっており，この色素タンパク質が吸収した光エネルギーは，直接光合成に使われる．氷河の氷上で繁殖する藻類は，プルプロガリンという紫色のフェノール類の色素をもつ．この色素にも光防御の役割があると考えられる一方，後で述べる氷河を暗色化させて雪氷の融解を促進する効果ももっている．

　以上の通り，藻類が多様な色となるのは，緑色の光合成色素に加えて，環境条件にあわせて多様な補助色素をもつためである．藻類が生成する色素量や優占する藻類の種は，日射の当たり方や栄養塩濃度といった繁殖条件によって変化する．したがって，彩雪現象の

色は，雪氷藻類の繁殖条件を反映しているともいえる．代表的な彩雪現象の色とそれぞれに含まれる藻類の特徴を紹介していこう．

赤雪とサングイナ

　赤雪は，高山帯の積雪に広く見られる彩雪現象である（口絵7）．彩雪現象としては，最も一般的に見られるものといってよいだろう．赤雪は，春から夏にかけて本州と北海道を含めた日本列島の高山帯に現れる．ただし，日本の高山に現れる赤雪は，色が薄いものが多いため，よく目をこらしてみないとわからないことが多い．特に，春の高山帯の残雪の表面は，大陸からの黄砂の影響で，茶色に色づいていることがあり，黄砂の茶色と藻類の赤雪がよく似ているので，注意深く見ないと見分けがつかないこともある．ただ慣れてくれば藻類の赤雪は，茶色ではなくピンクに近い赤であることが多いので，見分けることができるはずである．赤雪は，日本列島だけでなく，北極域やヨーロッパアルプス，北米，南米，南極など，世界中の積雪表面で発生することが知られている．赤雪は，世界中の積雪に共通で見られる現象といってよい．

　赤雪を引き起こす雪氷藻類は，主に緑藻の仲間であるサングイナ・ニバロイデス（*Sanguina nivaloides*）という種である（口絵8）．赤雪を顕微鏡で観察すると，直径20 μm程度の赤い球形の細胞で構成されている．中心部には緑色の葉緑体を見ることができる．この藻類は，以前はクラミドモナス・ニバリス（*Chlamydomonas nivalis*）とよばれていたが，実際にはクラミドモナス属の藻類とは系統的に離れていることが明らかになり，2019年に発表された論文で，サングイナ属という新しいグループがつくられて，藻類の種名はサングイナ・ニバロイデスと改名された（Prochazkova et al., 2019）．したがって，2019年以前の赤雪に関する多くの文献では，クラミドモナス・ニバリスが使われているが，最近の文献ではサングイナ・ニバロイデスとよばれている．旧属名のクラミドモナスという藻類は，中学校の理科の教科書などにも掲載され湖沼にも見られる一般的な藻類のグループである．和名ではコナミドリムシ属，ともよばれている．この属の特徴は，二本の鞭毛をもち，水中を泳ぎ回ることができる藻類であることである．サングイナ・ニバロイデスも，繁殖時には鞭毛をもつ遊泳細胞となるが，しかしその遊泳細胞が見ることはまれである．

　赤雪の藻類をクラミドモナス・ニバリスと命名したのは，ノーダル・ウィレというノルウェーの藻類学者で，20世紀の初めに別のグループに分類されていたものを，クラミドモナス属に移してこの種名をとした．赤雪現象は，アリストテレスが記録に残していたともいわれ古くからヨーロッパでは知られていたが，研究対象となったのは，19世紀の前半に北極探検隊がグリーンランドなどの北極域で広く見られることを発見してからである．ただし当時は，赤雪の原因となる微生物は，藻類ではなく菌類の一種（ウレド・ニバリス）と考えられていた．その後，この微生物は光合成をする藻類であることが明らかとなり，プロトコッカス・ニバリスと改名された．ニバリスとは，ラテン語で雪を意味する．その後，さらに形態分類が進み，緑藻類の一種であることがわかり，クラミドモナス・ニバリスとなった．さらにサングイナ・ニバロイデスに種名が変更されたのは，DNAを使った生

物種の系統解析が進んできたためである.

　赤雪の赤い色は, 藻類細胞中に含まれるアスタキサンチンとよばれる色素が原因である. サングイナ・ニバロイデスは, 細胞中に高濃度のアスタキサンチンを含んでいる. アスタキサンチンは, 先ほども述べたカロテノイドという色素の一種である. 藻類のカロテノイドの多くは, 細胞内の葉緑体の中に存在する一次カロテノイドであるが, アスタキサンチンは, 葉緑体の外に蓄積する二次カロテノイドである. この藻類が細胞内にアスタキサンチンを蓄積するのは, アスタキサンチンが彼らの生存に必要かつ重要で生理学的な機能をもつためと考えられている.

　赤雪の雪氷藻類が繁殖する積雪環境は, 高山であることから紫外線強度が強く, さらに太陽からの直達光だけでなく積雪内での散乱光も藻類に照射することになる. 紫外線は, DNA を含む生体高分子の変異を引き起こす. したがって, このような積雪内で繁殖するには, 危険な紫外線を吸収するアスタキサンチンによって生体高分子を防御する必要があるのだ. つまりアスタキサンチンは, 紫外線から肌や目を守る日焼け止めやサングラスのような働きをしているのである. さらに, アスタキサンチンには, 強い紫外線にさらされた細胞で増加する危険な活性酸素から細胞を守る, 高い抗酸化作用があることがわかっている. 最近では, アスタキサンチンの高い抗酸化作用が, 健康食品や化粧品として応用されている. 赤雪の雪氷藻類は, 高濃度のアスタキサンチンを生成していることから, 実際に赤雪の藻類からアスタキサンチンを抽出し, 化粧品に応用されて商品化されているのだ.

　赤雪がいつどこに現れるのかについては, まだ完全には理解されていない. 赤雪は, 融雪が進むと毎年ほぼ同じ場所に現れることが経験的にわかっているが, 赤雪が現れない雪面も存在する. 初夏の残雪がすべて一斉に赤くなるわけでもない. 赤雪が現れる雪面と現れない雪面では何が違うのか. 繁殖に必要な雪の中の栄養成分の分布と関係があるのか, そもそも赤雪のもととなる藻類の胞子の供給過程と関係があるのかもしれない. また同じ場所でも年によって赤雪がはっきり現れる年とそうではない年がある. 経験的には春の気温が高く融解が一気に進むと, 赤雪がはっきり現れる傾向がある.

　赤雪を構成する藻類は, 多くの場合サングイナ・ニバロイデスであるが, 実際には別の複数種の藻類が混在する場合や, 他の種が優占する場合もある. 従来は赤雪に含まれる藻類は, 一つの胞子から細胞分裂によって増殖したクローンで構成されると考えていた. しかしながら, DNA 分析が行われるようになると, 赤雪を構成する藻類種を詳細に検出可能となり, その結果, 赤雪には複数種の藻類が含まれることが明らかになったのである. 同じように見える赤い球形の休眠胞子でも, 種が異なる場合があることがわかってきた.

　日本の赤雪には, サングイナ・ニバロイデスのほかに, 少数のクロロモナス属の緑藻類も含まれていることが多い. クロロモナス属の藻類は, 次に説明する通り樹林帯の緑雪で優占する藻類である. さらに, 濃く紫がかった赤雪の場合, クライノモナス属の藻類が優占していることがある. この藻類は, サングイナより一回りサイズが大きく, 形も球形ではなく小判型で, 赤い色も濃い (図2.21). この藻類の生態も詳しいことはまだよくわかっ

ていないが，サングイナのように広く現れるわけではなく，ある特定の場所，季節に現れるという特徴がある．たとえば，6月から7月に広くみられる富山県の立山の室堂平の赤雪は，ほとんどはサングイナであるが，南側の稜線の積雪ではクライノモナスを含む濃いくすんだ赤雪が出現する（Nakashima et al., 2021）．しかし，なぜ，その場所に現れるのか，その理由はわかっていない．

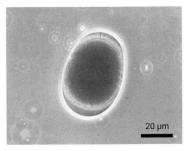

20 μm

図2.21　クライノモナス属の藻類

緑雪とクロロモナス

　日本の樹林帯の積雪によく見られる緑雪（口絵5）の原因となる藻類は，緑藻の仲間であるクロロモナス属（*Chloromonas*）の藻類である．先に紹介したサングイナ属の藻類が主に森林限界を超えた高山帯に現れる赤雪を構成する藻類種であるのに対し，クロロモナス属は主に樹林帯中の緑雪を構成する藻類種である．ただし，赤雪同様に緑雪中にも，複数種の藻類が含まれる場合がほとんどで，クロロモナス属の藻類のほか，サングイナなどの藻類も含まれる場合もある．

　緑雪を顕微鏡で見ると，小さなクロロモナス属の2本の鞭毛をもつ遊泳細胞が活発に泳ぎ回っているのを見ることができる．赤雪の場合はほとんど球形の休眠胞子であることが多いが，緑雪の場合は遊泳細胞が大部分を占めることが多い．遊泳細胞は，ふつう2本の鞭毛をもっている．ただし，緑雪を通常の方法で顕微鏡観察すると，泳ぎ回る藻類は光源の熱で瞬く間に死んでしまう．観察開始時は活発に泳ぎ回っていても，30秒もたつと鞭毛が丸く縮こまって細胞の動きが止まり，やがて細胞が破裂してしまうこともある．雪氷藻類を生きたまま観察するには，+5℃くらいの低温室の中で顕微鏡観察するのが理想である．緑雪を研究室まで持ち帰るときも同様で，雪を融かして常温で持ち帰ってしまうと，遊泳細胞は死んでしまう．冷凍保存をすると，雪氷藻類とはいえ急激な凍結条件には耐えられず，凍り付いた細胞は壊れてやはり死んでしまう．生きた遊泳細胞を観察するには，雪が融けてしまっても構わないが，凍らない程度の0℃付近の温度を維持して輸送し，冷蔵庫で保管する必要がある．冷蔵庫ではそのまま1ヵ月程度，藻類を生きたまま保存することができる．

　クロロモナス属の藻類の生活環は，1970～80年代にアメリカの藻類学者ロナルド・ホーハムによって詳細に調査されている（Hoham et al., 2001; 2020）．クロロモナス属藻類による彩雪現象は，北米の積雪でも広く見られ，ホーハム氏は北米各地の彩雪を採取し，藻類の単離培養を試みてきた．単離培養によって藻類の生活環を詳細に明らかし，藻類の分類を整理していくつかの種を統廃合した．細胞形態の違いからそれまで別種と考えられていたものも，実は生活史段階が異なる同一種の細胞であることが明らかになったのだ．

　クロロモナスの遊泳細胞をよく観察すると，いろいろな形態の細胞があることがわかる（口絵6）．球形のものや，先のとがった水滴型のもの，楕円形のもの，細長い小判型のも

のなどである．これらの形は種の違いを示している．たとえば，球形のクロロモナス・ミワエ，逆水滴型のクロロモナス・ニバリス，楕円形のクロロモナス・レミアシなどである．クロロモナス属の藻類は，単離培養と DNA 解析が進み，多様な種の存在が明らかになっている．1つの緑雪の中にも複数のクロロモナス属藻類が混在しているのが普通である．

　クロロモナスの休眠胞子は，ラグビーボールの形に似た楕円形のものが多い．大きさは，長径が 20 µm 程度のものから 60 µm くらいの大型のものもある．細胞壁には，しわのように見える襞が数本存在する．休眠胞子の内部は，中心部に緑色の葉緑体があり，その両脇にオレンジから黄色をした色素を含む液胞があることが多い．クロロモナスの休眠胞子もサングイナ同様にアスタキサンチン等のカロテノイドを細胞内に蓄積するため，クロロモナスの休眠胞子が大量に含まれる雪はオレンジや赤に着色することもある．休眠胞子の大きさは種によって異なると考えられている．また襞の方向が斜めか，まっすぐかにも種の特徴が現れるとされている．ただし，何のために襞ができるのか，その意味はよくわかっていない．休眠胞子の形態によって，クロロモナス属の種の同定ができれば便利であるが，はっきりと種を区別するのは難しい．

　クロロモナス藻類の各種の単離培養は，国立環境研究所の松崎令氏らの努力によって着々と進んでいる（Matsuzaki et al., 2019）．国内の緑雪から単離培養された藻類は，少なくとも12種が記録され，まだ増える見込みである．遊泳細胞によるクロロモナスの種の分類もこの培養株に基づいている．さらにそれぞれの培養株の DNA 配列を比較することによって系統分類が行われ，クロロモナス属の雪氷藻類は大きく6つのグループ（クレード）に分けられることが明らかになっている．しかしながら，培養で休眠細胞から遊泳細胞にしたり，遊泳細胞から休眠細胞にしたりすることには今のところ成功していない．休眠細胞と遊泳細胞を自由に培養系でコントロールできると，それぞれの形態の同定ができることになる．培養条件を調整することで，いつか成功すればクロロモナス属の雪氷藻類についての理解が大きく前進することになるだろう．

黄色雪と黄金色藻

　樹林帯の林床の積雪にまれに見られる黄色雪の中に多く含まれる藻類が，黄金色藻である．その名の通り，藻類の細胞は黄色がかった色をしている．黄金色藻は，赤雪や緑雪の構成藻類であるサングイナやクロロモナスなどの緑藻とは，系統的に大きく異なる．黄金色藻の特徴は，クロロフィル c という色素をもつことや，遊泳細胞の2本の鞭毛のうち1本が退化して短いか，または消失していることが多いことである．

　雪氷中の代表的黄金色藻は，オクロモナス・スミシイおよびオクロモナス・イトイ（*Ochromonas smithii, Ochromonas itoi*）である（Tanabe et al., 2011）．細胞の形は特徴的で，三角形または四角形の角のある形をしている．顕微鏡で観察すると，鞭毛を使って活発に泳ぎ回っているのを見ることができる．雪氷上で繁殖する黄金色藻については，系統的，生態的研究はまだ進んでおらず，未知のことが多い．

珪藻

　珪藻とは，ケイ酸質の殻をもつ藻類である．殻の中に他の藻類と同じように核や葉緑体などの細胞内器官が入っている．珪藻は殻の色から黄色に近い色に見えることが多い．ケイ酸質の殻は，さまざまな形と模様をもつことが知られており，顕微鏡でみるとその形はとても美しい．円形や楕円形の殻に羽のような模様が入っている．珪藻は，海洋や陸水では広く分布する藻類で，池や川で普通に見ることができる．

　雪氷中の珪藻は，Fukushima（1963）が日本の積雪中から報告しているが，これらは積雪に特化した種ではないと考えられ，積雪で繁殖する種は確認されていない．積雪サンプルを顕微鏡で観察していると，まれに珪藻の殻が見つかることがあるが，ほとんどは周辺環境から風に飛ばされてきたもので，積雪上で繁殖した珪藻ではない．しかし，氷河では珪藻が繁殖することが知られている．珪藻は，北極や南極，南米の氷河で報告されているが，その量は他の微生物に対してわずかであることが多い．比較的に豊富に存在するのは南極の氷河である（Stanish et al., 2013）．気温が上昇する夏期に，南極半島やドライバレーの氷河の氷の表面に形成されるクリオコナイトホールという水たまりの中に，大量の珪藻が生息していることが確認されている（図2.22）．珪藻が繁殖するには，殻をつくる原料になるケイ酸が水に含まれることが必要であるが，積雪や氷河の融解水には普通ほとんどケイ酸は含まれていない．南極の氷河の上で，なぜこれほどの珪藻が繁殖することができるのか，ケイ酸はいったいどこから供給されているのかは，大きな謎である．

　アイスアルジーとよばれる海氷の中で繁殖する藻類も珪藻であることが多い．海氷は，冬期に海水が凍ることで形成される氷のことをいい，積雪や氷河とは全く形成過程の異なる氷である．海氷の中には多数の間隙（ブラインチャネル）があり，その中は高塩分の海水（ブライン）で満たされている．アイスアルジーは，もともと寒冷な海水中で生息する藻類で，海氷のこの間隙に入ったものが大繁殖を引き起こす．日本でも北海道のオホーツク海沿岸では，毎年冬期に海氷が押し寄せることが知られている．いわゆる流氷である．アイスアルジーが繁殖するのは，海氷の底部である．波で横転して現れた海氷の底部をよくみると，黄色い色に染まっている．この黄色い部分が，アイスアルジーが繁殖している氷である．北海道の汽水湖であるサロマ湖でも，冬期に凍結した湖表面の氷の底部には大量のアイスアルジーが繁殖することで知られている（Hoshiai et al., 1981）．アイスアルジーが地元の名産のカキの成長を促しているともいわれている．アイスアルジーは北方の海洋生態系では重要な役割を果たしている．

　積雪上で繁殖する雪氷藻類を英語ではスノーアルジー（snow algae）とよぶのに対し，海氷で繁殖する藻類はアイスアルジー（ice algae）とよぶ．

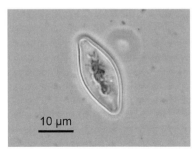

図2.22　南極半島の氷河の珪藻

雪か氷かの違いだけで名称は紛らわしい．しかし，アイスアルジーは塩分を含む海水に生息する藻類で，スノーアルジー（雪氷藻類）は陸上の淡水の雪氷上に生息する藻類なので，生理学的特性が異なり，種も系統も全く違う．淡水性の雪氷藻類の中には，氷河の氷の表面で繁殖する種も存在し，このような氷河性の藻類を一時期アイスアルジーとよんでいた．しかし，海水の藻類と全く異なる藻類であることから，混同を避けるために，氷河性の雪氷藻類は現在ではグレシャーアルジー（氷河藻類，glacier algae）とよんでいる（Williamson et al., 2019）．

積雪中の菌類

菌類とは，いわゆるカビやキノコの仲間である，植物の様に光合成をすることはなく，また動物の様に自ら動き回ることもなく，動植物に寄生したり有機物を分解したりして繁殖する従属栄養生物である．陸上生態系では一般に，土壌中で有機物の分解者として重要な役割を果たしている．

雪氷中にも菌類が生息していることが明らかになっている．積雪中に最も一般的に見つかるのが，チオナスター・ニバリス（*Chionaster nivalis*）という種名のヒトデのような形をした菌類である（図2.23）．日本から北米にかけて

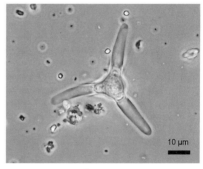

図 2.23　雪氷中の菌類，チオナスター・ニバリス（*Chionaster nivalis*）

の積雪に広く分布する．大きさは 30 μm 程度で，顕微鏡で見ると 2〜4 本の足をもった無色の細胞である．しかし生活環はほとんどわかっていない．セッケイカワゲラの腸内に大量に見つかったことから，カワゲラの餌にもなっているようである．近年，DNA を使った系統解析が行われて，日本のものと北米のものは同じ種であることがわかった（Matsuzaki et al., 2021）．さらに系統的には，銀杏の葉を腐らす菌類に近いことが明らかになった．ただし，両者の関係は不明である．

菌類は各地の氷河でもその存在が明らかになっている．グリーンランド氷床では，氷のサンプルから得られた菌類が単離培養され，その中の 2 種については，後で詳しく述べる氷河上で繁殖する藻類と密接な関係があることも明らかになっている（Perini et al., 2022）．

雪氷藻類を食べる菌類：ツボカビ

菌類の仲間の一つに，ツボカビというグループ（ツボカビ門）がある．ツボカビは，鞭毛をもつ遊泳細胞をつくる菌類で，菌類の中では最も原始的なグループと考えられている．ツボカビには，腐生性と寄生性の種があり，他の菌類と同じように別の生物から栄養を採取して成長する．鞭毛をもつツボカビの遊走子は，水中を泳いで宿主となる生物を探す．宿主が見つかるとその細胞に付着して細胞内に仮根を伸ばし，宿主から栄養を吸収して成長する．このとき宿主に付着した遊走子は，名前の由来の通りツボのような形をした胞子

48

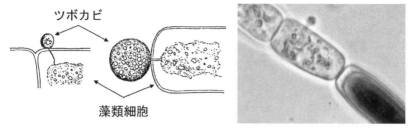

図 2.24　雪氷藻類細胞に寄生するツボカビ［Kol, 1942］

嚢をつくる．そのツボの中では自ら泳ぐことのできる新しい遊走子が多数つくられる．ツボのふたが開くと，中の遊走子が外に泳ぎだし，水の中を泳いで次の宿主を探す，という生活環をもつ．

　寄生性のツボカビは，さまざまな生物に寄生することが知られており，カエルなどの脊椎動物のほか，微小動物，植物，花粉，藻類などが宿主となる．藻類に寄生するツボカビは，一般の湖沼や土壌に広く分布し，寒冷地域の海洋や土壌にも存在が確認されている．さらに積雪や氷河上の雪氷藻類に寄生するツボカビも存在する（Kobayashi et al., 2023）．雪氷藻類を顕微鏡で観察していると，藻類の細胞に無色で小さな球形の別の細胞が付着しているのを見ることがある（図2.24）．これがツボカビである．菌類を染色する染色試薬（カルコフロールホワイト）を使うと，ツボカビの胞子嚢や仮根をはっきりと観察することができる．日本の積雪の緑雪や赤雪でも，藻類細胞に寄生するツボカビの存在が確認されている．積雪中のツボカビは，北米やヨーロッパでも見つかっているが，DNA分析によってどれも近い系統関係があることがわかっている．系統が近いということは，積雪環境に生息するツボカビは共通祖先をもち，寒冷環境に適応した進化をした後に世界に広まったという可能性を示唆している．その生態についてまだ詳しいことはわかっていないが，雪氷中のツボカビには，雪氷生態系の重要な役割がある可能性が高い．

雪にすむバクテリア（細菌類）

　バクテリアとは，細菌類ともよばれ，細胞中に核がない原核生物とよばれる微生物である．いままで説明してきた藻類や菌類は，細胞中に核をもつ真核生物であるので，バクテリアはそれらとはまったく異なる微生物の一群である．核がないことから，細胞内の構造も真核生物に比べ単純で，細胞サイズも小さく約1 μm前後のものがほとんどで，藻類と比べると50〜10分の1の大きさである．

　バクテリアは，我々の体内や生活の周辺環境を含め，地球上のあらゆる環境に広く分布している．人間にとってのバクテリアは，さまざまな疾患の原因になる種もあれば，腸内などに常駐し食物消化の機能を担い健康の維持に欠かせない種も存在する．ただし，人間にかかわるバクテリアは，地球上に存在するバクテリアの種のごく一部に過ぎない．バクテリアの大部分は自然界の生態系に存在し，さまざまな物質循環に重要な役割を果たして

いる．その中で雪氷環境に生息するバクテリアは，多くの常温環境に生息するバクテリア
とは異なり，低温環境で活動できる特殊な種で構成される．

　藻類よりも細胞サイズが小さいバクテリアは，顕微鏡観察するのは難しい．積雪サンプ
ルを高倍率の顕微鏡で見ると，点のように見える小さなバクテリアが泳ぎまわっているこ
とは確認できるが，それ以上のことを知ることはできない．バクテリアの実態を明らかに
するには，培養やDNA分析を行う必要がある．ただし，単離培養は，雪氷藻類と同様に
培養条件が難しいのと，培養可能な種はごく一部に限られるという問題がある．

　日本の積雪中にはどんなバクテリアが生息しているのだろうか，富山県立山の融雪期の
積雪で，クローニングという方法でDNAを解読することによって調べられている
(Segawa et al. 2005)．クローニングは，積雪サンプルからDNAを抽出し，バクテリアの
16S rRNA遺伝子のDNAをPCRで増幅した後，さらに大腸菌を使って増幅し，含まれる
16S rRNA遺伝子の配列を解読するという方法である．その結果，立山の積雪中からは36
種類のバクテリア配列が検出された．検出されたDNA配列は，データベースを使って検
索することにより，それぞれどんなバクテリアなのかを知ることができる．このデータ
ベースは，世界中の研究者がさまざまな環境で見つかったバクテリアのDNA配列を登録
しているものである．検索の結果，36種の中の一つは好冷菌として知られるクリオバクテ
リウム・サイクロフィラム（*Cryobacterium psychrophilum*）という種のバクテリアであった．
このバクテリアは，南極の土壌から見つかった種で，最適繁殖温度は9〜12℃であること
が明らかになっている．南極と日本という遠く離れた積雪中で同種が見つかったのは偶然
ではなく，この種が世界の寒冷環境に広く生息するバクテリアであるためと考えられる．
さらに，バリオボラックス・パラドクス（*Variovorax paradoxus*）とジャンシノバクテリウ
ム・リビダム（*Janthinobacterium lividum*）という，耐冷菌も2種含まれていた．これら
の種は，春から夏にかけて，積雪上でその細胞濃度が増加していくことも明らかになった．
この3種は確かに積雪で繁殖していることがわかったのである．

　クローニング法では，種によってDNAの検出感度が異なるので，検出できていない種
が存在する可能性がある．最近では，DNA配列解読の技術が進歩して，次世代シーケン
サーという機械の登場によって，サンプル中のすべての配列を高感度で解読できるように
なった．メタバーコーディング法とよばれるこの方法では，積雪サンプル中に含まれるバ
クテリアの遺伝子の配列を網羅的に読むことができる．この方法の分析では莫大な種類の
バクテリア配列が検出され，そのほとんどは未知の種である．環境中のバクテリアには，
まだ未知の途方もない世界が広がっている．

　積雪内に生息する従属栄養性のバクテリアは，藻類の遺骸などの有機物を分解している
と考えられている．バクテリアは有機物を食べて分解し，最終的に二酸化炭素として排出
する．一方，無機物を栄養とする独立栄養性のバクテリアも積雪中に存在することもわ
かっている．たとえば，アンモニアを酸化させて硝酸を排出することで呼吸をする硝化菌
などである．硝酸を窒素に分解して大気に放出する脱窒菌も存在する．積雪中に存在する

多様なバクテリアは，それぞれの特有な機能をもち，積雪内の物質循環に重要な役割をもつと考えられている．最近ではメタゲノムという方法を使い各代謝にかかわる酵素のDNAの有無を確かめることで，雪氷内でも多様な微生物代謝が行われていることがわかってきている（Murakami et al., 2022）.

バクテリアには他の生物と共生関係をもつものも多い．たとえば，ある種のバクテリアが雪氷藻類と共生するという報告がある．バクテリアが藻類に必要な栄養塩を供給し，バクテリアは藻類が分泌する有機物を利用しているのではないかと考えられている．さらにユキムシと共生するバクテリアの存在も明らかになってきている．人間の腸内には食物消化を補助する多様な腸内細菌が存在するが，人間以外の動物にも同様に腸内に特有のバクテリア群集が存在していることがわかっている．積雪上で活動するセッケイカワゲラなどの昆虫にも，特有の腸内細菌が存在するはずである．ユキムシの腸内細菌は，寒冷な温度でも活動できる特殊な菌である．国内のユキムシの腸内細菌の研究はまだ進んでいないが，海外の氷河に生息するカワゲラやコオリミミズには，実際に多様な腸内細菌が生息していることが明らかになっている（Murakami et al., 2015）.

雪を降らせるバクテリア：氷核菌

バクテリアは細胞サイズが小さいため，風で舞い上がった細胞が大気中にも多数存在していることが知られている．そのようなバクテリアの中には，普段大気中を浮遊していて，ある条件が整うと雪の結晶の核となり降雪とともに地上に降りてくるものがあるという．これが，雪を降らせるバクテリアである．雪を降らせる，とは一体どういうことだろうか．雪が降るには大気中に水蒸気だけでなく，雪の結晶の核となる凝結核が必要である．大気中の水蒸気や水は気温が氷点下となっても，すぐに氷になることはできない．少量の液体がゆっくり冷却されると，凝固点以下になっても凍結せずに液体のまま保たれる過冷却（supercooling）とよばれる状態になるからだ．過冷却状態にある液体は，氷結晶の核になる微粒子などの物質（氷核）や振動を加えると急速に凍結する．したがって，大気中に細かい砂塵や硫酸などの氷核があると，その存在がきっかけとなって氷となり，氷核を中心に雪片の結晶が発達し，地上に降下する．氷核は，大陸を起源とする無機的な物質と考えられてきたが，ある種のバクテリアにもその働きがあることがわかってきた（Christner et al., 2008）．その代表的なものは，氷核活性細菌ともよばれるシュードモナス・シリンゲ（*Pseudomonas syringae*）である（Morris et al., 2008）．バクテリアはサイズが小さいため，風によって舞い上がり，大気中に長期間漂っていることができる．実際に，大気中には無数のバクテリアが舞っている．このバクテリアの細胞壁には，水蒸気が凝結しやすく氷核活性のある親水的なタンパク質があるため，雪の結晶の核となることができるのだ．実際に降り積もったばかりの新雪を調べると，無数のバクテリアが検出される．さらに一片の雪の結晶をスライドグラスにとり，バクテリアを染色する試薬を加えると，雪の結晶の中心からバクテリアが検出されることがある．シュードモナス・シリンゲの殺菌菌体は，日本の人工雪スキー場に降らせる降雪機にも実際に使用されている．まだ研究は限られてい

るが，大気中を舞うこのようなバクテリアが，降雪量にも影響している可能性がある．

雪氷中のウイルス

　雪氷中には，ウイルスも生息していることが明らかになっている．ウイルスは，他の生物に感染することで増殖するもので，人間にとってはさまざまな病気の原因となることで知られている．しかしながら，自然環境には哺乳類に限らず，さまざまな生物に感染する多様なウイルスが知られている．雪氷環境では，北極の氷河でバクテリアに感染するウイルスに関する研究がある．特に一般の環境に比べて，雪氷環境のバクテリアはウイルスの感染率が高いことがわかっている．日本の積雪環境ではまだ確認されていない．

積雪と氷河の雪氷生物

　以上のように，日本の積雪にはユキムシをはじめ，さまざまな微生物が生息している．しかしながら，高山帯を除いて夏季にはほとんどの積雪は融けてなくなってしまうので，これらの生物は，毎年一度雪氷環境から離れなくてはならない．それでも，次の積雪シーズンにはかならず積雪上に現れる．そのような季節のサイクルに適応して，彼らは日本の雪氷生物の世界をつくり上げてきた．日本の雪氷生物に関して，実際に調査が行われているのは一部の地域の積雪だけで，まだ見つかっていない生物も多くいる可能性がある．さらに，どのような一生を送っているのか，その生活環もわかっていない種も多い．このような未知の生物世界が，私たちの身近なところに存在しているのは驚くべきことである．

　日本の積雪のほとんどは夏に融けて消失してしまうが，気候が寒冷な場所では，積雪は年間を通して融け残り越年性雪渓となる．さらに寒冷な地域では，雪渓が巨大化し，やがて重力によって動き出し，氷河となる．氷河は，年を超えて雪氷が存在すること，下流に向かって流れる雪氷体であること，さらに上流と下流ではまったく異なる環境条件が分布すること，という季節積雪とはまったく異なる雪氷の世界である．この章で紹介してきた日本で観察される雪氷生物のほとんどは，夏季には消失してしまう季節積雪を生息場所としている生物である．一方，氷河に生息する雪氷生物は，一年を通して維持される雪氷環境に適応した生物で，季節積雪の雪氷生物とはまったく異なる生活環をもっている．次の章では，この氷河という特殊な雪氷環境に注目して，ヒマラヤの氷河の雪氷生物を見ることにしよう．

　　　　　　　　　　　　　　　　　　　　　　　　　　　　　　　　　　［竹内　望］

第3章
ヒマラヤの氷河昆虫と氷河生態系の発見

3.1 ヒマラヤ山脈と氷河

世界の屋根, ヒマラヤ山脈

　ヒマラヤ山脈は, インドの北方に東西 2400 km にわたって延びる世界最大の山脈である. 標高 8000 m を超える山脈は, 地球上で唯一の存在で, 古くから世界中の登山家のあこがれの山岳地帯である. 空を切るような険しい稜線と, 黒い岩壁に白く光る雪氷のひだをまとった峰々は, ヒマラヤ独特のものである. そんな見るからに生命の痕跡を感じないヒマラヤの氷河にも, 驚くべきことにユキムシをはじめ多様な生物が生息していることがわかってきたのである.

　ヒマラヤのユキムシを見る前に, ヒマラヤ山脈という特殊な環境の成り立ちを見ていくことにしよう. 東西に延びる巨大なヒマラヤ山脈は, 地域によってそれぞれ特有の特徴をもつ (図3.1). 西から東に向かってヒマラヤ山脈を分けるとすると, カラコルム (パキスタン), パンジャブヒマラヤ (インド, カシミール), クマウンヒマラヤ (インド), ネパールヒマラヤ (ネパール), シッキムヒマラヤ (インド), ブータンヒマラヤ (ブータン), アッ

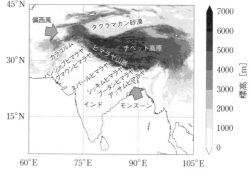

図3.1　ヒマラヤ山脈

サムヒマラヤ (インド) に分けられる. 西側のカラコルムは偏西風の影響を受けて主に冬期に降水がある. 氷河は比較的安定していて, 後退の激しい他の地域のヒマラヤとは異なる挙動を示している. 一方, ヒマラヤ山脈の東側は, モンスーンの影響を受けて, インド洋ベンガル湾から供給される水蒸気量が増えるため降水量が多い. したがってヒマラヤの東側では氷河も大きく発達する. しかしながら, モンスーンの影響を受ける氷河は, 近年著しく後退している.

　ヒマラヤの南北でも, 大きく気候が異なる. 水蒸気は主にヒマラヤの南側のインド洋からもたらされるため, 南のインド側ほど降水量が多く, 北のチベット側は乾燥している. 南北の降水量のコントラストは, ちょうど日本列島の脊梁山脈を挟んで異なる冬期の気候と似ている. 降水量の違いは, 両側の植生の違いではっきりとわかる. 南のインド側は,

鬱蒼とした森林であるのに対し，北のチベット側は，樹木も生えない荒涼とした大地が広がる．以上のように，8000 m もの標高差があり，東西南北の気候のコントラストを持つヒマラヤ山脈には，多様な動植物が生息している．亜熱帯林から高山植物まで，大きく異なる植生が標高に依存して垂直に分布し，その植生や気候にあわせて暮らす哺乳類などの脊椎動物や昆虫類ほかの無脊椎動物が分布する．その動植物の多くがこの地域にしかみられない固有種であり，ヒマラヤは生物多様性のホットスポットの一つとなっている．

ヒマラヤ山脈の誕生

　ヒマラヤ山脈が現在のような大きな山脈となったのは，今から約 500 万年前のことである．もともと別の大陸だったインド亜大陸とユーラシア大陸が，約 5000 万年前に衝突し，徐々に隆起することで形成されたのがヒマラヤ山脈である．当時の地球は，パンゲア超大陸という大きな大陸が，北のローラシア大陸と南のゴンドワナ大陸に二分した状態であった．両大陸の間に広がっていた海がテチス海である．南側のゴンドワナ大陸の一部だったインド亜大陸は，1.5 億年前に分裂し，プレートテクトニクスによってテチス海を北上し始める．そのとき，南に残されたのが現在の南極大陸である．インド亜大陸はさらに北上し，約 5000 万年前にユーラシア大陸に衝突した．各大陸の巨大山脈のほとんどは，このようなプレートテクトニクスによる大陸の移動と衝突によって形成されたものである．しかし，この大陸の衝突は，単に山脈をつくっただけでなく，アジアからユーラシア全域にわたる気候と環境を大きく変えることになった．このことは，我々日本人を含む人類の移動や文明発達の歴史にかかわっただけでなく，アジアの雪氷生物の世界が誕生するなど，地球史にとって非常に大きなイベントとなったのである．

　ヒマラヤが 2 つの大陸の衝突によってできたことは，山脈を構成する岩石を観察すると簡単にその証拠を見つけることができる．衝突の前にユーラシア大陸との間に存在したテチス海は亜熱帯の海洋で，さまざまな海洋生物が生息していた．インド亜大陸の衝突時にはテチス海は干上がり，さらにヒマラヤ山脈の隆起によって，海底の堆積物は標高数千 m の高さまで押し上げられた．ヒマラヤの険しい岩峰を形作っているのは，このようなテチス堆積物とそれが地下の熱で変性したヒマラヤ片麻岩とよばれる岩石である．実際，ヒマラヤの標高の高い場所でも，古生代から新生代までテチス海に生息していたアンモナイトやウミユリなど，さまざまな海洋生物の化石を見つけることができる．特に有名なのは，エベレストの南壁を横切るイエローバンドという黄色く見える地層で，海面から 8000 m も高い場所であるのに，海洋生物の化石が見つかることが知られている．

　山脈の形成が気候を変えることは，どこでも起こることであるが，ヒマラヤ山脈の場合はそのスケールがゆえに，気候への影響も桁違いである（安成ほか，1984）．大気圏の中で一般の気象現象が起きる対流圏は，緯度によって異なるが，地上から高度約 1 万 m までである．この対流圏にそびえる高度 8000 m のヒマラヤ山脈は，大気の流れの大きな障壁となることは容易に想像がつく．1 m の水深の川底に高さ 80 cm の石があるのと同じで，その場合，川の水はその石にせき止められて，大きく迂回して流れることになる．このよう

にヒマラヤの誕生は大気の流れを大きく変えて，アジアモンスーンという東アジアから南アジアまでの広域に影響する特有の気候現象が生まれた．ヒマラヤ付近の上空を西から東に流れるジェット気流は，ヒマラヤ山脈の存在によって大きく蛇行することになる．このジェット気流は，夏にはヒマラヤの北側，冬には南側を通過することになり，その流路の切り替わりが，雨季と乾季という2つの季節をもたらすことになった．さらに，ユーラシア大陸上の冷たくて重い大気が，ヒマラヤ山脈にせき止められてできた高圧帯が，シベリア高気圧である．大気はヒマラヤ山脈の東側を大きく迂回して流れることになり，その一部が日本の冬の季節風となったのである．ヒマラヤがなかったとしたら，アジアの気候は今とは全く異なるものになっていただろう．

　ヒマラヤ山脈の誕生とともにその北側に形成されたチベット高原も，アジアの気候に大きな影響を与えている．チベット高原は，標高3500mから5500mの範囲に面積約250万m²をもつ高原で，その平均標高は富士山よりも高く，面積は日本の約6倍である．標高が高いため植生は限られ，草原または裸地が広がっている．インド洋からの水蒸気はヒマラヤ山脈を越える際にほとんどは降水として失われるため，チベット高原の大気は乾燥し，発達する氷河も小規模である．一方，チベット高原は，緯度からいえば亜熱帯に位置するため，夏には大地を照らす太陽の高度は高い．強い日射によって熱せられた大地は，強い上昇気流をうみだして地域の大気循環に影響し，これもアジアモンスーンの原動力となっている．一方，この乾燥したチベット高原も数年に一度，広く積雪で覆われることがある．チベット高原が積雪で覆われると，日射による上昇気流を生み出す力が失われ，翌年のモンスーンの強さに影響する．このことは，チベット高原の積雪面積と，南部のインドの降水量との間に，負の相関があることで古くから知られている．

　チベット高原の西から北側には，パミール高原や崑崙山脈，天山山脈などの大きな山脈が広がる．これらの山脈はヒマラヤには及ばないものの，7000m級の巨大な山々が連なる巨大な山脈である．標高は高いため，多くの山岳氷河が分布する．ヒマラヤを含むこれらの山脈の形成は，周辺からの水蒸気の移入を遮断し，ユーラシア大陸中央部に巨大な砂漠を形成した．チベット高原の北側には，タクラマカン砂漠やゴビ砂漠といった広大な乾燥地帯が広がっている．

　以上のようにヒマラヤ山脈の誕生は，ユーラシア大陸の広範囲の地形，気候を大きく変え，さらにそこに生息する生物，人々の暮らしや文化にまで大きく影響してきた．さらに，対流圏の上限に迫る標高8000m以上にまで達したヒマラヤには，南極と北極に次ぐ第三の極地ともよばれる新たな雪氷圏が形成された．南極や北極より強い日射が照り付け，雪氷中に混入する地表由来の物質も多いヒマラヤは，南極や北極とは異なる特別な雪氷圏といえる．

ヒマラヤ山脈とアジアモンスーン

　ヒマラヤの気候は，雨季（モンスーン期）と乾季がはっきり分かれることが大きな特徴である．雨季である夏は，雲に覆われる日が多く年間の降水量の9割以上が降るのに対し，

乾季である春，秋，冬は，毎日が晴天となり雨はほとんど降らない．ヒマラヤ中央部のネパール周辺では，例年 5 月の下旬に雨季に入り，9 月下旬に雨季が明けて乾季になる．ヒマラヤを目指す登山者にとっては，天気の悪い雨季は登山に適さず，また気温の低い冬季も適さない．したがって，ヒマラヤの登山やトレッキングのシーズンは，一般にプレモンスーンとよばれる雨季に入る直前，またはポストモンスーンとよばれる雨季が明けた直後である．日本の登山シーズンといえば一般に夏であるが，ヒマラヤでは夏は天気が悪いために登山には適さないのである．夏のモンスーン期には，せっかくのヒマラヤの雄姿も雲に隠れて見えないことが多いため，トレッキングをする人も少ない．しかしながら，モンスーン期だからこそ体験できるヒマラヤの自然もある．たとえば，モンスーン期は高山植物が咲き乱れる季節で，氷河地形が一面に色とりどりの花に覆われる美しい風景はこの季節特有である．さらに氷河の上で活動する雪氷生物が観察できるのも，モンスーン期となる．長くヒマラヤの雪氷生物の存在が知られなかったのは，モンスーンの悪天候が，雪氷生物の主な活動期にヒマラヤの訪問者を遠ざけてきたことが 1 つの理由かもしれない．

ヒマラヤの気象と氷河

ヒマラヤの緯度は先ほども述べた通り北緯 20〜40 度で，この緯度は日本の奄美大島付近に相当する．奄美大島といえば亜熱帯気候で，雪氷とは縁が遠い気がするが，そのような緯度でもヒマラヤに雪が降るのはそれだけ標高が高いからである．ネパールヒマラヤの標高 5000 m 付近で観測された夏の平均気温は，約 5 ℃，冬には −10 ℃である．ただし，この場所はヒマラヤといっても谷の底である．ヒマラヤの標高 8000 m の稜線の気温はどれくらいだろうか．標高が 1000 m 上昇すれば気温は 7 ℃下がるという気温逓減率を仮定して単純に計算すれば，夏では −16 ℃，冬には −31 ℃ということになる．標高 6000 m を超えると夏でも気温は氷点下であるので，この高度に積もった雪は一年を通してほとんど融けないことになる．一年を通して降った雪が融け残ることは，氷河が形成される条件を満たすことになる．

氷河とは，前章で説明したように，重力によって高いところから低いところへ流れる雪と氷の塊である．ヒマラヤの標高約 6000 m 以上に積もった雪は，1 年を通してほぼ融けることはないため，毎年積雪は降った分だけ積み重なっていく．毎年 1 m の雪が降るとすれば，積雪の深さは 10 年で 10 m となり，100 年で 100 m となる．ただし，下層の積雪は雪の重みで圧縮（圧密）されるため，実際の深さは単純に毎年の積雪深の合計とはならない．数十メートルを超える積雪では，表面はふわふわの雪（密度：約 0.2 g/cm³）でも，深いほど雪の密度は上昇し，深さ約 30 m 以深では固い氷（密度：0.917 g/cm³）となる．山岳地帯の斜面の上にこのような氷が厚く積み重なると，重力による上からの圧力によって氷の結晶が少しずつ変形（塑性変形）することにより，斜面の下方に向かって氷がゆっくりと流れ出す．これが氷河流動である（図 3.2）．流動速度は 1 年に数 m〜数十 m のゆっくりしたものであるが，斜面の傾斜が急であるほど，また氷の厚さが厚いほど，流動速度は速くなる．斜面にそって流動した氷は，徐々に標高の低い場所へと移動する．標高が低くなれ

ば気温も上昇するため，毎年雪が
融け残らないような場所に到達す
る．その氷は毎年少しずつ融けて，
最終的には氷は消滅する．以上が，
氷河形成の原理である．

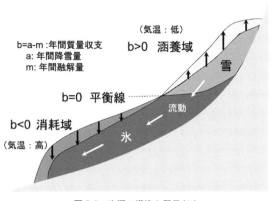

氷河が形成される条件を，もう
少し定量的に考えてみよう．氷河
の形成を決める重要な値が，雪氷
の質量収支である．雪氷の質量収
支とは，1年間に降る雪の量（年
間降雪量）から1年間に融ける雪
の量（年間融解量）を引いたもの
である．年間降雪量をa（m w.e./

図 3.2　氷河の構造と質量収支

year），年間融解量を m（m w.e./year）とすれば，その場所の質量収支 b（m w.e./year）は，

$$b = a - m \quad ①$$

と表現できる．ここで，これらの単位（m w.e./year）の m w.e. は，積雪深を水に換算した
時の深さ（水当量，water equivalent＝w.e.）を表し，実測積雪深と積雪密度の積を水密度
で割った値である．たとえば，密度 0.5 g/cm³ の積雪が 1 m の深さで積もっていたとすれ
ば，その積雪深を水当量で表すと 0.5 m w.e. となる．雪の密度は条件によって大きく変化
するので，質量収支を求める際には単に雪や氷の深さではなく，その水当量が使われる．
質量収支が正（b＞0）になれば，その場所では 1 年間に降った雪の一部が融け残ることを
意味し，ゼロまたは負（b≦0）になれば，その場所では降った雪はすべて融けてなくなる
ことを意味する．したがって，氷河の形成条件は，b＞0 となる場所である．ここでこの質
量収支と標高の関係を考えてみよう．年間融解量 m は，主に年間平均気温に依存するため，
標高によって変化する．標高が高い方が気温は低くなるので，m は小さくなり，ある標高
を超えると全く融けないゼロとなる．一方，年間降雪量 a も，標高によって変化しうるが，
その関係は単純ではないので，ここでは一定として考える．m と a の差である質量収支は，
ある標高でゼロとなる（b＝0），つまり年間降雪量と融解量が等しくなる（a＝m），この標
高よりも高い場所では，質量収支が正，低い場所では，質量収支が負となる．氷河上で，
この質量収支がゼロになる標高のことを，氷河の平衡線とよび，平衡線より高い場所を涵
養域，低い場所を消耗域とよぶ．平衡線の標高を平衡線高度（ELA）といい，これは氷河
を特徴づける重要な値である．平衡線より上部の涵養域は，質量収支が正であるため毎年
氷河に雪が加わっていく場所であり，反対に平衡線より下部の消耗域は，質量収支が負で
あるため毎年氷河の氷が融けてなくなっていく場所である．涵養域と消耗域は，表面の様
子も大きく異なる．涵養域は 1 年を通して雪に覆われている一方，消耗域は融解期には上
流から流れてきた青い氷が露出している．したがって，涵養域と消耗域は雪氷生物の生息

場所としても異なる性質をもつ.

　一方, 最近氷河であることが認定された日本の氷河は, 涵養域と消耗域ははっきりと分かれていない. これは氷河の規模が小さいためで, 日本の氷河は季節や年によって全体が涵養域となったり消耗域になったりしている. したがって, 日本の氷河は, ヒマラヤの氷河の消耗域のように表面が氷になる領域がほとんどないなど, 雪氷生物の生息場所としては一般の氷河とは異なる.

ネパールヒマラヤと日本の氷河研究

　第二次世界大戦後, ヒマラヤ登山が各国で競うように行われたように, ヒマラヤの自然科学的研究もそのあとを追うように行われるようになった. ヒマラヤは, その特殊な地理条件から, 生物学, 地質学, 気象学など, さまざまな科学分野の研究対象として魅力的なフィールドだったからだ. 特に雪氷学にとっても, ヒマラヤの氷河を含むアジア高山帯は, 北極と南極に続く地球上の第三の極地ともよばれ, 重要な地域である. しかしながら, ネパールの複雑な政治事情や, 欧米からの遠さ, 野外調査の困難さから, 他の極地の研究に比べると遅れていて, 取り組む研究者は限られていた.

　日本の氷河研究者は, 1960 年代から世界に先駆けてネパールヒマラヤの氷河研究を開始した. ネパール氷河学遠征隊 (Glaciological Expedition to Nepal), 通称 GEN とよばれる複数の大学や研究機関から集まった研究者グループが, さまざまな共同研究を展開したのだ. もともとは, 大学山岳部で登山を経験してきた研究者が集まって手探りでヒマラヤ研究を開始したのが始まりである. ネパールの首都カトマンズには, カトマンズクラブハウス (KCH) という日本のヒマラヤ研究の拠点が設置されていた. KCH は, 当時, 氷河研究同様に遠征隊を組んでヒマラヤ調査へ訪れていた地質学者や生態学者とも共同で運営され, ネパールのフィールドワークの学術的な中心となっていた. 残念ながら KCH は現在では閉鎖されてしまったが, 当時はヒマラヤを目指す研究者の熱気であふれていた. ヒマラヤの雪氷生物の発見や氷河生態系の研究も, KCH を拠点とした GEN の一環として行われたものである. ネパールでの氷河調査は, この KCH で準備を行った後, 各地へ出かけることになる. ヒマラヤの氷河の調査には, 数ヵ月に及ぶ期間が必要である. 氷河までは大半を歩いて山道を登らなければならず, 比較的アクセスのよい氷河でも, カトマンズから 1 週間から 2 週間かかる. 氷河での調査は, 氷河の大きさや形の測量, 氷の厚さの測定, 涵養・融解量の測定のためのステークの設置, 流動速度の測定, 気象観測, 雪氷や雪氷生物サンプルの採取などである. 体力のいる地道な作業が多い. 現在では現地に行かなくても衛星画像を使った研究も可能となってきたが, 氷河で何が起きているのか, その実態を理解するには, 今でも現地調査は欠かすことはできない.

　GEN は, ヒマラヤの氷河研究で世界に先駆けて多くの成果を上げてきた (中尾, 2007). 中でも氷河学的に大きな成果は, ヒマラヤが夏期涵養型氷河であることの重要性を明らかにしたことである. 夏期涵養型とは, 氷河の涵養が主に夏期に起こる氷河のことである. 一般に氷河の消耗は, 気温の高い夏に起こる. 気温が氷点下になる冬期は, ほとんど消耗

58

は起きない．一方，氷河の涵養は，気温の低い冬期に起こることが多い．ところがアジアモンスーンの気候の影響下にあるヒマラヤでは，乾季である冬にはほとんど雪が降らない．年間を通して降水量は雨季である夏に集中するため，氷河に雪が降るのは主に夏期となる．したがって，ヒマラヤの氷河は，雨季である夏期に涵養され，乾季である冬期はほとんど涵養されない．これが，ヨーロッパや北極の氷河などの冬期涵養型の氷河と，ヒマラヤの氷河の大きな違いである．ヒマラヤの氷河のように夏に涵養と消耗が同時に起こる夏期涵養型の氷河では，夏の気温の変化に敏感に応答することがわかっている．夏の気温が少しでも上昇すれば，降水が雪となる標高（雪線高度）が上昇し，氷河には雪ではなく雨が降ることになる．雨は氷河表面の雪氷を濡らして，より氷河を融けやすくする．したがって，少しでも夏の気温が上昇すれば，涵養が減り消耗が増えるので，氷河はその分大きく縮小することになる．このような性質は，今後の地球温暖化に対する氷河の将来予測にとって，重要な意味をもつ．現在ではネパールだけでなくヒマラヤ全域に調査対象氷河も増えて，各国の研究者がヒマラヤで氷河研究を行っている．

ヒマラヤの雪氷生物の発見

　GEN のヒマラヤの氷河研究の舞台の一つが，第1章で紹介したネパール・ランタン地方のヤラ氷河とよばれる小型の氷河である（図1.7）．ランタン地方は，ネパールの首都カトマンズの北方に位置し，距離的にも近くアクセスも比較的よいため，多くのトレッカーが訪れる場所でもある．ランタン地方一帯は，その自然的価値からネパールの国立公園に指定されている．ランタン谷は 7000 m 級のヒマラヤの頂に囲まれた巨大な U 字谷で，かつて巨大な氷河が大地を削ってつくり上げたそのスケールに圧倒される．谷は標高差3000〜4000 mの岩壁に囲まれ，その上部には氷河をまとったヒマラヤの山々が鎮座する．ランタン谷で最も有名な山は，ランタンリルン（標高 7234 m）という山で，谷の右岸側にそびえたち圧倒的存在感をはなっている（図3.3）．谷の標高 3400 m 付近には，ランタン村という数百年前にチベットから移りすんできた人々が暮らす小さな集落がある．さらにその先，最も谷の奥にある集落がキャンチェンゴンパである．もともとは，ランタン村の集落の人々が利用する夏のヤクの放牧地であったが，いまではトレッカーのための山小屋（ホテル）が何軒も連なる，にぎやかな場所となっている．キャンチェンゴンパも巨大な U 字谷の底に位置する集落であるが，標高は3800 m ですでに富士山の頂上を超えている．しばらく体を高山に慣らした後，ここから U 字谷の北側の急斜面，標高差 1300 m を一日かけて一気に登ると，標高 5100 m のヤラ氷河の末端部にたどり着く．

　ヤラ氷河は，ランタンリルンから東側に延びた尾根の上部の南斜面に発達した横に長い

図3.3　ランタンリルン（1997 年 9 月）

氷河である．ヤラ氷河の末端の標高は，約 5100 m，最上部は 5600 m である．ただし，この末端標高は調査を行っていた 1990 年代当時のもので，現在は氷河の後退が進み約 5200 m まで上昇している．氷河の東側には，ヤラピークというトレッキングコースの一部となっている小さな山頂（5500 m）がある．

　ヤラ氷河が氷河研究の対象として選ばれたのは，アクセスのよさと氷河観測を行うための氷河の規模などの条件がそろっていたためである．1980 年代に GEN の活動の一部でヘリコプターによるヒマラヤの氷河の空撮が行われていた．ヒマラヤでは初めてとなるアイスコア掘削の適地を探すことが目的であった．そこで，目に留まったのがこのヤラ氷河である．アイスコアとは特殊なドリルで氷河を垂直に掘削して採取した氷試料のことだ．ヤラ氷河の上流部 5350 m 付近にアイスコア掘削の作業に適した平らな雪原が見つかったのである．1982 年には，この場所で氷河表面から底までの深さ約 60 m のアイスコアが GEN によって実際に掘削された．その後もこの氷河では，氷河の変動を明らかにするための質量収支のモニタリング対象の氷河として，断続的に観測が続けられている．

　ヤラ氷河の調査が始まったのは，あくまでもこのような氷河研究のためで，ユキムシ探査を目的としたわけではなかった．しかし，GEN の氷河観測隊の一員としてネパールヒマラヤのヤラ氷河を訪れた筆者の一人（幸島）は，そこに予想もしなかったさまざまな生物を発見する．氷点下の中，氷河上を歩き回る翅のないユスリカ，氷河の融解水中を泳ぎ回るユスリカの幼虫や赤いミジンコ，さらに多様な雪氷藻類やバクテリアが氷河表面に無数に繁殖していた．ネパール各地の氷河は，多くの登山者たちが山頂へ向かう過程で通り過ぎていたはずであるが，誰一人としてその存在に気が付かなかったのである．いったいこのユキムシはなんなのか，氷河の上で何をしているのか，何を食べているのか．ここから，氷河生態学の研究がこのヒマラヤの氷河で花開くことになる．　　　　　　　［竹内　望］

3.2　氷河に生息するユキムシ

　氷河では，上流側の涵養域と下流側の消耗域では環境条件が大きく異なる．涵養域では夏でも雪が堆積し続けるため，表面は基本的に雪に覆われている．一方，消耗域では上流から流れてきた氷が表面で融解しているため，表面は一時的に積雪に覆われることはあっても，基本的にはむき出しの氷になっている．つまり，氷河上に生息する生物にとっては，涵養域は主に雪が基質となった比較的寒冷な環境であり，消耗域は主に氷が基質となった比較的温暖な環境であるといえる．したがって，同じ氷河でも涵養域と消耗域では，それぞれ異なったタイプの生物が見られる．

ヒョウガユスリカ

　まず，氷河の消耗域に生息するユキムシの例として，ヤラ氷河で見つかった最初の氷河昆虫であるヒョウガユスリカ（*Diamesa kohshimai*）の生態を見てみよう（Kohshima, 1984）．

　ヤラ氷河（標高約 5100〜5600 m）は，最初に訪れた 1982 年の 9 月（ポスト・モンスーン期）には，平衡線が標高 5300 m 付近にあり，それより低い消耗域の表面は，モンスー

ン末期の降雪によって，全面が厚さ 30 cm〜1 m の
積雪に覆われていた．

　この積雪の上を体長 3 mm ほどの黒っぽい小さな
虫がたくさん歩き回っていたのである．それは，ユ
スリカとよばれるカによく似た昆虫の成虫だった
（図 3.4）．しかし普通のユスリカ類とは異なり，翅
が小さく退化しているので飛ぶことはできず，もっ
ぱら氷河上の雪の表面を歩いたり，雪や氷の隙間に
潜り込んだりして生活していた．日中，晴れて風が

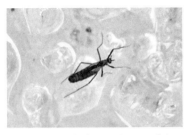

図 3.4　ヒョウガユスリカのメス成虫

弱く，気温も高い時には，この虫が氷河の表面に黒ゴマを撒いたようにたくさん出現し，
活発に歩き回っているのを観察できた．ところが日が陰って気温が低下したりすると，氷
河の表面からから急に姿を消してしまう．体が小さく，じゃまになる大きな翅もないので，
狭い隙間を伝って雪や氷の中に自由に潜り込めるのだ．気温が低下する夜間や悪天候の時
には，数十 cm 以上の深さまで潜っていると考えられる．積雪を 20 cm 以上潜れば，環境
温度は約 0 ℃で安定し，風の影響もなくなるからだ．つまり，彼らはいつでも氷河の表面
にいるわけではなく，条件のよい時だけ表面に出てくるのだ．

　しかし条件がよいと言っても，この季節の氷河の表面付近の温度は高くとも 0 ℃前後な
ので，この虫の成虫たちは，基本的に 0 ℃以下の低温環境で活動していることになる．そ
こで，どのくらいの低温まで活動できるか調べるために，気温の低い夜間に標高 5400 m
付近まで成虫を運んで観察を行った．その結果，調査期間の最低気温であった−16 ℃でも，
ゆっくりとではあるが歩けることが確認できた．これは低温での昆虫活動の記録としては
おそらく世界最低記録だろう．逆に高温には非常に弱く，
手の平の間に入れて暖めてやると痙攣をおこして動けな
くなってしまう．おそらく低温に適応した特殊な酵素系
をもっているのだろう．つまり彼らも「低温でも生きら
れる」のではなく，「低温でないと生きられない」昆虫
だったのである．

　発見までに時間がかかったが，幼虫もまた氷河の氷の
中から見つかった．消耗域の表面を覆っていた積雪の下
にある，氷河氷の上を流れるトンネル状の水路から見つ
かったのだ（図 3.5）．なかなか発見できなかったのは，
幼虫が夜行性だったからである．昼間は氷河氷の大きな
結晶と結晶の間にできる隙間に潜り込んでじっとしてい
るので，水路を探しても全く見つからなかった．しかし，
夜になると水路にたくさん這い出してきて，底に溜まっ
ている粒状の泥（クリオコナイト粒，第 3 章 3）を食べ

図 3.5　氷河上の融水路

ていたのだ（図3.6）．分析の結果，この粒状の泥には
多量のシアノバクテリアなどの微生物が含まれている
ことが明らかになった．幼虫の発見により，この虫は
全生活史を氷河上で送ることが証明された最初の昆虫
となった．

　こうして夏の間，氷河上の微生物を食べて成長した
幼虫は，氷河が厚い積雪に覆われる秋になると積雪の
下で蛹を経て成虫になる．オスはメスより少し早い時
期に成虫になり，積雪の下にある水路周辺の雪や氷
の中で，遅れて出てくるメス成虫と交尾しようと待
ち構えている（図3.7）．だから，一匹のメス成虫に
複数のオス成虫が群がる姿がよく見られる．

　成虫の消化管の中から食物が見つからなかったこ
とから，オスもメスも成虫になったらほとんど何も
食べないで交尾や産卵を行うと考えられる．容器に
入れた成虫を氷河上で水だけ与えて飼育したところ，
オス成虫は7日程度で死亡したのに対して，メス成
虫は少なくとも1ヵ月以上生きることがわかった．
オスはメスと交尾するとすぐに死んでしまうらしい．

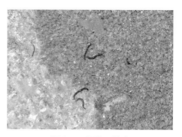

図3.6　夜間の幼虫

図3.7　交尾中のオス（左）とメス（右）

面白いことに，氷河の表面に出てくる成虫はほぼメスの個体だけで，オスはほとんど見ら
れないことがわかった．氷河表面にいた1000匹以上の成虫を調べても，オスは数匹しか
なかったのだ．つまり，オスたちはほとんど氷河の表面に出ることはなく，成虫としての
短い一生を雪と氷の中だけで過ごすのである．では，食物を食べるわけでないとしたら，
寿命の長いメス成虫たちは，何のために氷河の表面に出て活動しているのだろうか？

上流への移動

　調査の結果，ヒョウガユスリカのメス成虫は，氷河の上流方向へ移動していることが明
らかになった（Kohshima, 1985a）．氷河上のどの地点で観察しても，ほとんどのメスたち
が氷河の上流方向に向かって歩いていたからだ（図3.8）．しかし，何のためにこのような
移動をするのだろうか．その答えは，氷河という生息場所の特殊性に関係しているらしい．

　ヒョウガユスリカの幼虫は氷上を流れる融解水の中に生息しているので，卵から成虫に
なるまでに必然的に下流方向に流される．しかも，ヒョウガユスリカが生息している氷河
の氷は，それ自体流動しており，常にゆっくりと下流へ動いている．つまり，彼らは氷の
ベルトコンベアーの上に生息しているようなものである．もしメス成虫が上流へ移動せず，
蛹から羽化した地点で産卵すれば，生息域は下流にずれてゆき，何世代か後には確実に氷
河の外へ放り出されてしまうだろう．ところが，彼らは氷河の外では生きてゆけないのだ．
つまり，氷河上に定住するためには上流へ移動することが必要なのである．

この問題は，この虫に限らず氷河に定住するすべての生物が，なんらかの方法で解決せねばならない問題である．ヒョウガユスリカの場合は，メス成虫が上流へ移動してから産卵することでこの問題を解決しているらしい．幼虫が夜行性で，融解水の多い昼間は氷の隙間でじっとしており，水量の減る夜にだけ氷上の水路に出てきて活動するのも，下流へ流される危険を避けるための行動だと考えられる．

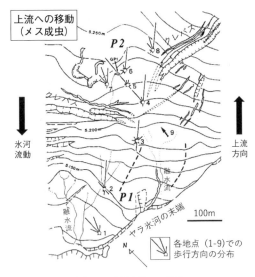

図3.8　氷河上流への移動

なぜ氷河の上流方向がわかるのか？

実験の結果，ヒョウガユスリカのメス成虫もセッケイカワゲラと同様に太陽コンパスを使って移動方向を維持していることがわかった（Kohshima, 1985a）．太陽コンパスとは，太陽の方向を手掛かりにして目的の方向を知る定位法である．メスたちは太陽の方向と一定の角度を維持しながら直進していることがわかったのだ．板などを使ってメスから本物の太陽が見えないように操作し，鏡を使って逆方向から太陽の鏡像を見せたところ，歩行方向が逆転したのである．太陽の方向は1時間に15°ほど西に向かって移動するが，メスたちは体内時計を利用して，この影響を補正しながら一定方向に移動しているらしい．

しかし太陽コンパスが使えても，移動すべき方向を知らなければ，氷河の上流方向へ移動することはできない．方位磁石（コンパス）があっても，目的地がどの方向（方位）にあるかを知らなければ目的地に着けないのと同じだ．いったい，メスたちはどうやって氷河の上流方向を知るのだろうか．

まだ明確に証明されたわけではないが，メスたちは太陽コンパスを利用した直進歩行中に，斜面の最大傾斜方向を測定しており，その方向を手がかりにして氷河の上流方向を推定しているらしい．歩いている斜面の最大傾斜方向が変わると，新しい最大傾斜方向へ歩行方向を修正することがわかったからだ．しかし，すぐに修正するわけではない．少なくとも数十mは元の方向を維持しながら歩き続けた後に，徐々に新しい最大傾斜方向に向けて歩く方向を修正するのだ（図3.9）．これは，3mmほどの小さな虫が，氷河上の小さな凹凸というノイズを排除して，大スケールの斜面の最大傾斜方向を測るには，太陽コンパスを利用して何十mも真っ直ぐ歩き続ける必要があるからだろう．上流方向の手掛かりとするためには，少なくとも数十mのスケールで斜面の最大傾斜方向を測る必要があるからだ．まだ，どうやって測っているかはわかっていないが，筆者は，太陽コンパスを利用し

た直進中に左右の足にかかる負
荷の差を利用しているのではな
いかと考えている．最大傾斜方
向に斜面を上れば，左右の足に
かかる負荷は等しいが，最大傾
斜方向から左右どちらかにそれ
た方向に歩き続けると，斜面の
上側になる足により多くの負荷
がかかるからだ．たとえば，右
にそれた方向に斜面をしばらく
上り続けると，右足より左足に
疲れが溜まってくるので，最大
傾斜方向はもっと左にあることがわかるだろう．

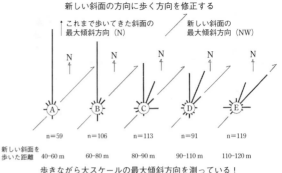

図 3.9　最大傾斜方向へ歩行方向を修正

　メスたちがどのくらいの距離を移動しているかはまだ確認できていない．しかし，産卵
後のメスの死体が氷河中流部の平衡線付近で見つかることや，メスの寿命と移動速度から
推定して，数 km くらい移動できるのではないかと考えられる．体長 3 mm ほどの虫に
とって，これは気が遠くなるような大旅行である．しかし，この虫は氷河にとどまるため
に，毎年，毎世代ごとに，この移動を繰り返しているのだ．
　こうして上流方向への移動を終えたメスたちは，消耗域上部の厚い積雪の下にある氷河
氷の表面まで潜って，そこで産卵すると考えられる．厚い積雪の断熱効果によって冬でも
0 ℃以下にならない安定した環境であり，水が存在する可能性も高いからだ．冬の間はこ
の積雪の下の氷の中で卵か幼虫の状態で過ごすのだろう．そして幼虫は，消耗域表面の積
雪がなくなる春から夏の間に成長し，消耗域表面が再び積雪に覆われる秋に，蛹を経て成
虫となるのだ．この時期に成虫になるのは，ゴツゴツした氷河氷の表面よりも，滑らかな
積雪の表面の方がメスの効率的な移動にとって都合が良いからとも考えられる．

ヒョウガソコミジンコ

　ヤラ氷河の消耗域には，小さな甲殻類の一種であるミジンコの仲間も生息していること
が明らかになった．体長 1 mm ほどの奇麗なオレンジ色をした新属新種の珍しいソコミジ
ンコ類で，ヒョウガソコミジンコ（*Glaciella yalensis*）と名付けられた（口絵 11，Kikuchi
1994）．ソコミジンコ類は，水中に浮かんで泳ぎ回るのではなく，水底を這い回るタイプ
のミジンコである．ヒョウガユスリカと同じように，ヒョウガソコミジンコも夜行性で，
昼間は消耗域表面の氷の隙間に入り込んでじっとしているが，夜になると氷河上の融解水
の中で氷の上を活発に這い回りながら，水底に溜まった黒い泥のような物質（クリオコナ
イト粒，第 3 章 3）を食べていた．
　最初の調査では，消耗域の表面が積雪に覆われていたため発見できなかったが，その後，
夏のモンスーン期に行った調査で，初めてこのミジンコが発見された．夏のモンスーン期

には，消耗域の表面に積雪はなく，氷河氷がむき出しになった裸氷帯となる．日中の観察で，裸氷の表面に直径数cmほどの小さなオレンジ色の斑点が見つかったことが発見のきっかけとなった．それは氷河氷の隙間に密集して入り込んだヒョウガソコミジンコの塊だったのだ．夜に同じ場所に行ってみると，昼間は氷の隙間に集まってじっとしていたミジンコたちが，バラバラに分散して活発に動き回っていることを確認できた．

ヒョウガソコミジンコがヒョウガユスリカの幼虫と同じように夜行性で，昼間は氷の隙間でじっとしており，融解水量の減る夜にだけ氷上の水中で活動するのも，下流へ流される危険を避けるための行動だと考えられる．このミジンコが，水流や氷河流動による下流への運搬に逆らって氷河上にとどまるために，上流への移動を行っているかどうかはまだわかっていない．しかし，夜間の融解水中での活動中に，水流に逆らって上流方向に移動している可能性が考えられる．

正確な密度はまだ測れていないが，夏の消耗域表面には大量のヒョウガユスリカの幼虫とヒョウガソコミジンコが生息していると考えられる．日中に30cm四方の消耗域表面の氷を約5cmの深さまで削り取って調べたところ，約60匹のヒョウガユスリカの幼虫と500匹以上のヒョウガソコミジンコが確認されたからだ．

トビムシ類

氷河の上をさらに上流にさかのぼり，平衡線をこえて涵養域に入ると，消耗域よりさらに寒冷で真夏でも雪が降る厳しい世界になる．しかし，真っ白な雪ばかりの氷河の涵養域にも生物の世界があることが明らかになった．

涵養域で雪に深さ約2mの縦穴を掘り積雪の断面を観察すると，白い雪の層の間に黒っぽく汚れた雪や氷の層が数十cmから1m間隔で何層も挟まれていた（図3.10）．この汚れ層の雪や氷の中に，体長1mmほどの小さな黒いトビムシの仲間（*Isotoma* 〈*Desoria*〉 *mazda*）がたくさん生息していたのである（図3.11）．実は汚れ層の雪や氷に含まれている黒っぽい粒子には，雪氷中で光合成する雪氷藻類やバクテリアがたくさん含まれており，トビムシたちはこれらの微生物を食べて生きていたのだ．つまり氷河の涵養域にも光合成する一次生産者とそれを消費する定住性の動物群集が存在していたのである．

このトビムシ類も体が小さいため，雪や氷の隙間を利用して積雪の中を自由に移動できる．また，涵養域の積雪表面での活動は直接確認できていないが，積雪表面に出ることもあるらしい．シャーレに粘着液を入れたトラップを，夕方，積雪表面に仕掛けたところ，翌朝，大量のトビムシが採集されたことがあるからだ．ただし，何度もトラップを仕掛けたのに，採集できたのは一度だけだったので，毎晩のように表面に出るのではなく，特別な条件が整った時にだけ表面に出て

図3.10　涵養域積雪中の汚れ層

活動するらしい．何のために表面に出るの
かはわかっていないが，移動や分散，交尾
などのために表面で活動している可能性が
ある．

図3.11　涵養域積雪中のトビムシ

　このように，ヤラ氷河では平衡線より下
の消耗域には，水生昆虫であるユスリカ類
と，赤い色素をもったソコミジンコ類（甲
殻類）といった水生動物が生息しているの
に対して，平衡線より上の涵養域の積雪中
には，土壌動物であるトビムシ類が生息し
ていることがわかった．これは，融解が激しく液体の形の水が大量に存在する消耗域の環
境が，河川や湖などの環境に近く，融解量の少ない涵養域の積雪環境が土壌環境に似てい
ることに対応しているのだろう．　　　　　　　　　　　　　　　　　　　　　　[幸島 司郎]

3.3　ヒマラヤの氷河のクリオコナイトと雪氷藻類

氷河のユキムシはなにを食べているのか

　氷河表面に驚くほどの高密度で生息しているヒョウガユスリカやヒョウガソコミジンコ
などのユキムシは，氷の上でいったい何を食べているのだろうか．これだけの高密度の動
物を支えるには，それだけの大量の餌が存在しなくてはならないはずである．氷河表面の
融解水中で活動しているヒョウガユスリカの幼虫やヒョウガソコミジンコの行動をよく観
察してみると，なにか黒い泥のようなものをしきりに食べていることがわかる．この黒い
泥は，氷河の氷の表面や融解水流の底などに広く堆積している．一見すると単なる氷河の
上に溜まった砂埃や汚れのようにみえるが，これはいったい何なのだろうか．

　この黒い泥，または汚れのような物質を観察すると，直径1～2 mmほどの粒状の構造を
もっていることがわかる（図3.12）．手で取るとその粒状物質は，簡単に指でつぶれるよう
な柔らかさであり，単なる無機的な砂や粘土とは明らかに異なり，有機質の物質が含まれ
ていることがわかる．含まれる有機物量を測っ
てみると，乾燥重量で約7％である．光学顕微
鏡で観察してみると，黒い汚れには，数十から
数百 µmの鉱物粒子のほか，不定形の黒い有機
物，直径2 µmほどの非常に細い糸状の物体が
大量に含まれていることがわかった．この糸状
の物体を注意深く観察すると，青緑色の小さな
細胞が糸状に連なったシアノバクテリアという
光合成微生物であることがわかった．ユキムシ
の餌となる黒い泥は，微生物と有機物，鉱物粒

図3.12　ヤラ氷河のクリオコナイト粒．スケール
の1目盛りは1 mm

子が集合してできた塊であったのである.

泥団子の正体：クリオコナイト粒

　氷河の氷表面に堆積する黒い有機質の物質の存在は，古くから北極の氷河で知られていた．この黒い物質は，クリオコナイトとよばれている．古代ギリシャ語で，氷を意味するクリュオスと，ダストを意味するコニスから命名された．クリオコナイトを命名したのは，北極探検家で鉱物学者でもあったスウェーデンのアドルフ・ノルデンショルドである（Nordenskjöld, 1872）．ノルデンショルドは船を使って数回にわたって北極探検を繰り返し，北東航路とよばれる北極海の横断航路を初めて太平洋まで横断することに成功したことでも知られる．ノルデンショルドは1870年にグリーンランド氷床を探検し，氷河の表面の氷に無数の穴が開いていることを発見する．穴の底には，黒い汚れ物質が沈殿していた．周辺には山や岩壁もないのに，いったいこの物質はどこからきたのか．ノルデンショルドが初めに考えたのは，隕石である．実際，クリオコナイトに含まれる元素を分析した結果，ニッケル等の一般の岩石にはあまり入っていない元素が検出された．グリーンランド氷床の上に落ちた微隕石とよばれる細かい隕石が，氷の流動で下流部に運ばれて濃縮し，氷の表面でクリオコナイトとして堆積しているのではないかと考えたのである．さらにノルデンショルドは，北極地方で夜空に現れるオーロラは，この微隕石が大気圏に突入するときに発生した光ではないかとも考えた．まだ，当時はオーロラの発生原理が理解されていなかったこともあり，クリオコナイトがオーロラの原因となっていると考えるとは大胆な仮説である．しかしながら，クリオコナイトに含まれる有機成分は，隕石だけでは説明がつかない．ノルデンショルドは，顕微鏡によるクリオコナイトの観察から，微生物が大量に含まれていることを発見する．氷の上という低温環境でも繁殖する原始的な生物が存在することも発見したのである．

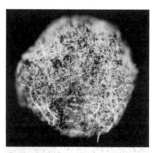

　クリオコナイトを構成する物体の形態が粒状であるのには，糸状シアノバクテリアが重要な役割を果たしている．この粒は，クリオコナイト粒，とよばれている．蛍光顕微鏡という強い紫外線をあてて物質の蛍光を観察する顕微鏡で，クリオコナイト粒の表面を観察すると，粒の表面を赤い蛍光を発する糸状のシアノバクテリアが密に覆っていることがわかる（図3.13）．この赤い蛍光は，クロロフィル（葉緑素）の自家蛍光である．光合成生物であるシアノバクテリアの細胞には，豊富なクロロフィルが含まれるので，赤く光って見えるのである．さらに，このクリオコナイト粒をメスで半分に切って断面を蛍光顕微鏡で観察すると，赤く光るシアノバクテリアは粒の表面だけに分布し，粒の

図3.13　クリオコナイト粒の表面の蛍光顕微鏡写真（上）と断面の写真（下）

内部にはまったく存在しないことがわかった．これは，粒の内部にはシアノバクテリアが存在せず，内部は死んでしまったシアノバクテリア細胞やそのほかの有機物，鉱物粒子などが占めていることを示している．粒の内部には光合成に必要な光が届かないため，シアノバクテリアは生存することができないのである．

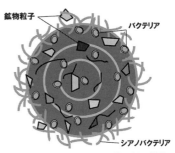

図3.14　クリオコナイト粒の断面構造

　クリオコナイト粒の内部には，さらにこの粒が徐々にサイズを大きくしてきたことを示す，いわば年輪も存在する（Takeuchi et al., 2001a）．クリオコナイト粒を薄くスライスしてその構造を観察すると，粒の内部に年輪のような構造があることがわかる．断面の中には，透明または茶色く色づいた多数の鉱物粒子が含まれており，さらにその鉱物粒子の隙間を黒い有機物が埋めている（図3.14）．この黒い有機物は濃い部分と薄い部分があり，それぞれ粒の中心から同心円状に複数の輪をつくっている．この同心円状の輪の層は，1年間に粒が成長した層，つまりシアノバクテリアが成長した層を示している．したがって層の数は，粒の形成期間を示しており，多いもので7つの輪が見つかっているので，粒の寿命は最大7年程度であることがわかる．粒はある程度大きく成長すると，シアノバクテリアの結合力が粒を維持できなくなり，小さくばらばらになって崩壊するものと考えられる．さらに，粒によっては，断面の中に複数の粒が含まれているものもある．これは，小さな粒が表面のシアノバクテリアによって結合して，1つの大きな粒となったことを示している．このように，粒の断面構造から，この粒が毎年成長，結合して大きくなり，最終的には崩壊して，この過程を繰り返していることが明らかになった．

　クリオコナイト粒の中にはシアノバクテリアだけでなく，他のさまざまなバクテリアも生息している（図3.14）．そのなかの従属栄養性のバクテリアは主にシアノバクテリアの生産物を分解している．有機物は最終的に二酸化炭素や水に分解される．ただし，一部の分解しにくい有機物は，腐植物質という難分解性有機物として粒の中に蓄積されている．従属栄養性のバクテリアが有機物を分解する際には，酸素を消費する．粒の表面であれば，粒外から供給される酸素やシアノバクテリアが光合成で生産した酸素が豊富にあるが，粒の内部では一度消費されると酸素が供給されにくい．したがって粒の内部は酸素不足の環境，つまり嫌気的条件になっている．嫌気的条件では，酸素呼吸をするバクテリアではなく，酸素以外の物質，たとえば硝酸，二価鉄，硫酸を使って呼吸する嫌気性のバクテリアが生息する．一般の土壌や湖沼堆積物の表面下の嫌気的環境でも，このような微生物が生息していることが知られている．この氷河上のクリオコナイトの内部には，そのような特殊な環境が存在しているのである．

　以上のように，このクリオコナイト粒は，単に有機物や鉱物粒子が集まった泥団子ではなく，糸状シアノバクテリアがこれらの粒子を取り込みながら毎年少しずつ成長していく

もので，さらにさまざまな微生物が共存している微生物複合体といえる．粒をつくることは氷河上で生息する微生物にとっては，いろいろなメリットがある．1つは，氷河の外へ流出される危険が減ることである．氷河の消耗域の表面は氷で，さらに夏季はつねに融解水がその氷の上を一面に流れている．つるつるの氷の上では小さな微生物は単独で繁殖してもすぐに融解水に洗い流されてしまうが，クリオコナイト粒のように大きな集合体をつくることによって氷河上にとどまることができる．粒構造の形成が，氷河上で多量の微生物の繁殖を可能にしているといえる．2つ目は，栄養塩のリサイクルが可能になることである．氷河上の融解水は，一般に溶存物質の少ない純水に近い水で，これは微生物にとっては栄養分の少ない環境であることを意味する．シアノバクテリアのような光合成微生物にとって，光合成に必要な太陽光や水，二酸化炭素だけでなく，窒素やリンなどの栄養塩が，繁殖に必須である．氷河上の雪氷微生物は，大気から供給される限られた栄養塩を利用して繁殖しているが，クリオコナイト粒のような微生物の集合体をつくれば，死細胞から栄養塩を再利用できたり，粒内の鉱物粒子からの栄養塩を利用できたりするメリットがある．実際，ストロンチウム安定同位体を分析する方法によって，クリオコナイト中の鉱物粒子から微生物に栄養塩が吸収されていることが確かめられている（Nagatsuka et al., 2010）．このようにクリオコナイト粒は，一見，氷の上に溜まった泥粒のようだが，実は氷河という環境に微生物が見事に適応した構造体だったのである．この粒構造によって，シアノバクテリアの氷河上での活発な光合成生産が可能となり，その生産物を餌とするユキムシの生息が支えられているのである．

クリオコナイトホール：氷河上のオアシス

　北極や南極の氷河では，クリオコナイトは消耗域の氷表面にできる円柱状の水たまりの底に溜まっていることが多い．この円柱状の水たまりを，クリオコナイトホールという（口絵12，図3.15）．形はちょうどゴルフのホールカップのようなものである．大きさは，直径が1〜60 cm，深さが2〜30 cmで，深さの7割程度に水が溜まっている．その底には厚さ2 mm程度にクリオコナイトが均一に堆積している．このようなきれいな円柱状の穴ができるのは，この底に溜まっているクリオコナイトが黒い色をしているために日射を吸収し，周囲の氷よりも底部の融解を速めているためである．このクリオコナイトホールは，氷河の裸氷域のどこにでも均一に分布しているわけではないが，多いところでは1 m²当たり数十個の穴が開いている．ヒマラヤのヤラ氷河でも，多数のクリオコナイトホールがみられる．大きさは直径1〜20 cm程度で，深さは比較的浅く1〜10 cm程度である．氷河表面の斜面の傾斜がきついところよりも平坦な場所に，大きく発達したホールが数多く見られる．じつはこのクリオコナイトホールは，氷河上でユキムシを探す際には，最初に注目する場所でもある．それは，多くの生物がクリオコナイトホールに集中して生息しているためである（Zawierucha et al., 2015）．

　クリオコナイトホールの中には，クリオコナイトを形成する微生物の他にも多種のユキムシを含む無脊椎動物が生息している．その個体密度が氷河上のどの場所よりも高いこと

から，クリオコナイトホールは氷河上の雪氷
生物のホットスポット，または氷河上のオア
シスともよばれている．ヤラ氷河のクリオコ
ナイトホール中に生息している無脊椎動物に
は，ヒョウガユスリカの幼虫やヒョウガソコ
ミジンコのほか，クマムシやワムシなども高
密度で見られる．なぜ，このように豊富な生
物がクリオコナイトホールにみられるのだろ
うか．1つの理由は，彼らの餌となるクリオ
コナイトがホールの底に豊富に堆積している
ためである，ホールの外の氷表面よりも確実
に餌を得られるというメリットがある．もう
1つは，安定した液体の水環境であることで
ある．氷河の表面は，先に述べた通り融解水
が一面に流れているため，小さな微生物はそ
の融解水の流れにのって氷河の外に排出され
てしまう危険がある．一方，クリオコナイト
ホールは水たまりとなっているため，そのよ
うな融解水の流れはほとんどなく，生物は安

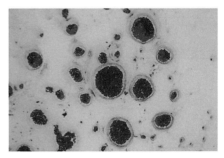

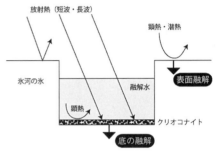

図3.15　クリオコナイトホール

定してその場所にとどまることができる．このようにクリオコナイトホールは，多様な生
物が氷河上で生息することを可能にしている特別な構造なのである．
　ヤラ氷河のようなアジア山岳域の氷河では，黒い汚れ物質であるクリオコナイトはホー
ルの底だけではなく，ホールの外の氷表面にも多く散らばっている．北極や南極の氷河で
は，クリオコナイトホールの底だけにクリオコナイトが存在することが多いが，氷河全体
にクリオコナイトが散らばっているアジアの山岳氷河は，それとは対照的である．なぜ，
このようなクリオコナイトの分布に違いができるのか，これは生物の生産量や氷河融解へ
の影響を考える上で非常に重要なポイントであるが，その理由は単純なものではない．こ
れについてはまた後半考えることにしよう．

シアノバクテリアという微生物
　クリオコナイト中でもっとも優占する微生物であるシアノバクテリアは，藍藻ともよば
れるバクテリア（細菌）の一種である（口絵16）．シアノバクテリアは，氷河だけでなく
一般の湖沼や海洋などの水環境に広く繁殖している生物である．水環境に広く分布する他
の藻類（真核生物）に比べると，原核生物であるシアノバクテリアは，細胞サイズが直径
で10〜50分の1と小さいことと，細胞内に核や葉緑体などの小器官をもたない単純な構造
であることが特徴である，このような特徴から，環境中では真核生物の藻類よりも繁殖の
競争には弱いことが多い．そのため，シアノバクテリアが微生物群集の中で優占するのは，

他の藻類に不都合な条件の極限的な条件の環境である．たとえば，水温の高い温泉や，塩分濃度の高い湖沼や海水などである．温度の低い氷河も，その意味でシアノバクテリアに有利な極限環境といえる．

　シアノバクテリアは，地球上に現れた最初の光合成微生物としても知られている．地球上で最も古い地層が存在するグリーンランドやオーストラリアで，約28億年前の地層から糸状シアノバクテリアの化石が発見されている．シアノバクテリアの誕生後，もともと酸素がなかった地球の大気に酸素が蓄積されることになった．さらにシアノバクテリアは，現在のすべての植物の細胞中に含まれる葉緑体の起源であることも知られている．シアノバクテリアが別の微生物の細胞中に取り込まれ，その微生物の制御下に置かれたことで，それが葉緑体になったという．これが，有名な細胞内共生説である．

　シアノバクテリアには，複数の細胞が連なる糸状の種と1つの細胞で独立している単細胞性の種が存在する．クリオコナイト粒を形成するシアノバクテリアは主に糸状の種で，その多くはユレモ科（Oscillatoriaceae）に分類される．ユレモ科のシアノバクテリアは，その名の通り糸がゆっくりと左右に自ら揺れ動く性質がある．トリコームとよばれる糸状に連なった細胞本体とシースとよばれるそれを取り囲む膜が，こすれあうことによって揺れるような運動をすると考えられている（滑走運動）．このような運動も，シアノバクテリアが鉱物粒子を取り込みながらクリオコナイト粒が成長していく過程に貢献していると考えられる．

　シアノバクテリアの中には，窒素固定という大気窒素を栄養に利用することが可能な種があることが知られている．窒素固定をする細胞は，異質細胞（ヘテロシスト）という特別な形態をもっているため他の細胞と区別できる．異質細胞は，不活性な大気窒素（N_2）を吸収してアンモニアに変換するという特殊な代謝を行うことができる．つまり水中に栄養窒素がない環境でも，大気窒素を栄養として利用することができる．グリーンランド氷床では，窒素固定が行われていることが報告されている（Telling et al., 2012）．しかしながら，氷河上のシアノバクテリアで異質細胞をもつものは，実際にはまれである．栄養塩濃度の低い氷河上では，窒素固定は繁殖に有利に働くと考えられるが，すべての氷河のシアノバクテリアが必ずしもこの機能をもつわけではないようである．

　氷河上に生息するシアノバクテリアは，他の雪氷生物同様に低温環境に適応した特別な種である．シアノバクテリアの種は，古くは顕微鏡観察による細胞形態の違いによって分類されていたが，その形態はどれも非常に似ているので，他の微生物同様に形態での分類には限界がある．現在では，DNA配列を使った系統分類が行われている．DNAによる分類の結果，世界の氷河上のクリオコナイトを形成するシアノバクテリアは，全部で20の分類群（OTU）に分けられることがわかっている（Segawa et al., 2017）．ヒマラヤのクリオコナイトを構成するのは，主にその中のユレモ科の2種（*Microcoleus vaginatus* と不明種）で，それぞれ顕微鏡では細胞の大きさで見分けることができる．この2種は，ヒマラヤの他パミールや天山山脈の氷河も含め，アジア山岳域に広く分布する一方，北極域の氷河の

クリオコナイトを構成する種とは異なることがわかっている.

　地球上に酸素をもたらした太古のシアノバクテリアは，海洋の浅瀬で丸みを帯びたシート状マットとして繁殖し，炭酸塩鉱物を沈着させて現在のサンゴ礁のような構造物をつくっていた.このシアノバクテリアがつくった構造物の化石は，ストロマトライトとよばれている.ストロマトライトには，シアノバクテリアによる成長の年輪のような縞構造があることが特徴である.こうしてみると，大きさは異なるもののクリオコナイト粒も，糸状シアノバクテリアによって形成される縞構造物という意味では，ストロマトライトによく似ている.シアノバクテリアが形成するマット状構造という意味で，クリオコナイト粒は太古のストロマトライトの生き残りとみなすこともできるかもしれない.

クリオコナイトの黒い色：腐植物質

　氷河上のクリオコナイトは，黒い色をしている.なぜ黒いのか，この色は，先ほど説明したクリオコナイトホールの形成に重要であるほか，後で詳しく説明する氷河融解を加速するアルベド効果でも重要な意味をもっている.クリオコナイト粒に含まれる鉱物粒子は無色透明や茶色のものが多く，それを覆うシアノバクテリアは青緑色なので，これらは黒い色の原因にはならない.黒い色の原因は，クリオコナイト粒中に含まれる腐植物質という有機物である（Takeuchi et al., 2001a）.腐植物質は，従属栄養性バクテリアが他の微生物の死骸などを分解した後，分解されずに残った有機物である.分解されなかった難分解性の有機物は，互いに重合しながら大きく複雑な分子となり，腐植物質となる.腐植物質は，決まった分子構造をもつわけではない.分子中に含まれるベンゼン環や脂質などの吸光性の官能基が，さまざまな波長の光を吸収するために，腐植物質は黒くみえる.一般の土壌や腐植土が黒い色をしているのも，落ち葉などが分解して残った有機物が腐植物質となることが原因である.腐植物質はもともと土壌有機物の特性を研究する農学の分野の一部として，研究が行われてきた.農学では，腐植物質の量や質が土壌の肥沃度の指標として使われ，地域の気候や植生，地質条件によって，その生成過程が異なることがわかっている.しかしながら，クリオコナイトが形成される氷河環境という氷点下の世界は，従来の腐植物質の研究の想定外であった.このような低温環境でどのようにして腐植物質が形成されるのか，その生成過程が詳しくわかれば腐植物質研究に新しい視点をもたらす可能性がある.

　氷河上の黒い色をした物質は，日射の吸収を増やす効果があるため，氷の融解を加速する.したがって，腐植物質がどれくらい氷河で生成されるのかは，氷河融解への影響を評価する上で重要である.ヒマラヤのクリオコナイトは非常に黒い色をしているが，実はもう少し北側のチベットや天山山脈の氷河のクリオコナイトは，ヒマラヤほど黒くはなく，薄い茶色をしている（Takeuchi, 2002）.なぜ氷河によってこのような色の違いがあるのか.まだ，詳しいことはわかっていないが，腐植物質の生成過程が関係していることがわかっている.ヒマラヤの氷河では，より腐植物質が生成されやすく，腐植化（腐植物質の分子の重合度）も進みやすい.その理由は氷河の雪氷の化学条件によるのか，そのほかの物理

的な条件によるのかは，わかっていない．このような条件の解明は，氷河の融解速度を算
出する上でも重要となる．

氷河に繁殖する雪氷藻類とその高度分布

　ヒマラヤの氷河には，シアノバクテリア以外にも緑
藻に分類される雪氷藻類が繁殖している（Yoshimura
et al., 1997）．シアノバクテリアはクリオコナイト粒と
して集合体をつくって氷河上に存在するが，それ以外
の藻類は，細胞単独でクリオコナイト粒とは別に独立
して繁殖することが多い．クリオコナイトを顕微鏡で
観察すると，クリオコナイト粒に混ざって，色とりど
りの小さな雪氷藻類の細胞を見ることができる（図
3.16）．これらの藻類も，日本の積雪で見られる雪氷藻
類と同様に，氷河表面という寒冷な雪氷環境に特化し

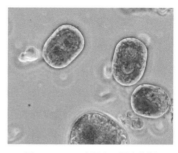

図 3.16　ヤラ氷河上の雪氷藻類

た特殊な種である．ヒマラヤの氷河で繁殖する雪氷藻類には，日本の積雪で見られる赤雪
の藻類に近い緑藻類（クロロモナス属）の仲間のほか，氷河特有の種も含まれる．

　ヒマラヤ，ヤラ氷河の表面からは，顕微鏡分析による形態分類により合計11種の雪氷藻
類が確認されている．氷河上では，一般に複数種の雪氷藻類が繁殖している．それぞれの
種は氷河上に均一に分布しているわけではなく，特定の場所で繁殖している．ある地点の
藻類の量を含めた種構成を，藻類の群集構造という．氷河上のある地点の藻類の群集構造
は，それぞれの種の競争関係によって決定する．ある地点の優占種は，その条件で最も競
争に強い藻類種であること
を意味する．藻類の繁殖に
かかわる氷河表面の物理ま
たは化学的条件が変われば，
優占種も変化する．基本的
には，藻類の群集構造は，
氷河の標高によって変化す
ることがわかっている．つ
まり，標高による表面条件
の変化が，藻類の競争関係
に大きく影響するというこ
とである．

　図3.17は，ヤラ氷河上の
藻類相の高度変化を示した
ものである．下流部から上
流部にかけて，藻類の優占

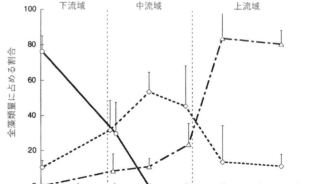

図 3.17　氷河の雪氷藻類相の高度変化 [Yoshimura et al., 1997]

種が変化していることがわかる．下流部で優占しているのはシリンドロシスティス・ブレ
ビソニ（*Cylindrocystis brébissonii*）である．中流部ではメソテニウム・ベルグレニ
（*Mesotaenium berggrenii*），さらに上流部ではトロキスシア属藻類（*Trochiscia* sp.）が優占
している．

　下流部で優占するシリンドロシスティス・ブレビソニは，比較的大きな小判型の細胞で，
細胞内に大きな葉緑体が2つはっきりと観察できる．葉緑体の外型には，オレンジ色のカ
ロテノイド色素が蓄積されている．細胞中の2つの葉緑体が特徴的なこのような藻類は，
最近では接合藻として緑藻とはまた独立したグループとして扱われるようになった．シリ
ンドロシスティスは，ヒマラヤだけでなく世界各地の氷河や寒冷地の土壌にもみられる．
この藻類は，氷河表面だけでなく氷河周辺の土壌でも繁殖可能な種と考えられている．

　中流部で優占するメソテニウム・ベルグレニは，シリンドロシスティスと同様に接合藻
に分類される藻類で，細胞のサイズはシリンドロシスティスよりも小さく，小判型の細胞
の形をしている．細胞内には，2つの葉緑体のほか，紫からえんじ色の濃い色素を含む液
胞がみられる．この藻類も南極から北極まで，世界各地の氷河で見つかる種である．特に
北極域の氷河では，下流の裸氷域で優占することが多い．近年，この藻類はDNAによる
系統解析が行われて，属名と種名ともに変更となり，アンキロネマ・アラスカーナ
（*Ancylonema Alaskana*）となった．

　中流域の一部の地点では，まれにアンキロネマ・ノルデンショルディ（*Ancylonema nor-denskioldii*）という藻類が見られる．ヤラ氷河ではそれほど頻繁に見られるわけではない
マイナーな種であるが，北極域の氷河では一般的な種で，特に裸氷域はこの藻類が優占す
ることが多い．アンキロネマは，小判型の細胞が複数連なって糸状になっていることが特
徴である．さらに細胞中にはプルプロガリンとよばれる暗色の色素を大量に含んでいる．
北極域の氷河では，この藻類の繁殖が氷河の暗色化を引き起こし，融解を加速していると
して，非常に注目されている．

　同じく中流域の一部の地点で見られる，ラフィドネマ属の藻類（*Raphidonema* sp.）は，
緑藻の中では細胞サイズが小さく色も薄いために見つけにくい藻類である．二細胞一組，
または多細胞が糸状に連なっていることが特徴で，ただし同じ糸状藻類のアンキロネマ・
ノルデンショルディよりも細く，両端の細胞が円錐状にとがっている．ラフィドネマも，
世界各地の積雪から報告されている雪氷生物である．しかしながら，その生態はまだほと
んど明らかになっていない．

　上流部の一部には，クロロモナス属の藻類（*Chloromonas* sp.）が見られる．このクロロ
モナス属藻類は，日本の緑雪に見られるクロロモナスと近い系統の種であるが，ヒマラヤ
のクロロモナス藻類については詳しい分析は行われていないのでこの分類は不確かである．
日本のクロロモナス属藻類は，カロテノイド色素量が少なく，緑色の細胞が多いが，ヤラ
氷河のクロロモナスは，細胞中に赤色のカロテノイド色素を豊富に蓄積したものが多い．
そのためか，氷河上流の積雪域では，雪がうっすらと赤くなることもある．このようにヒ

マラヤ氷河上流域でも赤い彩雪現象が起こることがあり，このクロロモナス属藻類や，メソテニウム属藻類が含まれる．ただし，緑雪はほとんど見られない．

　上流域に分布するトロキシア属の藻類は，球形の細胞で，表面に多数の針のような突起があることが特徴である．ただし，この藻類の分類や生態については，まだほとんどわかっていない．北極の氷河でも，まれに観察されることがある．

　以上の藻類は，どのように氷河上で分布するかによって，4つのタイプに分類することができる．その4つとは，氷環境スペシャリスト，雪環境スペシャリスト，ジェネラリスト，オポチュニストである．氷環境スペシャリストは，氷河消耗域の氷表面の環境に特化した藻類のことをいい，氷河下流部で優占するシリンドロシスティスやシアノバクテリアが当てはまる．雪環境スペシャリストは，氷河涵養域の雪環境に特化した藻類のことをいい，氷河上流部で優占するトロキシア属藻類があてはまる．ジェネラリストは，氷環境でも雪環境でも繁殖できる藻類で，氷河中流部で優占するメソテニウム属藻類があてはまる．氷河中流部は，夏の間，降水が雪となるか雨となるかの境界高度となるため，氷河表面は日単位で氷環境や雪環境に変化する不安定な場所である．このような場所では，氷環境スペシャリストや雪環境スペシャリストは，継続的に繁殖することができない．不安定な環境でも着々と繁殖できる種が，このジェネラリストである．オポチュニストは，氷や雪環境の中でも，さらに特定の条件が満たされる場所で繁殖する藻類である．オポチュニストに該当する種は，特定の標高でのみ観察される，ヤラ氷河の場合は，アンキロネマ・ノルデンショルディやラフィドネマ属藻類である．ただし，これらのオポチュニストが繁殖する条件については，雪氷の化学条件などがかかわっていると考えられるが，まだ詳しいことはわかっていない．

　このようにそれぞれの藻類の種が特有の高度分布を示すのは，藻類の生息場所としての氷河表面の環境条件が，高度によって大きく変化するためである（図3.18）．氷河の上流と下流での最も大きな違いは，雪と氷の違いである．先ほども説明した通り，藻類が繁殖する融解期には，下流部の消耗域は氷が露出するのに対し，上流部の涵養域は雪である．隙間がなく連続的な固体である氷と，隙間の多い多孔質の雪では，藻類の形態や細胞サイズ，集合体生成の有無によって繁殖のしやすさが大きく異なる．さらに，氷河表面に堆積する鉱物ダストは，上流部よりも下流部の方が多い．鉱物ダストは氷河周囲の地表面から風によって運ばれ大気を介して氷河表面に堆積したもので，氷河流動や融解水によって下流部の表面により濃縮される．鉱物ダストは藻類のリン等の栄養塩のソースと考えられるため，よ

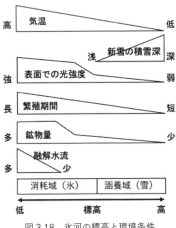

図3.18　氷河の標高と環境条件

り栄養の必要な藻類は下流部で繁殖しやすいことになる．標高による気温の違いも，生息場所の凍結頻度や降雪頻度の差として藻類繁殖にかかわる．上流ほど気温は低く凍結頻度は多くなり，このような場所では，凍結に対する耐性が強い種の方が繁殖に有利となる．また，氷河上に新雪が積もると日射を遮断してしまうため，降雪頻度が大きい上流部では継続的に光合成ができなくなる．氷河表面の融解期間は，気温の高い下流部ほど早く始まり遅くまで続くので，藻類の繁殖期間もその分長くなる．さらに消耗域では，藻類が繁殖した表面は冬になると凍結して雪に埋まるが，次の年の春には，その雪が融けて藻類が再び表面に露出して繁殖を開始することができる．一方，涵養域では，質量収支が正であるため，表面で繁殖した藻類は一度雪に埋まれば，表面に現れることはない．つまり涵養域では，年を越して藻類が繁殖することはなく，毎年表面に供給された藻類胞子がゼロから繁殖する．以上のような，氷河の標高による環境条件の傾斜が，藻類種間競争に影響し，氷河ではきれいな群集構造の高度分布が見られるのである．

雪氷藻類バイオマス

　氷河上の藻類は種によって異なる高度分布を示すことは分かったが，すべての種を合計した藻類量は，氷河全体でどのような分布になるだろうか．一般に生物の量を表現するには，バイオマス（生物量）という言葉が用いられる．ヤラ氷河のすべての種の藻類の合計バイオマスは，標高が高くなるほど単調に減少する（図 3.19）．つまり，藻類は氷河の下流部分に多く分布し，標高が高くなればその分徐々に減っていく．これは，標高が低いほど，藻類の繁殖には適した環境であることを示している．標高が低いほど藻類バイオマスが多いのは，上で説明した通り，基本的には標高が低いほど平均気温が高いため，融解期間が長く，それだけ繁殖期間が長くなるからである．標高が高くなれば気温が低くなるので，その分，表面の凍結や新雪に覆われる頻度も高くなり，藻類は繁殖しにくくなる．さらに標高が高くなると，夏を通して気温が氷点を上回ることもなく，藻類はまったく繁殖することはできない．このように，氷河上の藻類の繁殖量は基本的には標高に依存する．しかしながら，ヒマラヤ以外の氷河では，高度依存性がない場合や，中流域で最もバイオマスが高くなる場合も存在する．これは，気温以外の他の要因が強く藻類に影響しているためである．

　藻類のバイオマスを表現するには，さまざまな方法がある．雪氷藻類の場合，よく使われるものは雪氷を融かした融解水 1 mL あたりに含まれる藻類の細胞数である．採取した雪氷サンプルを融かして，その融解水中に含まれる藻類細胞を顕微鏡でカウントして求め，融解水 1 mL あたりの濃度に換算するものである．しかしながら，繁殖する藻類が複数種存在する場

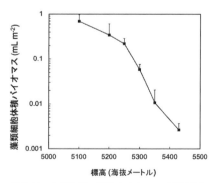

図 3.19　ヤラ氷河の藻類バイオマスの高度分布

合は，それぞれ細胞サイズが異なるので，単に細胞数だけでは正確なバイオマスを表すことができない．複数種で構成される藻類群集では，藻類体積バイオマス（バイオボリューム）が使われることが多い．これはそれぞれの種の細胞数に，細胞の大きさ（体積）をかけて求めたものである．細胞の体積は，顕微鏡で直径や長さを計測して平均値を求め，円柱や球形などの幾何学的な形に近似して求めたものである．さらに空間的なバイオマスの比較には，氷河表面の雪氷の密度は場所によって大きく異なるため，融解水量あたりではなく，面積あたりの単位が用いられる．雪氷試料の採取の際に，採取した面積を計測しておけば，細胞濃度または体積バイオマスを，氷河の面積あたりの値として求めることができる．細胞数のカウントは，顕微鏡を使って肉眼観察を基に行うが，観察者の主観が入る可能性がある．微妙な細胞形態の違いが，別種としてカウントされたり，藻類ではない花粉や菌類細胞などが誤ってカウントされたりしてしまう危険もある．そこで，より客観的にカウントするために，フローサイトメトリーという分析機器を用いることもできる．水の中の細胞を細い透明な管に流しながら光学的に細胞のサイズと濃度を自動計測するものである．ただしこの方法は数 μm サイズのバクテリアに使われることが多く，サイズの大きい藻類細胞では集合体をつくることもあるので正確に測定できない場合もある．藻類バイオマスより客観的に計測するには，クロロフィル濃度という色素量を分析する方法もある．クロロフィル a は，光合成微生物であれば必ず含んでいる色素であるため，光合成生物の総量バイオマスとして用いられる．ただし，この方法では藻類種を分けることはできない．最近では DNA 分析による群集構造の解析も行われている．定量 PCR という各生物種の存在量を維持したまま DNA を分析する方法や，メタゲノム法という試料中に含まれるすべての微生物の DNA 配列を読んで，配列数の数（リード数）をバイオマスとして用いることもある．以上のように，バイオマスの表現にはさまざまな方法があり，それぞれ利点欠点があるので，研究目的に合わせた手法が使われている．

涵養域の積雪断面観測と汚れ層

　氷河の涵養域は，質量収支が正であることから，毎年降雪が時系列に沿って順に積み重なっていく．涵養域で繁殖した藻類も，その積雪の層に毎年保存されることになる．涵養域で，積雪を掘って断面観測をすると，毎年夏に藻類が繁殖した層が縞模様のように見えることがある．ヤラ氷河では，藻類の繁殖した層を黒く汚れた層として観察することができた．一般に，この層は汚れ層とよばれている．汚れ層から次の汚れ層までが，1年間に積もった積雪ということになる．

　涵養域の内部にできたこのような汚れ層は，氷河の割れ目であるクレバスやセラックでも見ることができる．氷河には流動する際に，いくつもの氷の裂け目であるクレバスが入り，さらに急斜面を下ると氷が巨大なブロックのような破片に分かれる．これはセラックとよばれる．そのような場所で観察できる氷河の断面には地層のようないくつもの汚れ層の縞構造が見える．汚れ層が黒いのは，藻類の他に藻類由来の有機物が分解されて腐植物質になったものや，大気由来の鉱物ダストなどが含まれているためである．

涵養域の断面観測を深く掘り進めて行えば，さらに昔の層を見ることができる．このように氷河の涵養域の積雪中には，氷河の雪や藻類，その他の物質が時系列に連続して保存されている．したがって，ドリルを使ってアイスコアとして掘り出すことができれば，過去に氷河上で繁殖した藻類などの微生物の情報を知ることができる．ここから，アイスコアの微生物分析という新しい研究が誕生することになるが，このことについては第6章で詳しく説明する．　　　　　　　　　　　　　　　　　　　　　　　　　　［竹内　望］

3.4　デブリ氷河と氷河内水系

　ヒマラヤの山岳氷河は，大きく2つのタイプに分類できる．1つは，上記で述べてきたヤラ氷河のような表面に雪と氷が露出する普通に白く見える氷河で，クリーンタイプ氷河，またはC型氷河ともよばれる．もう1つは，表面が数mの厚い岩屑に覆われた一見氷河とはわからない氷河で，デブリ氷河，またはD型氷河とよばれる氷河である（図3.20）．デブリ氷河は，氷河湖決壊洪水を起こす氷河として注目されている．氷河湖決壊洪水は，デブリ氷河の消耗域に氷河の融解に伴って融解水がせき止められた巨大な湖が形成され，その湖が突然決壊し，氷河下流部に鉄砲水のように流出し，洪水を引き起こすものである．デブリ氷河は，デブリに覆われた消耗域が長距離にわたって谷底に広がっているものが多く，C型氷河に比べて規模が大きい．デブリ氷河の融解過程はC型氷河に比べて複雑である．氷河表面を覆うデブリは，薄ければ日射を吸収して融解を促進する効果をもつが，厚みがあると反対にデブリの断熱効果によって融解を抑制する効果をもつ．このように，デブリ氷河は，サイズ，融解過程，融解水の排出過程などがC型氷河と大きく異なる．

　C型氷河には，上記で説明してきたような雪氷藻類の生産物に依存したさまざまなユキムシ，バクテリアが生息していたが，デブリ氷河にはそれとはまったく異なる生物が生息している．デブリ氷河では，C型氷河のように雪氷が表面に露出していないため，C型氷河でみられる雪氷藻類や無脊椎動物などは，表面にはほとんど生息していない．デブリ氷河は，表面が厚い岩屑で覆われているが，部分的に氷河の氷が露出していたり，融解水が溜まった氷河上湖という池が多数分布している（図3.21）．さらに，この池は氷河の融解水の排水システムとつながっていることが多い．この氷河上の池には，さまざまな微生物や

図3.20　デブリ氷河（ネパール，クンブ氷河）

図3.21　デブリ氷河上の池とアイスクリフ

無脊椎動物が生息している.

　エベレストから南へ流れ下るクンブ氷河は，典型的なデブリ氷河である．クンブ氷河の下流部分は谷沿いに20 kmにわたってデブリに覆われている．このデブリ域にある池は，池の水の濁度，水温，電気伝導度，pHなどの水質に基づいて大きく3つのタイプに分けることができる（Takeuchi et al., 2000）．タイプ1は，濁度が高く水が黄色く見える池，タイプ2は，濁度が比較的低く緑色に見える池，タイプ3は濁度がゼロに近い透明な水で青く見える池である．このタイプの違いは，デブリの下に存在する氷河の氷との関係の強さによる．たとえば，濁度の高いタイプ1は，つねに氷河の融解水が供給されている池で，そのために濁度が高く維持されており，多くはアイスクリフという氷河氷が池の岸に露出している．濁度の低いタイプ2は，氷河の融解水供給がタイプ1に比べると少なく，そのため濁度が低く水は緑色に見える．濁度がほとんどゼロのタイプ3は，氷河の融解水の供給がほとんどなく，デブリの厚い場所に分布する．各タイプの池には水生の生物を見つけることができる．藻類や昆虫，ミジンコなど，最も豊富に生物が見られるのはタイプ3で，反対にあまり生物が見られないのはタイプ1である．ただし，この池に見られる生物の多くは，雪氷生物というわけではなく，氷河周辺にすむ常温性の生物である．しかし，第1章で紹介したように，クンブ氷河の支流であるチャングリ氷河のデブリに覆われた消耗域には，融水の作用によって氷河の内部に形成された洞窟があり（図1.9），洞窟内の水流から翅のないカワゲラ類の幼虫（図1.10）などが見つかっている．デブリ氷河上の池，特にタイプ1やタイプ2の池は，このような氷体内の水系や洞窟とつながっており，カワゲラ類などの氷河昆虫の生息場所にもなっていると考えられるが，どのように利用されているかなど，詳しいことはまだわかっていない．デブリ氷河の融解が進むと，デブリの厚さはより厚くなって最終的には氷河の氷はなくなってしまう．したがって，デブリ氷河の融解が進めば，タイプ1からタイプ2へ変化し，いずれはタイプ3の池が増えていくことになる．氷河の変化とともに，氷河上の池の生物も変化していくのである．

氷河のユキムシと氷河生態系

　以上みてきたように，ヒマラヤの氷河上にも雪氷藻類などの光合成独立栄養生物と，それを食べるユキムシなどの無脊椎動物，有機物を分解するバクテリアが生息し，氷河にも生態系が存在していることがわかった．氷河の環境は一年を通して雪氷が存在すること，涵養域と消耗域の区分や，氷河流動の影響があることなど，日本の季節的な積雪とは同じ雪氷でも全く異なる環境である．そのため氷河に生息する生物は，季節積雪上の生物群集とは異なる生存戦略をもっている．また季節積雪は毎年現れる年単位のシステムであるのに対し，氷河は数百年から数千年の長い時間スケールで循環するシステムであるという違いもあり，それぞれの生態系に，雪氷生物が関与する炭素や窒素などの物質循環が存在する．季節積雪と氷河の生態系のそれぞれの特徴については，次の章で詳しく考えていくことにしよう．　　　　　　　　　　　　　　　　　　　　　　　　　　　　　　　　［竹内　望］

第 4 章
雪氷生物と氷河生態系

4.1 雪氷圏と地球環境

地球の水循環と雪氷圏

　ユキムシの生息場所となっていた日本の積雪やヒマラヤの氷河などを含め，地球上の寒冷域や高山帯に分布する雪氷環境は，雪氷圏（cryosphere）とよばれる．地球という惑星を理解することを目的とする学問である地球科学では，一般に地球をその物理的および化学的性質に応じて，岩石圏，大気圏，水圏，生物圏の大きく 4 つの圏（sphere）に分けている．岩石圏は，惑星の大部分を占める固体部分を示し，大気圏は，固体部分を囲むように存在する気体部分，水圏は，主に惑星表層に存在する水にかかわる部分，そして生物圏は，その表層に生息する生物にかかわる部分を示している．これらの地球の構成要素の物理的，化学的性質をそれぞれ明らかにし，統合することで地球という惑星を理解することができる．雪氷圏は，この 4 分類でいえば水圏の一部ともいえるが，地球環境でのその重要性から第 5 の圏として独立して扱われることもある．雪氷圏の地球環境での役割，そしてその変動過程を理解することは，なぜユキムシが雪氷上に暮らしているかを地球スケールで理解するためのカギとなる．そこで雪氷圏について，ここで詳しく見ていくことにしよう．

　雪氷圏には，積雪や氷河・氷床のほか，氷山，海氷，永久凍土，凍結した湖沼や河川など，水が凍結している場所がすべて含まれる（図 4.1）．氷河や永久凍土のように年間を通して凍結しているものもあれば，積雪や海氷の様に日単位から季節単位でのみ存在するものもある．存在する時間の長さで整理すると，最も短いものは，日から季節単位で現れる積雪や凍結湖沼・河川，海氷で，年単位から数百年単位で維持されるのが，雪渓や山岳氷河，数千年単位で存在するのが，大型の氷河・氷帽と永久凍土，さらに最も長期間，数百年から数万年単位で存在するのが，氷床となる．このような雪氷圏のそれぞれの維持される時間の違いは，そこで生活する雪氷生物の生活環や進化適応過程を理解する上で，重要となる．

　雪氷圏を構成する雪氷は，融解によって液体の水となり，その水は河川を通して海洋に注がれる．海洋の水は，いずれ蒸発して降雪として再び雪氷圏に戻ってくることになる．このように

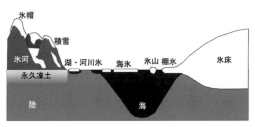

図 4.1　地球の雪氷圏

雪氷圏は，地球規模で循環する水圏の一部とみることができる．水循環は，現在の気候状態といった地球環境の他，生物の生存の維持にも欠かせない．水循環は，海洋や陸上からの太陽エネルギーによる水の蒸発と，地球の重力による降水，流下によって駆動される．循環する水は，陸上の生物に水だけでなく，酸素や栄養塩，ミネラル成分などさまざまな物質を溶解することで供給し，多様な生物の生息を可能にしている．水循環を人間の体内にたとえるなら，生命を維持する血液循環のようなもので，水循環が止まってしまえば，地球上の生物は生きていけない．

　水の惑星ともいわれる地球であるが，その水の97％は海洋に存在する．海洋は地球の表面積の約70％を占め，平均の深さは約3800 mという巨大な水の貯蔵場所（ストック）である．我々の生活に身近な河川や湖，降水，地下水などの水の量は，全地球上で合計してもわずか1％にも満たない．一方，氷河や積雪を含む雪氷は，全地球に約25000兆トンが存在し，それは全球の水量の約2％を占める．地球上の雪氷の存在は，海洋には及ばないものの，我々の身近にある水の規模よりも大きく，地球第二の水の貯蔵場所となっている．海洋は多様な生物が生息する地球最大の生態系であるが，水の存在規模からいえば，雪氷は海洋に次ぐ地球上の第二の規模の生態系ということができる．

　地球上に雪氷として存在する水25000兆トンのうち，その90％は南極氷床が占める．南極氷床は，地球上で最も大きな氷河で，日本の約37倍の面積（1400 km²）をもつ南極大陸を，ほぼ全域にわたって厚さ約3000 mで覆う巨大な氷の塊である．二番目に大きい氷河は，グリーンランド氷床で，地球上の雪氷の約9％を占める．グリーンランド氷床は，日本の約6倍の面積（216 km²）をもつ世界一大きな島グリーンランド島を，厚さ平均約1400 mで覆う氷河である．南極氷床とグリーンランド氷床を除いた残りの雪氷の量は全体のわずか1％で，この中にヒマラヤの氷河や日本の積雪のほか，世界の山岳氷河・積雪が含まれる．

雪氷圏の変化

　雪氷圏の変動は，地球規模の水循環に大きな影響をもたらす．特に雪氷圏が全球規模で与える大きな影響は，海水準である．氷河の水が融ければ，その融解水は海洋に流入し，海洋の水の量が増えて海水準が上昇する．反対に氷河が拡大すれば，その分海洋へ流出する水が減少し，海水準は減少する．近年の地球温暖化の影響の1つとして，氷河融解による海水準上昇が島嶼の国々に与える被害の問題が報道されている．氷河が融解する程度の水で，世界規模で海水準が上昇するとはあまり想像がつかないかもしれないが，その規模は簡単な計算で求めることができる．たとえば，現在の雪氷の存在量25000兆トンを地球の海洋面積で割ることにより，全雪氷が融けたときの海水準上昇量を求めることができる．その結果は約80 mとなり，この規模で上昇すれば，世界の沿岸の大都市は壊滅的な影響を受けることになる．現在から約2万年前には，気候は今より寒冷で氷河が拡大していたことがわかっており，海水準は現在よりも100 m以上低かったことが明らかになっている．この時代には，北米大陸にローレンタイド氷床という現在の南極氷床よりも大きな氷河が

形成されていたため，世界の海水準が大きく低下し，現在は海底である大陸棚の一部は，陸上に露出していた．海水準の変動は，島嶼だけでなく大陸沿岸の生態系に大きく影響する．また，海水準の変化によって大陸や島嶼が陸でつながったり離れたりすることで，生物の分散にも大きく影響を与える．このように，雪氷圏の変化は，地球規模の水循環を変えることによって，環境を大きく変化させる．

　雪氷圏の変動は，雪氷そのものがもつ特殊な性質によって，気候変動を増幅する効果をもっている．その性質とは，アルベドが高いという性質である．アルベドとは日射の反射率のことで，アルベドが低いものは日射をよく吸収し，高いものは日射を反射するので吸収する熱は少ない．氷河や積雪などの雪氷は，見た目でも白い色をしていることからもわかる通り，アルベドが 0.5〜0.9 と他の地表面よりも高い．そのため雪氷の存在は，日射を反射し，地球を冷却する役割がある．気候が寒冷化し，雪氷面積が拡大すれば，より日射を反射するので気候はさらに寒冷化する．反対に，気候が温暖化し，雪氷面積が縮小すれば，より日射を吸収するので気候はさらに温暖化する．このように，雪氷は気候変化を増幅する作用があり，このことを雪氷の正のフィードバック効果とよぶ．

　過去約 100 万年の地球の歴史では，全球の気候は周期的に寒暖を繰り返し，それに伴い雪氷面積も大きく変化してきたことがわかっている．比較的寒冷な時代を氷期，温暖な時代を間氷期とよび，両者が周期的に繰り返される気候変動を，氷期間氷期サイクルとよぶ（図 4.2）．その周期は約 10 万年で，現在の地球は比較的温暖な間氷期である．1 つ前の寒冷期は最終氷期とよばれ，約 1 万年前に終了した．最終氷期の気温は現在と比べて，約 6 ℃低かったとされる．わずか 6 ℃と思うかもしれないが，この気温差が地球上の雪氷圏には莫大な影響をもたらしていた．先ほども述べたように，最終氷期には，北米大陸にローレンタイド氷床が形成され，日本の山岳地帯にも多くの氷河があった．冬には現在よりもかなり広い面積が積雪に覆われた．そのような最終氷期は，約 11 万年前から 1 万年前までの 10 万年間にわたって続いていた．

氷期と間氷期が繰り返されるこのような気候は，海底堆積物や氷床アイスコアの分析によって詳しく明らかになっている．氷期の方が間氷期よりも長く継続すること，氷期から間氷期への温暖化は急激に起こるのに対し，間氷期から氷期にはゆっくりと切り替わることがわかっている．氷期間氷期サイクルの原因は，地球が太陽の周りを周回する公転軌道にかかわる天文学的な要素が周期的に変化することである．地軸の歳差運動，地軸の傾斜の変化，公転軌道の離心率という 3 つの軌道要素がそれぞれ 2 万，

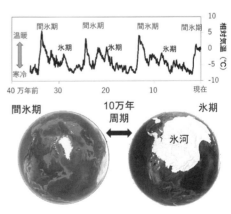

図 4.2　氷期と間氷期

4万，10万年スケールで変化することで，氷期間氷期サイクルとさらに周期の短い亜氷期亜間氷期サイクルを引き起こしている．このような軌道要素の変化は，発見者の名前からミランコビッチサイクルとよばれており，この軌道要素による北半球の大陸に照射する日射配分が雪氷のフィードバックによって増幅され，このような気候変動が引き起こされている．ユキムシのような雪氷生物は，現在よりも氷期に広範囲で活動していたと考えられ，数万年スケールで起こる氷期間氷期サイクルは，雪氷生物の分布や進化に大きな影響を及ぼしてきたはずである．

雪氷圏とバイオーム

　地球の陸上には熱帯から寒帯までそれぞれの気候帯ごとに特有の生物が生息している．各気候帯に特徴的な生物の一群を，バイオーム（生物群系）とよんでいる．バイオームは，基本的にはその土地に優占する植物のタイプで分類されている．たとえば，熱帯には熱帯雨林やサバンナ，温帯には照葉樹林や夏緑樹林，ステップなど，寒帯には針葉樹林やツンドラなどいうバイオームが分類されている．地球の気候帯の分類で有名なケッペンの気候区分にほぼ対応しているが，バイオームは動植物を特徴づける分類群で，高校の生物の教科書にも示されている．

　従来，氷河や氷床などの雪氷圏は，生物が生息できない環境とされていたため，バイオームとしては除外されていた．しかしながら，前章までで見てきた通り，氷河や氷床にもその環境を特徴づける特殊な生物群が存在することが明らかになってきた．植生という意味では，雪氷圏は雪氷上で増殖するシアノバクテリアや緑藻などの雪氷藻類で特徴づけることができる．2015年，氷河や氷床もバイオームの1つとするべきだ，という論文が発表された（Anesio et al., 2012）．雪氷をバイオームとすることは，全球的な水循環や環境，生物の進化を考える上でも重要である．残念ながらまだ高校の生物の教科書では，雪氷はバイオームから除外されているままであるが，地球温暖化が進む中，雪氷圏の生物を考えることは今後ますます重要となるだろう．　　　　　　　　　　　　　　　　［竹内　望］

4.2　雪氷生物とは何か？

極限環境生物

　雪氷圏に生息する雪氷生物とはどんな生物なのか，なぜ低温環境でも生きていけるのか，ここでもう少し整理してみることにしよう．雪氷圏のような極端な低温環境だけでなく，高温，乾燥，酸性やアルカリ性など，普通の生物が生息できないような環境条件でも生息できる生物が見つかっている．このような生物を極限環境生物とよんでいる．極限環境生物として最もよく知られているものは，好熱菌である．好熱菌は，高温環境でも繁殖できる微生物で，陸上の温泉や海底の熱水噴出孔といった高温環境に生息している．そのほとんどは，バクテリア（真正細菌）かアーキア（古細菌）の仲間であるが，一部菌類や藻類の種も存在する．温泉で見つかる種は，80℃近い水温で繁殖することが可能で，熱水噴出孔の好熱菌は，100℃を超える環境でも繁殖が可能である．好熱菌がもつ耐熱性DNAポリ

メラーゼという酵素は，PCR という DNA 配列解読に欠かせないものとして利用されている．高い塩分環境に生息するバクテリアは，好塩菌とよばれる．高塩分環境は，細胞の原形質を分離させたり，脱水を引き起こしたり，塩素イオンの毒作用などから，一般の生物は生息することができない．好塩菌は，塩分 2 ％以上で最も繁殖できる細菌であるが，中には塩分 20 ％を超える場所でも繁殖可能な高度好塩菌も存在する．自然界では，塩湖に生息するほか，塩分の高い食品でも繁殖することが知られている．好酸性の微生物は，陸上の温泉や海底の熱水噴出孔の酸性環境に生息している．pH が 2〜6 の範囲でも繁殖可能なバクテリアである．反対に好塩基性（好アルカリ性）の微生物も存在し，土壌や塩湖で見つかっている．好塩基性バクテリアの最適 pH は 10 程度のものが多い．

　なぜ極限環境生物という生存に厳しい環境でわざわざ生息する生物が，存在するのだろうか．極限環境生物が存在する理由として，大きく 2 つの仮説がある．1 つは，通常の環境に比べ天敵や競争相手のいない極限環境に進出した，という理由である．我々も含め環境には，多様な生物が生息している．通常の環境のほとんどの生物種は，餌や栄養，生息場所をめぐって，競争関係にある．競争に弱い種は，子孫を残すことができず，絶滅してしまう危険もある．もし，高温や低温でも繁殖できるような他の生物にない能力を突然変異で獲得することができれば，競争相手のいない環境で生き延びて優占することができる．極限環境生物は，このような特殊な進化をした生物の一群であると考えることができる．もう 1 つの仮説は，極限環境は，昔は極限環境ではなかった，という考え方である．地球生命の 36 億年の歴史の中では，地球環境も大きく変化してきた．たとえば，太古には灼熱の時代があってそのようなときは好熱菌のような生物しか繁殖できなかったかもしれない，また反対に氷期のような寒冷気候の時代には，雪氷生物が地球の主役であったかもしれない．極限環境というのは，あくまでも現在の平均的な地球環境を基準にした相対的な概念であり，昔のある時代では，極限環境生物が普通の生物で，我々のような生物が極限環境生物であった，とも考えることができる．地球環境の変化とともに，かつて優占した生物が，現在は一部に残された環境で，極限環境生物として生き残っている可能性がある．この考え方に基づけば，極限環境生物を研究することは，かつての地球環境を理解することにつながることになる．

温度と生物

　第 2 章で述べた通り，生物には成長，繁殖に適切な温度が存在する．最も多くの子孫を残すことができる，最も繁殖率が高い温度を最適（至適）生育温度という．最適生育温度は，その生物をさまざまな温度で培養または飼育してその繁殖率を求め，温度に対する繁殖率曲線を描くことで求めることができる（図 4.3）．繁殖曲線が示す最大値の温度が，最適生育温度となる．高温または低温境に生息する極限環境微生物は，この最適生育温度で定義することができる．

　低温下で生育可能な微生物を研究した Morita（1975）は，0 ℃前後の低温で増殖可能な微生物を，最も急速に増殖できる温度（至適増殖温度）と増殖が可能な温度の上限（増殖

84

上限温度）から，好冷（psycrophile）微生物
と耐冷（psycrotrhoph または psycrotolerant）
微生物の2つに分類した．好冷微生物は，
0℃前後の低温で増殖可能で，至適増殖温度
が15℃以下にあり，増殖上限温度が20℃以
下である微生物，耐冷微生物は，0℃以上で
のみ増殖可能で，至適増殖温度や増殖上限温
度が20℃以上にある微生物とそれぞれ定義
されている．つまり，低温での増殖に適応し

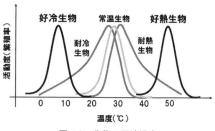

図 4.3　生物の至適温度

ており，20℃以上の温度では増殖できない，好んで低温に生息する微生物と，20℃以上の
温度に適応しているが，低温でも，それに耐えて増殖できる微生物に分けたのだ．この定
義はかなり広く受け入れられているので，本書ではこの定義にならって，好冷生物，耐冷
生物という言葉を使用することにする．つまり，好冷生物とは，低温で最もうまく生きら
れる生物，逆に言えば「低温でないと生きられない」生物であり，耐冷生物とは，「低温で
も生きられる」生物であるといえる．

　この定義に従うと，セッケイカワゲラやクモガタガガンボ，ヒョウガユスリカなど，こ
れまで紹介してきた，積雪や雪渓，氷河・氷床など，安定した低温環境である雪氷環境に
生息する生物の多くは，好冷生物（psychrophilic organisms）であると考えられるが，活
動に最も適した温度や活動可能な温度の上限や下限に関しては，まだ詳しい研究が少ない．
しかし，たとえば雪氷藻類（snow algae）は氷河生態系の重要な一次生産者であるが，そ
の多くは至適増殖温度が10℃以下にあることがわかっている．中には至適増殖温度が0℃
から1℃の低温にあり，4℃以上の温度では鞭毛を失う等，明らかな活動低下を見せるも
のさえ知られている（Hoham, 1975）．また，氷河に定住している昆虫類も，0℃から
−10℃前後の低温下で活動可能であるが，20℃以上に温めると麻痺して動けなくなるこ
とが知られている．以上の事実は，これらの生物が低温での活動を可能にする何らかの生
理的・生化学的適応をとげていることを示している．

　食品を長期間保存するために，冷凍庫や冷蔵庫を利用する理由の一つは，食品を腐敗さ
せる常温性生物の繁殖を止めるためである．10℃以下の環境に置けば，ほとんどのバクテ
リアの繁殖率はゼロとなるので，食品を腐らせずに保存できることになる．しかしながら，
もし好冷菌や耐冷菌が食品についていたとすると，冷蔵庫に入れておいてもその菌は繁殖
して活動し，食品は腐ってしまうことになる．ただ，好冷菌や耐冷菌は身近にいるもので
はないので，心配する必要はない．

　衣類を洗う洗濯機で用いる洗剤には，さまざまな酵素が含まれている．衣類についた食
品に由来するタンパク質などを分解するためである．この酵素は，普通は常温生物に由来
するものを用いるので，分解能力の温度依存性は，常温生物の繁殖曲線にほぼ一致する．
つまり，洗濯に用いる水の温度が20〜30℃の時に最も洗剤の能力が発揮される．一方，冬

に水道の水温が 10 ℃を下回ってしまうと，この酵素の分解機能はほとんど働かなくなってしまう．洗剤の効果は，冬よりも夏のほうが高い．もし，好冷生物の酵素を洗剤に応用できたとしたら，冬でも効果の高い画期的な洗剤をつくれるかもしれない．

低温に対する生理的・生化学的適応

　一般の生物が低温環境に置かれたときに起こる障害は，主に 2 つある．1 つは細胞内の水分の凍結である．氷点下を下回ると細胞中の水分は凍結して氷となる．氷が成長すれば氷晶が細胞膜や細胞小器官を傷つけて破壊するので，細胞にとっては致命的になる．もう 1 つは細胞膜の流動性の低下である．生物の細胞膜は，流動モザイク構造というリン脂質の分子が二重に並んだ構造をもち，膜に埋め込まれたタンパク質が自由に動く流動的な性質をもっている．温度が下がるとこの流動性が低下し，細胞のシグナル伝達や細胞融合などの過程が阻害されて生物にとって致命的となる．これらの問題に対して，好冷生物がどのように対処しているかをみていこう．

　細胞内の水分の凍結を防ぐ方法の 1 つは，細胞液中の物質濃度を上げることにより，凝固点降下（freezing-point depression）をうながして凍結温度を下げることである．水溶液の凝固点は，一般に水中の溶質濃度が高くなるほど低下する．水に溶け込んでいる溶質分子が水分子の凝固を邪魔するからだ．たとえば，濃度 25 ％の飽和食塩水では凝固点は −22 ℃まで低下する．凍結に対する抵抗性のある昆虫では，体液中のトレハロース濃度を上げて浸透圧によって細胞内の水分を減らしたり，氷結晶の核になりやすいタンパク質（氷核タンパク質，ice nucleating protein）を生産して，あえて細胞外での氷結晶の形成（細胞外凍結）を促進することにより，細胞液の物質濃度を上げて細胞内凍結を防いでいると考えられている．

　凍結を防ぐもう 1 つの方法は，氷点下でも凍結が起こらない過冷却（super cooling）とよばれる状態を安定化させることだ．少量の液体をゆっくり冷却すると凝固点以下になっても凍結せずに液体のまま保たれる．たとえば，蒸留水などの不純物の少ない水は，−15 ℃程度まで冷却されても液体の状態を保てる．過冷却状態にある液体は，氷結晶の核になる微粒子などの物質（氷核）や振動を加えると急速に凍結する．しかし，氷点下の温度で生きる生物の体液や細胞質には過冷却状態を安定化させる物質が含まれている．たとえば，水温約 −2 ℃の極域の海にすむ魚や寒冷地で越冬中の昆虫の体液や細胞質には，凍結を防ぐ不凍タンパク質（anti-freeze protein, AFP）や高濃度のグリセロールなどの糖アルコール，トレハロースなどの糖類が含まれていることが分かっている（Franks, 1985）．これらの物質は氷核形成物質の周りに水分子が集まりにくくする，または集まっても氷としての結晶配列をとりにくくすることによって氷結晶の形成を阻害し，過冷却状態を安定化させていると考えられている．

　凝固点降下だけで凍結を回避するには溶質を非常に高濃度にする必要があり，それによって細胞が損傷する危険性が高い．一方，これらの物質による過冷却状態の安定化は低濃度でも可能なので，より安全で効率のよい凍結回避法といえる．グリセロールやトレハ

ロースなどには凝固点を下げる効果もあるが，主には過冷却状態の安定化によって凍結回避に貢献していると考えられる．

　凍結を防ぐのではなく，できてしまった氷晶が，細胞に障害を及ぼすほど大きく成長するのを防ぐ仕組みもある．氷結合タンパク質（ice binding protein, IBP）は，凍結で細胞内に形成された微小な氷晶の表面に結合するタンパク質で，氷晶がそれ以上大きく成長することを阻害する．

　低温耐性の高い微生物，魚類や節足動物，植物は，このような凍結耐性物質をつくることで，氷結晶による細胞障害を回避している．凍結耐性のための生体物質は，糖，タンパク質，脂質など，幅広い分子種があり，微生物から動植物までさまざまな生物種で発見されている．

　低温における細胞膜の流動性の低下に対応する方法としては，細胞膜の不飽和脂肪酸の量を高めることがある．細胞膜の主要構成物質であるリン脂質は，親水性のリン酸と疎水性の脂肪酸が結合したものである．脂肪酸は炭化水素が鎖のように長く重合した構造（炭化水素鎖）をもっているが，その炭化水素鎖における二重結合の割合（不飽和度）が高いほど，低温でも流動性が高く保たれるのだ．好冷菌の細胞膜では，好熱菌や中温菌に比べ，このような凝固点の低い不飽和脂肪酸や長さの短い脂肪酸の割合が高いことが明らかになっている（Chan et al., 1971）．雪氷生物は，不飽和度の高い脂質を合成することで，低温でも流動性の失われない細胞構造をつくっている．

　では，好冷生物の低温下での活動を支えている酵素はどのような特徴をもっているのだろうか．不思議なことに，高温活性酵素に関する研究が，特に好熱菌の酵素構造等，数多くなされてきたのとは対照的に，低温で活性のある酵素に関する研究は，つい最近までほとんど行われてこなかった．ところが 1998 年に，南極の好冷菌である *Alteromonas haloplanktis* の α-アミラーゼの立体構造が X 線解析によって明らかにされて以来，低温活性酵素に関する研究が急速に進み始めた．

　その結果，好冷菌の酵素が低温下で高い活性を示すことがわかってきた．たとえば好冷菌 *Alteromonas haloplanktis* の α-アミラーゼはブタの α-アミラーゼと比べると至適活性温度が約 30 ℃低く，触媒効率は 5 ℃で 6.6 倍，25 ℃で 3.7 倍にもなることがわかっている（Aghajari et al., 1998）．また，これまでになされた数種類の低温活性酵素の構造解析によって，低温活性酵素の立体構造は対応する中温菌や好熱菌の酵素と基本的には同じであり，活性中心にも大きな違いは見られないこと，しかし，常温酵素や耐熱酵素に比べて疎水性相互作用や塩橋，水素結合，芳香環相互作用にかかわる構造が少ないことが明らかになった（Kim et al., 1999）．これらの特徴は，低温下で分子の柔軟性を高め，活性を高めるのに役立っていると考えられる．低温下でも活性を維持するには，酵素分子は，基質との結合，反応，生成物放出の各ステップで，立体構造を適切に変化させる必要があるからだ．また一部の酵素では，活性中心の基本構造は常温酵素と同じだが，基質の入口部分が広く，より強く負に帯電しており，低温下での基質との結合性が高くなっていることが報告され

ている（Gerike et al., 1998）.

　低温下ではタンパク質分子やポリペプチドを機能的な立体構造に折りたたむ速度も低下する．ところが，南極の土壌や海水，シベリアの永久凍土など，由来の異なる種々の低温菌のプロテオーム解析によって，多くの低温菌がこの速度を加速する機能をもつタンパクを温度の低下に応じて生産することも明らかになってきた（Feller, 2013）.

　しかし，柔軟でルーズであるという低温活性酵素の特徴は，必然的に熱的な不安定さの原因ともなる．したがって，多くの低温活性酵素は常温酵素より低い温度で熱失活することが知られている．微生物の低温適応を研究してきたRussell（2000）は，好冷微生物の増殖上限温度は，多くの場合，温度上昇による酵素の熱失活や，それによって引き起こされる代謝システムのバランス崩壊によって引き起こされるのではないかと述べている．それに対して，増殖下限温度は，生化学的要因ではなく，細胞質の過冷却温度など，細胞内外の溶液の物理的性質で制限されているのではないかと論じている.

　さらに最近注目されている酵素の一つは，ATP合成酵素である．ATPは全生物に共通のエネルギー貯蔵物質である．生物は，獲得したエネルギーをATPとして体内に蓄える．このATPにエネルギーを蓄える過程，つまりATPを合成する過程で重要な役割を果たすのが，ATP合成酵素である．ATP合成は，主にミトコンドリアで，膜の内外の水素イオン勾配を利用して行われる．ATP合成酵素はその膜を貫通するように存在し，酵素内を水素イオンが通過するときに，水力発電のタービンのような分子がモーター回転し，その回転エネルギーからATPが合成される．ATP合成酵素はすべての生物がもつ酵素であるが，雪氷生物であるコオリミミズのATP合成酵素の構造を調べたところ，他の生物とは異なる特徴があった（Lang et al., 2020）．低温でも分子モーターが回転しやすい構造をもっていると考えられる．まだ詳しいことは研究途上であるが，雪氷生物には低温でも活性を維持できる特殊な酵素が数多く含まれていると考えられる.

気候変動と雪氷生物の分散

　雪氷生物は，日本の積雪やヒマラヤの氷河だけでなく，北極から南極まで，全地球の雪氷圏に例外なく生息している．雪氷生物の中には，特定の地域にしか見られない固有の種も存在するが，全地球の雪氷上に共通してみられる種も存在する．一般に生物種に関して，ある地域にしか見られない種を固有種（エンデミック種）といい，世界共通にどこでも見られる種を汎存種（コスモポリタン種）という．なぜ生物によって，ある地域にしかいなかったり，地球上に広く分布したりするのだろうか．このような生物種の世界分布を探る研究を，生物地理学という．雪氷上のみでしか生きられない雪氷生物の場合，その世界分布を考えることは雪氷生物の生態や進化過程を知るための大きなヒントとなる.

　現在，世界の雪氷圏は，海洋や大陸で分断されているため，ある生物種が各地の雪氷圏の間を自由に往来することは考えにくい．特にユキムシのような無脊椎動物は，移動能力も限られているため，雪氷圏が温暖な地域に分断されていれば，移動することはできないと考えられる．実際，雪氷性の無脊椎動物は特定の地域の氷河のみに分布する固有種であ

ることが多く，ヒマラヤのヒョウガユスリカ，ヒョウガソコミジンコは，ヒマラヤの氷河のみに生息し，コオリミミズは北米の氷河のみ，パタゴニアの無翅カワゲラはパタゴニアの氷河のみに生息している．一方，クマムシやワムシといった，微小な無脊椎動物は，ヒマラヤ，北極，南極など世界中の氷河に生息している．赤雪などの藻類の一部も，世界各地の氷河で繁殖している．これらの生物は，過去のある時期にある地域から世界の氷河へ分布を広げたのかもしれない．

　地球の気候が寒冷だった時代には，現在ばらばらの氷河も一つの巨大な氷河として存在していた．雪氷生物も寒冷な時代の方が，移動中に高温にさらされる危険が少なく，長距離移動できる確率が上がるはずである．したがって，雪氷生物は，寒冷な時代であれば分布範囲を広げることが可能である．その後，気候が温暖になると，分布を広げた生物の集団は各地域に分断される．各地域の集団ごとに遺伝子の変異が蓄積され，独自の進化をすることになる．現在の雪氷生物の分布は，このような気候変動と生物の分散で説明することができるだろうか．

　微生物は，一般にサイズが小さく乾燥して胞子になることができるので，風に巻き上げられ大気を介して長距離を移動することができると考えられる．"Everything everywhere, but the environment selects"というバース・ベッキングというオランダの植物生理学者が唱えた有名な仮説がある．微生物は大気を介して全球的に分散するので，すべての種はすべての地域に存在可能で，地域ごとに種が異なるのは，その地域の環境条件が繁殖可能な種を選択しているためである，という考え方である．雪氷生物も，赤雪のような微生物であれば大気を介して全球の雪氷圏を移動しながら繁殖することは可能だろうか．このことを確かめるには，微生物の種を正確に見分けるためにDNA配列を分析して比較すればよい．

　北極と南極の広い範囲の積雪で採取した赤雪藻類のDNA配列を比較した研究がある（Segawa et al., 2018a）．18S rRNA遺伝子という藻類の種を決める一般的遺伝子の配列を比較すると，両極ともに複数種の藻類が含まれていて，その中の種の一部は確かに南極と北極で共通であることがわかった．しかし，種が同じでも現在種が両極を移動しているわけでなく，単に昔の寒冷期に分布を広げてそれぞれで繁殖している可能性もある．そこで，より進化速度（配列の変化速度）の速いITS（Internal transcribed spacer）という部分の配列を比較すると，さらに細かい同種の中の近縁度を知ることができる．ITSは生物の生存に必要な遺伝子ではないことから，その配列の突然変異は生物の生存に影響しないため蓄積されやすく，変異速度が速いという性質がある．分析の結果，雪氷藻類であるサングイナ属とラフィドネマ属の藻類の一部のITS配列が，北極と南極のすべての地点に共通することが発見された．このことは，赤雪の藻類には，確かに南極と北極を分散する汎存種が存在することを示している．ただし，この配列は一部の藻類に限られ，他の藻類のほとんどは，他の地域とは区別される固有種である．このように両極に繁殖する藻類には，汎存種と固有種が混在していることが明らかになり，思いのほか複雑な分散過程が存在してい

るようである．実際にこれらの藻類がどのように分散しているかは，もっと直接的な証拠を集める必要がある．

　氷河上のクリオコナイトに含まれるシアノバクテリアについては，16S rRNA 遺伝子で世界各地のサンプルが比較されている（Segawa et al., 2017）．その結果，シアノバクテリアでも種のレベルで，世界に共通する汎存種と，特定の地域にしか存在しない固有種があることがわかった．ただし，各地域で優占する種は，汎存種であることが多いが，どの汎存種が優占するかは地域によって異なる．主な汎存種であるフォルミデスミス・プリステレイ（*Phormidesmis priestleyi*）は北極域の氷河で優占し，ユレモ科シアノバクテリアの 1 種（*Oscillatoriales cyanobacterium*）は，アジア山岳域で優占する．汎存種の ITS 配列の分析はまだ行われていないが，これらのシアノバクテリアがどのように全球分散していったのかは，世界のクリオコナイトの形成過程の理解に重要な問題である．［幸島　司郎・竹内　望］

4.3　森林・高山積雪の生態系

季節積雪の生態系

　第 2 章でみてきたように，1 年の中で限られた時期のみに存在する積雪にも，多様な生物が生息している．雪氷生物は毎年繰り返される降雪と融雪のサイクルに，生活環を合わせて活動している．積雪上の生物種の間には食う食われる関係の食物連鎖が成立し，生物間をエネルギーやさまざまな物質が移動していく．主に水で構成される積雪には，水以外にもさまざまな物質が堆積する．大気から供給される溶存化学物質や，森林からの落ち葉，積雪上で活動する哺乳類の尿や糞などである．これらの物質は，雪氷生物の働きによる生物地球化学的プロセスを受けて，変化する．積雪は単に雪が堆積して融解するだけでなく，物質やエネルギーを通して周辺の環境に大きく影響する．このような積雪および積雪中の物質やエネルギーの変化に，雪氷生物はどのように関与しているだろうか．生物群集も含めたこのような積雪での物質循環を理解する，積雪生態系という概念が有効である．

　積雪の生態系は，主に樹林帯と高山帯の 2 つのタイプに分けられる．一般に日本のような温帯の山岳地では，標高の低い場所は樹林帯で，森林限界というある標高を超えると樹木のない高山帯となる．樹木の存在は，樹木の林冠から雪面への物質供給や林冠の日射の遮蔽効果のため，積雪で生息する生物の種類や生態に大きく影響する．日本国内では，樹林帯の積雪生態系は主に山形県の月山で，高山帯の積雪生態系は主に富山県の立山で調査が行われてきた．それぞれの生態系の特徴を整理しながらみていこう．

樹林帯の積雪生態系

　山形県の中心部に位置する標高 1984 m の月山は，日本海からの季節風を直接受けるために毎年 3 m 以上の大量の雪が降る場所である．山頂近くには夏まで営業するスキー場があることでも有名で，積雪は毎年 11 月から積もりだし，8 月頃まで残っている．月山の南側の山麓，標高 700 m 付近にはブナの原生林が広がる（口絵 1）．山麓の志津温泉の集落には，雪は深いが冬期でも車でのアクセスが可能である．このブナ林では積雪は 2 月に最大

3mに達し，6月まで融け残る．この樹林帯の積雪には，さまざまな雪氷生物が毎年出現し，典型的な樹林帯の積雪生態系をみることができる．

この地域では積雪は11月頃に始まる．2月には最大積雪深に達し，例年3m前後まで積もる．雪氷生物が現れるのは，融雪が始まる3月に入った頃である．まず初めに現れる雪氷生物は，セッケイカワゲラである．夏の間渓流中ですごしたセッケイカワゲラ類の幼虫は，12〜3月になると渓流沿いの積雪の壁をのぼって脱皮し，成虫となって雪面に現れる．3月中旬から下旬の晴れた日には，数万というカワゲラが列をなして，上流へと歩いている．4月に入るとカワゲラの数は減って，雪面に落ちた樹皮や落ち葉の周囲にトビムシが活動し始める．4月下旬には，あちらこちらの雪面に藻類の繁殖による緑雪や赤雪などの彩雪現象が，10〜30cm程度のパッチ状に現れる．彩雪現象は，5月にピークをむかえる．彩雪中にはクマムシやワムシなどの微小無脊椎動物が活動している．6月になると，積雪はほぼすべて融けて消滅する．

このような季節による雪氷生物の変化は，季節によって変化する積雪環境に関係している．中でも樹林帯の積雪の彩雪現象は，樹木と密接に関係している（図4.4）．月山の山麓では特にブナとの関係が強い．ブナは，豪雪地帯に優占的に分布する樹木であることが知られている．雪が多い地域では，積雪の重みで枝や幹が折れてしまうことがあり，樹木の生育が妨げられてしまう．ブナは，積雪による荷重がかかっても樹木がたわんで折れることはないという性質があることから，積雪が深くても冬を越すことができる．したがって，豪雪地帯の日本海側の山岳では，雪に強いブナが優占する樹林帯が広く分布する．じつは，このブナの存在は雪氷生物とも密接な関係があることがわかってきた．ブナは落葉樹であるため，秋にすべての葉を落とし，まったく葉のない状態で冬を越す．春になって気温の上がる5月頃に，一斉に新しい葉を開く．この時，冬の間，開く前の葉を保護していた芽鱗という覆いが，大量に林床の積雪の上に落ちる．この芽鱗からは，リン酸などの雪氷藻類の栄養塩が雪面に供給されるため，この開葉のタイミングに合わせて，彩雪現象が現れるのである（Suzuki et al., 2023）．

さらに4月以降の降水は，ほとんどは雨として降り，その雨が林冠の樹木の枝を介して林床の積雪面に降り注ぐこととなる．この林内雨も樹木の枝についたさまざまな物質を溶かし込んでいるために，リンや窒素が豊富であることがわかっている．林内雨による雪面への栄養塩供給も，雪氷藻類の繁殖の引き金になる．さらに，開いたブナの葉は，林床の積雪面に届く日射を抑制する効果があ

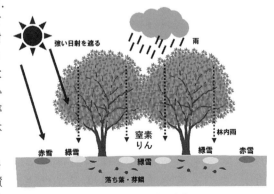

図4.4　樹林帯の積雪生態系

る．このような林床には，クロロモナス属の雪氷藻類の増殖による緑雪が現れる．林冠の影で直接日射が当たることがなければ，赤雪の藻類のようにアスタキサンチンを合成しなくても繁殖することができるからである．

　このように樹林帯の積雪生態系では，雪氷生物と樹木に強い関係がある．月山などの山岳地帯には実際にはブナだけでなくさまざまな樹種が分布している．山岳地の標高による平均気温に合わせて，樹木は垂直分布することが知られている．ブナ林より標高の高い場所ではオオシラビソなどの針葉樹が優占し，さらに高い場所ではダケカンバが分布する．また山岳地でも場所によっては人工的な二次林であるスギが分布する個所もある．それぞれの樹種によって，開葉のタイミングは異なり，雪面に落とすリターの量やタイミングも異なる．まだ，詳しく調査が進んでいないが，森林の樹種ごとに，その林床で繁殖する雪氷生物はそれぞれ種や生態が異なるだろう．

　積雪中の窒素やリンなどの微生物の栄養塩は，樹木由来のものだけではなく，森林で暮らす動物に由来するものもある．森林内には，シカやウサギ，リスやネズミなどの哺乳動物や鳥類が生息し，その尿や糞が積雪表面に落ちれば，雪氷微生物の栄養となる．セッケイカワゲラ等の昆虫類の糞も，積雪上の微生物の栄養となるだろう．それらの定量的な効果はまだわかっていないが，積雪中の微生物活動は，樹林帯のさまざまな生物と結びついている．

雪氷生物の食物連鎖

　複数の生物種が共存する生態系では，生物種の間に食う食われるの関係，いわゆる食物連鎖が成り立っている．生産者である植物は光合成で有機物を合成し，草食動物がその植物を餌として食べ，さらに肉食動物はその動物を餌として食べる．このような各生物の栄養段階や生物全体の食物網を明らかにすることは，ある生物種の生活環や個体数動態，炭素や窒素などの物質の生物間の移動の理解に重要である．雪氷生物の種の間にはどのような食う食われるの関係があるのだろうか．動物の餌資源を調べるには，動物の腸内を調べるのが1つの方法である．もう1つは，生物の体を構成する炭素や窒素原子の安定同位体比を分析する方法である．腸内の観察では，生物がその時に食べていた餌しかわからないが，安定同位体比を使えばその生物が今まで食べてきた平均的な餌を知ることができる．同位体とは，同じ原子番号でも質量数の異なる元素のことを言い，中でも安定同位体とは放射性壊変することなく永久に安定な状態である元素のことをいう．たとえば，生物を構成する主な元素である炭素は，ほとんどが質量数12の炭素原子であるが，わずかに質量数13の安定同位体が混在している．さらに質量数14の炭素原子も混在するが，これは安定同位体ではなく時間とともに別元素に変わっていく放射性同位体である．安定同位体である質量数12と13の炭素の存在比を，炭素の安定同位体比という．同様に生物中の窒素原子も，ほとんどが質量数14であるがわずかに質量数15の安定同位体が混在することから，質量数14と15の窒素原子の存在比を，窒素の安定同位体比という．ある動物の体を構成する炭素と窒素原子は，餌から得たものであるはずなので，その炭素と窒素の安定同位体

比には，餌の安定同位体比の値が反映される．ただし，両者の安定同位体比は同じ値になることはなく，餌から体に取り込まれる代謝過程で，重い同位体が濃縮される，つまり同位体比が大きくなることがわかっている．その値は，ほぼすべての動物に共通で，食べた生物では食べられた餌生物より，窒素安定同位体比が3.5‰，炭素安定同位体比が0.5‰増加する．つまり，生態系を構成する生物の安定同位体比からどの生物がどの生物を食べているのかという関係を推定することができる．

　月山の積雪上で採取した生物の炭素と窒素の安定同位体比を分析した結果，セッケイカワゲラの餌資源は，雪氷藻類というよりは主に落ち葉等であることがわかった．セッケイカワゲラは幼虫期を渓流中で過ごし，水中の落ち葉を食べて成長するため，成虫の体の同位体は渓流中の落ち葉を反映していると考えられる．セッケイカワゲラの成虫は雑食性で，雪の上で藻類などの微生物や他の昆虫の死体を食べたり，時には共食いをすることも知られているが，その量は限定的のようである．一方，雪氷上のトビムシの同位体比は，セッケイカワゲラよりずっと低い値をとることがわかっている．これはトビムシの餌が，同位体比の低い有機物，おそらく地衣類や菌類であることを示している．クマムシやワムシは，腸内の観察から雪氷藻類を食べていることはほぼ明らかである．このように，積雪上の食物連鎖は，単に雪氷藻類を中心としたものではなく，落ち葉や地衣類など，積雪上に堆積する有機物も含めた複雑なものであることがわかっている．

高山帯の積雪生態系

　国内の雪氷圏で，もう1つの重要な生態系が高山帯の積雪生態系である．高山帯は，標高が高いために降雪量が一般に多くなる一方，樹木がないことから強風が積雪に直接吹き付け，雪は降った後も吹き飛ばされて再配分され，凹地などに吹き溜まりとして堆積することが多い．樹木がないため積雪に供給される物質は，大気から供給される物質に限られる（図4.5）．高山帯が始ま

図4.5　高山帯と樹林帯

る森林限界は緯度が高くなるほど低くなる．日本国内では，北アルプスで約2200 m，東北地方で約1300 m，北海道では約1000 mである．

　富山県立山の室堂平（口絵2）は，森林限界を超えた標高2400 mの高原である．立山黒部アルペンルートとして，誰でも高山帯の自然を楽しむことができる観光地として整備されている．この観光ルートは例年4月から11月までの期間にだけ開かれているが，融雪の始まる前の高山帯にバスでアクセスできるので，観光だけでなく，研究にとっても貴重な場所である．

　高山帯の積雪でもまず初めに現れるのは，セッケイカワゲラ類である．高山帯のセッケイカワゲラ類は，樹林帯よりおそい4月から6月にかけて現れる．高山帯のセッケイカワ

ゲラは，主にアプトロペルラ属（セッケイカワゲラモドキ）という，樹林帯のものとは異なる属の種である．高山帯でも多くのカワゲラは，渓流沿いの積雪を上流に向かって歩いている（第2章3）．

　日本の高山帯では，融雪が進む4月から5月にかけて，積雪は茶色に色づくことが多い．中国大陸から飛来した黄砂が積雪中に堆積して，融雪とともに表面に濃縮されるためである．黄砂は積雪のアルベドを下げて融雪を促進する効果があるだけでなく，積雪に微生物の栄養塩となるリンを供給するとも考えられている．最近の研究では，黄砂の一部にはバクテリアが付着しており，黄砂とともに大陸からバクテリアが輸送されてきていることもわかっている．そのバクテリアの一部は雪氷上で繁殖している可能性もある．積雪の融解がさらに進んだ6月から7月にかけて，雪氷藻類の彩雪現象が広く現れる．高山帯に現れる彩雪現象はほとんどがサングイナ属藻類による赤雪である．特に「雪えくぼ」ともいわれる風の効果や融解で少しへこんだ雪面や，斜面に沿ってできる融解水が流れたあとが赤くなる．場所によってクロロモナス属藻類やクライノモナス属藻類も混ざって現れ，まれにクロロモナス属藻類の緑雪のパッチも現れる．7月から8月にかけては，さらに単細胞性のシアノバクテリアが現れることもある．このころになると，積雪表面に堆積した不純物は，黄砂や藻類細胞，花粉などさまざまな無機物や有機物が混合し，積雪表面は黒っぽい色となる．8月にはほとんどの雪は融けて消滅する．

　高山帯の積雪中の微生物が利用する栄養塩は，主に大気由来の成分である．樹林帯の積雪のように樹木由来の栄養は限定的である．高山帯の積雪には，大気を介してさまざまな物質が堆積する．大気中に浮遊する物質をエアロゾルとよぶ．エアロゾルには，たとえば地面から吹き上げられた鉱物ダスト，海洋の波しぶきに由来する海塩粒子，火山の噴煙に由来する火山ガス成分，森林火災などに由来する植物由来成分，人間の化石燃料燃焼に由来するスス，窒素，硫黄酸化物などである．これらのエアロゾルは，降雪粒子に付着（湿性沈着），または大気から直接雪面に降下（乾性沈着）して積雪に堆積する．この中で微生物の栄養になりうるものは，硝酸やアンモニアなどの窒素化合物とアパタイトなどのリン酸塩鉱物である．一般に，硝酸は化石燃料燃焼や肥料起源，アンモニアは肥料や森林火災起源，アパタイトは鉱物ダスト起源のものが多い．これらの積雪中の濃度は，各成分の起源までの距離や風向きなどの大気環境，季節や時代によっても大きく変化する．したがって，高山帯の積雪上の微生物の繁殖は，これらの複雑な要因の影響を受けている．

　栄養塩を含む積雪中に取り込まれた化学成分は，融雪の過程でさらに複雑なプロセスを経る．積雪中の栄養塩の多くは水溶性のため，積雪の融解が始まると融解水に融けてその水の流れとともに下層へ移動し，さらに積雪外へ流出してしまう．したがって，微生物が繁殖する融雪期には，冬の間積雪中に堆積した栄養塩を利用することはほとんどできない．雪氷微生物が実際に利用する栄養塩は，繁殖時に同時に供給されている物質，つまり融雪期間中に供給されるエアロゾルや雨水中の化学物質だと考えられる．積雪環境では，湖沼や海洋のような水中に栄養塩が滞留するような環境とは大きく異なり，表面の融解と雪の

粒子間を流れ下る浸透水に支配される栄養塩の動的な循環が存在するため微生物の繁殖も複雑な要因に制御されている．日本の高山帯には，樹林帯のような高木はほとんど存在しないが，ハイマツという低木が所々に分布している．融雪期には，ハイマツの周囲に彩雪現象が現れることも多い．これは，ハイマツから滴る林内雨による栄養塩供給が藻類繁殖を促しているものと考えられる．ハイマツがある高山帯では，その分布が雪氷藻類の繁殖に大きく影響している．

積雪生態系と物質循環

　積雪中の生物によって年間どのくらい有機物が生産され，その後どのくらい河川に流出または土壌に付加されるのだろうか．有機物だけでなく，微生物の栄養塩となる窒素やリンは，どこからどのくらい積雪上に供給され，そのうちのどれくらいが微生物に利用されるのだろうか．積雪の生態系の評価には，このようなある特定の物質について，定量的な循環過程の理解が重要である．具体的には生物の構成物質や栄養物質である炭素，窒素，リンなどの元素ごとの物質循環である．しかしながら，積雪生態系の物質循環の定量的な研究は，まだあまり進んでいない．

　日本列島の積雪は，冬に集中する降水を山岳地帯に蓄積し，春から夏にかけて山麓に融解水を供給する．つまり，降水と流出に時間差をつくるという重要な効果がある．この効果によって，夏にかけて河川流量が比較的一定に保たれ，農業などに必要な安定した水資源が供給されている．このような水循環に及ぼす効果のほか，積雪には，積雪中に蓄えられた可溶性エアロゾルの化学成分を，春の融解の開始とともに一斉に河川に流出する効果もある．これは溶存化学成分のスプリングフラッシュとよばれ，春の温度上昇時に河川が酸性化する現象の原因ともなっている．このような融解水の化学成分は，河川や湖沼に生息する生物のほか，流域の植生にも影響する．

　このように積雪は地域全体の環境や生態系に重要な役割を果たしているが，それに加えて積雪中の生物活動も周囲の環境に影響を与えている可能性がある．雪氷生物は積雪中の化学成分や融解速度に影響する．このような積雪中の生物地球化学的プロセスが，流域生態系に与える影響力については，まだほとんど考慮されていない．積雪の物質循環に関する定量的な研究が待たれる．　　　　　　　　　　　　　　　　　　　　　　［竹内　望］

4.4　氷河生態系と物質循環

氷河の生態系

　氷河は，降雪が氷へと変化して重力で低い場所に流動し，やがて融解して水となって流れ出る，という水の相変化と力学的変形を伴うシステムである．氷河の変動の理解には，氷河に供給される雪や雨，水の凍結や圧密，流動，融解にかかわる気象や物理的要素を解析する．しかしながら，実際の氷河は，純粋な雪氷だけのシステムとは言えない．氷河には，雪氷以外のさまざまな物質も含まれている．氷河上の雪氷には，大気から落ちてくる物質や微粒子が堆積する．それらの不純物は，氷河流動や融解水によって濃縮や分別を受

けながら下流部へ運搬され，最終的に融解水とともに氷河外へ排出される．さらに，これらの物質は，単に氷河によって物理的に運搬，排出されるだけではなく，氷河に生息する微生物によってさまざまな生化学的反応を受ける．つまり，氷河や氷床は，地球上の物質循環における1つの反応系とみることができる．氷河の微生物の実態が明らかになるにつれて，この氷河の生物地球化学的プロセスの重要性が認知されるようになった．氷河を単に雪氷からなる物理システムと考えるのではなく，生物群集を含めた物質やエネルギーの流れのシステムとする見方が，氷河生態系という概念である．

　第3章で紹介したようなヒマラヤの氷河に生息するさまざまな生物は，ヒマラヤの氷河生態系を構成している．氷河生態系は，積雪生態系とは時間スケールが大きく異なり，数百年から数万年の時間スケールの物質循環を担う．氷河周辺の高山生態系，極域陸上生態系，海洋生態系とも密接にかかわっている．氷河生態系の特徴を整理してみていこう．

氷河生物の生息場所と氷河表面構造

　季節積雪の生態系とは異なる氷河生態系の大きな特徴の1つは，氷河下流部の消耗域にある生息環境である．消耗域表面の氷は，氷河の涵養域で堆積した積雪が数十mの雪に埋もれることで氷化し，氷河流動によって下流部に運ばれたものである．したがって氷河下流部の表面は，雪粒子が重なり合った積雪面とは違って，固い氷である．氷には，積雪のような間隙はなく，密度も高い．融解期には氷の表面は常に融けて，融解水がその表面を流れ下っている．このような雪と氷の違いは，それぞれを生息場所とする生物に大きく影響する．

　さらに氷河下流部の裸氷域は，表面の氷の地形や構造が非常に複雑で不均一という特徴をもつ．涵養域の積雪の表面は，均一な降雪によって形成され，融解時もほぼ均一に融解するので，場所による違いはほとんどない．一方，裸氷域の表面には，氷河流動で変形した氷が露出しているために，さまざまな結晶の大きさや向き，気泡の量を含む氷の複雑な層構造がみられる．さらに，裸氷域表面の不純物は，融解水によって再配分されて特定の場所に集まる傾向がある．不純物が集まった氷の表面ほど，アルベドの低下によって日射を吸収し融けやすくなるので，その結果，不純物濃度によって裸氷域の表面の凹凸が大きくなる．また，表面を流れる融解水の流れは，氷の表面で河川のような水路となり，水路は氷河表面を削り込むような地形をつくる．このような過程によって，裸氷域の表面は空間的に不均一な環境になる．さらにこれらの地形は日単位で変化していく．

　不均一な裸氷域の表面構造の中で，生物の生息場所として重要なものは，クリオコナイトホール，風化氷，融解水流である（図4.6）．クリオコナイト

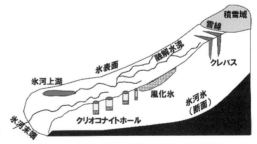

図4.6　氷河の裸氷域表面の生物の生息場所

ホールは，前章で説明した通り，氷の上に黒い不純物が集まることでその底部の氷の融解速度が加速されて形成された，円柱状の水たまりである．このクリオコナイトホールは，多様な生物の生息場所となっていることから，氷河上のオアシスともよばれている．

　風化氷とは，氷河表面に発達する隙間の多い氷のことである．氷河の圧密で形成された氷は，空隙のほとんどない氷であるが，消耗域の表面に現れると日射の影響を受けて隙間の多いガサガサの崩れやすい氷になる．岩石が風化した状態とよく似ているので，風化氷とよばれている．氷が消耗域表面に露出すると，氷の融解は大気に触れる表面だけでなく，氷の内部にも起こる．氷は透明であるので，太陽光は氷内部に入り込む．すると氷の内部からも融解することになる．特に，氷を構成する結晶と結晶の境目（結晶粒界）が光を吸収して融解しやすいので，その結果，消耗域表面には，隙間の多いガサガサした風化氷が形成されるのである．風化氷は，氷の透過率にもよるが，太陽光が差し込む表面から数cm〜数十cmの深さまで発達する．

　融解水流は，融解水が集まって形成された氷表面の水路である．水路ではかなりの速度で融解水が流れているため，水路中ではほとんどの生物はとどまることができない．融解水流に入った生物は，水の流れとともに，氷河の流動でできた割れ目であるクレバスや氷河の底に続く竪穴のムーランに流れ込んで，氷河内部や氷河の底に達する．末端まで流れる水路では，融解水とともに生物はそのまま氷河外へ排出される．一方，比較的流速の緩い融解水流では，底にクリオコナイトなどの沈殿物が堆積することもある．そのクリオコナイトは日射を吸収し，水流の中にクリオコナイトホールを形成することもある．そのような場所では，いずれ流出する可能性が高いが，クリオコナイトを形成する微生物が生息している．

　融解水が氷河表面の凹地に集まって溜まり，氷河上に池や湖を形成することもある．これは氷河上湖またはメルトポンドとよばれる．大きさは直径数mのものから，数百mにおよぶ巨大なものまである．ヒマラヤのヤラ氷河には，大量のクリオコナイトが底に堆積した氷河上湖が存在していた．氷河上湖は，水が排出されない限り冬にはそのまま凍結し，次の夏に再び現れる．ヤラ氷河の氷河上湖では，ユスリカの幼虫が大量に生息して，クリオコナイトを使ってマカロニのような筒状の巣をつくっているのが観察された．グリーンランド氷床では，最大直径数kmにもなる巨大な氷河上湖（メルトポンド）が融解期に多数形成される．衛星画像からも氷河上湖は青い色ではっきりと見分けることができる．水深も数mに達すると思われる．ほとんどは冬に凍結して，次のシーズンにも同じ場所に現れる．ただし，グリーンランドのメルトポンドでは，なにか特別な生物が生息しているような報告はない．

　以上のような表面構造は，氷河流動や気象条件等の物理条件によって形成されるものであるが，そのような表面の変化は，氷河の雪氷生物の分布や生活環に大きな影響を与えている．

氷河流動と長期的な物質循環

　涵養域に積もった積雪は，氷河内に取り込まれ，数百年から数万年かけて下流に移動し，最終的には消耗域の表面に現れる．したがって涵養域の積雪に含まれていた栄養塩や有機物は，数百年後に消耗域の表面に現れて，消耗域の生物群集を養うかもしれない．つまり，消耗域表面の微生物は，数百年前に氷河に堆積した栄養塩や有機物を利用している可能性がある．さらに，栄養塩や有機物だけでなく，微生物そのものも氷河の中で休眠し，数百から数千年後に消耗域に現れて繁殖する可能性がある．このような長い時間スケールの物質循環は，氷河生態系特有の性質である．

　氷河生態系での生物活動や生物生産量を理解するには，氷河生態系への物質の出入りや生態系内での物質移動を理解する必要がある．図4.7は，氷河生態系での物質移動の概略を示したものである．氷河生態系への物質の移入は，雪崩やガケ崩れによる周辺環境からの移入もある程度あるが，主には大気からの移入と氷河の底にある基盤岩からの移入に分けられる．大気から氷河表面に移入する物質には，雪や雨に含まれる化学成分や黄砂のような遠方から運ばれてきた大気からの降下物，また，周辺環境から風で運ばれてくる鉱物粒子や植物片，花粉，昆虫遺体などの有機物粒子などがある．まだほとんどわかっていないが，氷河で増殖している雪氷藻類などの微生物も，おそらく休眠胞子などの形で，周辺や遠方の環境から風で運ばれ，大気から氷河表面に供給されているはずである．一方，氷河の底では，流動する氷河の氷によって基盤岩が常に削られており，削り取られた鉱物粒子や礫の一部が氷河の氷に取り込まれている．

　では，これらの氷河に移入した物質がどのように移動していくかを見ていこう．氷河上

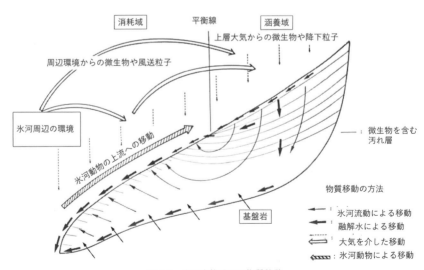

図4.7　氷河生態系での物質移動

98

流の涵養域の表面では，大気から供給された鉱物粒子や有機物，雪に含まれていた栄養塩を利用して，毎年，融解期には雪氷藻類が光合成生産を行い，有機物を生産する．この雪氷藻類や，その捕食者であるトビムシなどの氷河動物，分解者であるバクテリアなどの微生物をたくさん含んだ表層の雪は，秋から冬には深い雪にうめられて，氷河の積雪層の中に取り込まれる．ヒマラヤの氷河では，この微生物と有機物の多い層（夏層）が黒っぽく汚れて見えることが多いので「汚れ層」とよばれている（図3.10）．汚れ層の上には毎年新たな汚れ層が堆積して行くので，汚れ層に含まれる物質はしだいに氷河の深い部分に移動し，氷の中に保存されてゆく．ヒマラヤのヤラ氷河の涵養域で採取した約60 mのアイスコアには，おそらく数百年分と思われる汚れ層が含まれていた．つまり，氷河の氷には過去に涵養域表面で生産された微生物などの有機物が，大気から供給された化学成分や鉱物粒子などと共に大量にストックされているのだ．涵養域で氷河の氷の中に取り込まれたこれらの物質は，年々，氷河の底方向に沈み込むだけでなく下流方向にも移動する．氷河の氷は上流から下流へ向かって常に流動しているからである．したがって，涵養域の表面で増殖した微生物や大気から供給された物質は，図の細い矢印のように，氷河断面の平衡線付近を中心とした同心円状の軌跡をたどって氷河内部を移動し，最後は消耗域の表面に運ばれる．そして，消耗域の表面では融解が進むので，氷の中に保存されていた有機物や栄養塩など，生物活動に必要な物質が，融解に伴って消耗域表面に放出されることになる（図4.8）．また，氷河の底で氷に取り込まれた基盤岩から削り取られた鉱物粒子なども，やはり氷河流動によって消耗域の表面に運ばれ，氷河表面の融解と共に消耗域表面に放出される．つまり氷河生態系では，涵養域表面や氷河底から移入した物質が，氷河流動によって運ばれ消耗域の表面に濃縮される，特徴的な物質移動が見られるのだ．この氷河流動と表面融解による物質濃縮によって，光合成に必要な栄養塩や動物やバクテリアの食物となる有機物が豊富になるため，消耗域表面では氷河生態系の中でもとりわけ生物活動が盛んになると考えられる．

消耗域表面の生物活動が盛んになる理由はそれだけではない．氷河の表面，特に消耗域の裸氷域表面にある物質は，氷河の流動だけでなく，融解水によっても下流方向に運ばれるため，いつかは氷河から洗い流される運命にある．つまり，氷河生態系内では，氷河流動や融解水による洗い流し効果という物理的過程によって，物質の滞在時間が制限されており，いつまでも生態系内にとどまるわけではないのだ．ところが，氷河生態系にはこれらの物理過程による物質の動きに逆らって，生物活動に必要な物質を氷河の上流方向に戻す生物学的過程が存在する．ヒマラヤのヒョウガユスリカに代表される，氷河に定住する

図4.8　ヤラ氷河消耗域の表面に現れた汚れ層

動物の氷河上流方向への移動である．
氷河動物も他の物質と同様に物理的過
程によって常に氷河下流方向に運ばれ
ているため，氷河に定住するためには，
なんらかの方法で氷河の上流方向に移
動する必要がある．この移動に伴って，
移動する氷河動物の体に含まれる栄養
塩や有機物など，生物活動に必要な物
質が上流に戻され，氷河上での生物活
動に再利用されるのだ．つまり氷河動
物の上流方向への移動は，生物活動に
必要な物質の氷河生態系内での滞在時

図 4.9　夜のクリオコナイトホールに現れた大量のヒョウガ
　　　　ユスリカ幼虫

間の延長と再循環を促進する生物学的過程だといえる．また，氷河表面で増殖するシアノ
バクテリアなどの雪氷微生物が，光の吸収効率の高い暗色の色素を生産したり，暗色のク
リオコナイト粒を形成することによって，消耗域表面でクリオコナイトホールなどの止水
環境の形成を促進することも，生物活動に必要な物質の氷河生態系内での滞在時間の延長
と再循環を促進する生物学的過程だといえる．

　つまり消耗域表面での盛んな生物活動と高い生物生産は，氷河流動と表面融解による物
質濃縮という物理的過程に加えて，これらの物質の滞在時間延長と再循環を促進する生物
学的過程によって支えられていると考えられる（図 4.9）．

全球炭素循環と氷河生態系

　氷河の生物活動は，炭素の循環として定量的に評価することができる．氷河の炭素循環
は，大気を介して氷河上に供給された有機物，および光合成微生物によって二酸化炭素か
ら固定された有機炭素に始まる．それらの有機物は，動物やバクテリアなどの従属栄養生
物によって消費される．一部の有機炭素は，微生物によって分解されて二酸化炭素として
放出される．残りの有機炭素は氷河内に蓄積され，さらに一部は融解水の流れによって氷
河外へ流出する．

　現在，大気中の二酸化炭素濃度の上昇が問題となっているが，その正確な将来予測をす
るためには，地表面の各生態系の二酸化炭素濃度の吸収または放出量の推定が欠かせない．
たとえば，熱帯雨林は二酸化炭素を吸収する大きなシンク（吸収源）となっている一方，
有機物の分解量が大きい土壌や湿地帯は二酸化炭素のソース（放出源）となる．氷河全体
の二酸化炭素の吸収量と放出量の収支は，プラスだろうか，マイナスだろうか．プラスで
あれば，氷河は，年間を通して二酸化炭素を吸収していることを意味するので，全球炭素
循環における二酸化炭素のシンクとみなすことができる．一方，マイナスの場合は，氷河
は二酸化炭素を大気へ放出することになるので，氷河は全球炭素循環において二酸化炭素
を放出するソースとなる．氷河がシンクなのかソースなのか．どちらかを決めるためには，

氷河上の炭素収支を観測する必要がある．クリオコナイトホールでの炭素収支観測に基づいて，雪氷生物による全球の氷河の年間炭素収支を見積もった結果，光合成で固定される量が98 Gg，呼吸で分解される量が34 Ggとなり，その差し引き64 Ggが氷河に固定されていることがわかった（Anesio et al., 2009）．この結果に基づいて，氷河は全球炭素循環において炭素のシンク（独立栄養）であると結論付けられている．ただし，今後の気候変動でこの炭素収支も大きく変化する可能性がある．

クリオコナイトによる放射性同位元素の濃縮

　クリオコナイトには，放射性同位元素が濃縮されていることが最近の研究で明らかになってきた．氷河の氷には，他の環境と同じように自然由来の微量な放射性元素が存在する．たとえば，地球の誕生時から岩石に含まれていた地球起源核種である鉛210やカリウム40，ウラン238，トリウム232など，さらに宇宙からの放射線によってつねに生成している宇宙線生成核種である水素3や炭素14，ベリリウム7などが存在する．さらに，セシウム137やヨウ素131など，チェルノブイリや福島の原発事故などによる人為起源核種も存在する．クリオコナイト中のこれらの放射性核種の分析を行った結果，周辺土壌やモレーンなどに比べて有意に濃度が高いことがわかった（Owens et al., 2019）．なぜクリオコナイト中のこれらの放射性物質が濃縮するのかについては，まだはっきりわかっていないが，クリオコナイト中に含まれる腐植物質などの有機物が特異的にこれらの核種を保持する性質があるようである．世界各地の氷河のクリオコナイトが，放射性核種の拡散状況を把握する手段の1つとしても注目されている．　　　　　　[幸島 司郎・竹内 望]

4.5　氷河内部と氷河底の生態系

3つの氷河生態系

　ここまででみてきた氷河生態系は，主に氷河の表面に生息する生物群集で構成される生態系であるが，実は氷河の表面だけでなく，氷の内部や氷河の底にも生物は生息している．それぞれの特徴から氷河の生態系は，表面（supraglacial），内部（englacial），底部（subglacial）の3つに分けることができる（図4.10）．これらの生態系では，それぞれ異なる微生物群集が特有の物質循環を駆動していることがわかっている（Hodson et al., 2008）．

　氷河表面生態系は，前節までに説明してきたような光合成微生物の炭素固定による有機物および大気輸送物質に依存した生態系である．氷河表面環境は，大気と接しているために酸素発生型の光合成

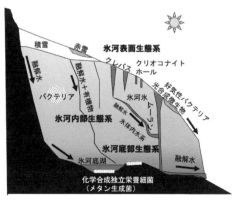

図4.10　氷河の表面・内部・底部の生態系

生物と酸素呼吸に依存する微生物が主に生息する．特にクリオコナイトには，光合成微生物であるシアノバクテリアのほか異化代謝を行うさまざまな細菌が共存し，氷河表面の物質循環のホットスポットとなっている．表面生態系では，光合成微生物に固定された炭素と雪氷中に堆積した窒素やリンが，さらに他の微生物や無脊椎動物によって物質形態を変えて氷河上で循環し，最終的には氷河外へ融解水とともに流出する．

　一方，氷河内部や底部の生態系は，表面生態系と大きく異なり，太陽光の届かない暗黒の環境であり，酸素がない嫌気的環境であることが大きな特徴である．氷河の内部や底部は，表面とは違って直接調査を行うことが難しいため限定的なことしかわかっていなかったが，近年少しずつその実態が明らかになってきた．

氷河内部生態系

　氷河は，厚さ数十～数千 m の巨大な氷の塊である．その内部のほとんどは，雪が圧密してできた氷からなっている．固体である氷の内部が生物の生息場所になっているとは考えにくい．しかし，氷の中には氷の結晶の境界にベインとよばれる液体の水で満たされたミクロな隙間が存在し，この隙間に微生物が生息していることが示唆されている．ベインは鉱物粒子などの不純物があれば，その表面と氷との境界にも形成されやすい．ただし，ベイン中の水は，氷形成時に結晶から排出された溶存化学物質が濃縮されて，強い酸性になっていることが多く，その条件で繁殖できる微生物は限定されるという説もある．

　氷河内部特有の微生物活動の証拠を得た研究の1つがアイスコアである．グリーンランド氷床の表面から深さ 3042 m 付近から掘削された氷試料には，1 mL あたり 6.1×10^7 から 9.1×10^7 細胞のバクテリアが含まれていた（Miteva et al., 2004）．さらに氷の中に保存されていたメタン濃度の分析をした結果，高濃度のメタンを含む層が発見され，これは氷河の氷の中でメタン生成菌が増殖し，有機物の嫌気的分解が起きたことによって生成されたものであった（Lee et al., 2020）．微生物の代謝活性は限定的であるが，氷河内部には氷河表面から供給された有機物や微生物に依存した生態系が存在すると考えられている．氷河の内部には，氷河の表面が融けて生じた融解水の流れが，クレバス等を通して流れ込んで，迷路のような水路（氷体内水系）をつくり上げていることもわかっている．このような氷河内部の水路や洞窟には表面から移入した生物が生息していることが明らかになっている．（図 1.9，1.10）．

氷河底部生態系

　氷河の底部には，光を使わない化学合成によって炭素固定を行う微生物に依存した生態系が存在することが明らかになりつつある．光を使わない化学合成を行う微生物は，化学合成独立栄養細菌とよばれ，無機物の酸化還元反応でエネルギーを得ている．たとえば，硫化水素と酸素からエネルギーを得る硫黄酸化細菌や，酸素のない環境で二酸化炭素と水素からエネルギーを得るメタン生成菌などがある．氷の厚さが数十から数百 m の山岳氷河や数千 m に及ぶ大陸氷床の底面は，日射が届かない暗闇の世界である．氷河底部では，流動する氷河氷が岩盤を削ることによって，鉱物中の反応性の高いケイ酸ラジカルや第一鉄

が定常的に露出し，それが水と反応して水素が生成される．その水素を電子供与体として呼吸に使うメタン生成菌のような化学合成独立栄養細菌が繁殖して有機物を合成し，その有機物生産に依存した生態系が成立している（Dunham et al., 2021）．グリーンランド氷床の底部から排出される融解水には，時期によって過飽和のメタンや反応性の高い鉄イオンが大量に含まれていることが明らかになっている．さらに，この融解水中には，溶存有機炭素や微生物細胞も含まれていることが確認されている．氷床の底部を直接調査することはできないが，このような融解水中の成分から，氷河底部の微生物プロセスが明らかになっている．

氷河底湖

　南極やグリーンランド氷床の底部には，いくつもの巨大な湖があることがわかってきた．これらの湖は，氷河底湖（氷床下湖，氷底湖）とよばれている．特に，南極氷床の底にある湖は，長期間にわたって地表と物質のやり取りのない隔離された環境であり，特有の生物が存在するのではないかと考えられるため，各国の南極観測隊が調査を続けている．

　最初に発見された氷河底湖は，南極氷床の内陸部にあるロシアのボストーク基地の直下で 1980 年に見つかったボストーク湖である（図4.11）．この湖は，氷床からアイスコアをドリルで掘り出すボーリング調査中に偶然発見された．掘削ドリルが深さ約 3000 m に達した時に，掘り出した氷

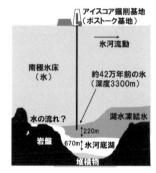

図4.11　南極氷床ボストーク基地の下で見つかった氷河底湖

の質が大きく変化したのだ．この氷は，降り積もった雪が圧縮されて形成された氷河の氷ではなく，一度融けて液体になった水が再び凍った氷（再凍結氷）だった．分析の結果，この氷は，氷床の下にある湖の水が凍りついたものであることがわかったのだ．レーダー調査によって湖の面積は約 1 万 4000 km² にも達することがわかった．厚さ 3000 m 以上の南極氷床の下に，液体の水をたたえた巨大な湖が存在していたのである（Siegert et al., 2001）．

　その後の調査によって，ボストーク湖以外にも，南極氷床には多数の氷河底湖が存在することが明らかになった．これらの湖は，地殻からの熱で氷床底部が融けることによって形成されたものである．氷床の厚い氷の断熱効果によって，地殻からの熱は逃げることなく氷の底部を暖めて融かし，このような湖が形成されたのである．

　南極の氷河底湖には，果たしてどんな生物が存在するのだろうか．これらの湖は，氷床が形成されて以来，数百万年間，地表と隔絶されてきた可能性がある（Bulat, 2016）．一方，最近の調査では，氷床の底にいくつも存在する氷底湖の間では，互いに水のやり取りがあるとも考えられている．湖の微生物は，その水とともに氷床の底に広がっているのだろうか．

［竹内 望］

第5章
世界の雪氷生物と氷河生態系

5.1　パタゴニア：青い氷と氷河カワゲラ

世界第三の氷河，パタゴニア氷原，北氷原と南氷原

　南米アンデス山脈の最南端に位置するパタゴニア地方には巨大な氷河が存在する．パタゴニア氷原である．パタゴニア氷原は南北に位置する大小2つの氷原にわかれており，小さいほうの北氷原はチリに，大きな南氷原はチリとアルゼンチンの国境をまたいで位置している．パタゴニアの南氷原は，南極氷床とグリーンランド氷床に次ぐ，世界で3番目に規模の大きい氷河である．南米大陸の最南端といっても，パタゴニア氷原は南緯46〜51度付近にあるため，気候はそれほど寒冷ではない．北半球に置き換えて考えると，北海道のすぐ北にある樺太（サハリン）島と同程度の緯度の場所に大きな氷河が発達していることになる．なぜ，このような比較的温暖な場所に大きな氷原が発達したのだろうか．

　それは，パタゴニアでは温暖な気候のため融解量が大きいが，それを上回るほど大量の雪が降り積もっているからである．アンデス山脈の最南端に位置するパタゴニアの山々には，太平洋からの水蒸気をたっぷり含んだ強い偏西風がぶつかるため，大量の雨や雪が降る．特に太平洋に面したチリ側で降水量が多いため，パタゴニア氷原の西側にあるチリの海岸付近には，温帯雨林ともよばれるナンキョクブナの湿潤な森が発達している．一方，山脈を超えた空気は乾燥しているため，氷原の東側にはアルゼンチンのパンパとよばれる草原につながる，乾燥した植生が広がっている．

　これはちょうど，日本海を渡った湿った冬の季節風が，日本の脊梁山脈にぶつかって日本海側に大量の雪を降らせ，山脈を超えた乾燥した空気が，強いからっ風となって太平洋側の関東平野に吹きおろす関係と似ている．しかし，パタゴニアの風は日本の冬の季節風とは比べ物にならないくらいに強い．パタゴニアのある南米大陸の南端部は，太平洋と大西洋に挟まれて南北に細長く伸びているため，東西に偏西風をさえぎる陸地がないからだ．また，氷原で冷やされて重くなった空気がつねに吹きおろしている．そのため，パタゴニア氷原，特にその東側は，世界でも最も風の強い場所となっているのだ．最大風速が60 m/sを超えることも珍しくないという．パタゴニアの探検でも知られるイギリスの登山家エリック・シプトンは，この地を「嵐の大地」とよんだ．

　パタゴニア氷原の衛星画像を見れば，氷原から大小の氷河がさまざまな方向にむかって流れ出していることがわかるだろう．これらの氷河は，氷原で形成された大量の氷が溢れ出したものなので，氷河学では溢流氷河とよばれている．氷原から西側に流れ出した氷河は，チリの太平洋岸にある湿潤なナンキョクブナの森を抜けて，フィヨルドの海に流れ

込むものが多い．この森にはハチドリの
仲間やインコの仲間もすんでいる．ハチ
ドリやインコのすむ森と青々とした荒々
しい氷河との組み合わせは，世界でもこ
こでしか見られない景色だろう（図5.1）．
一方，氷原の東側に流れ出した氷河は，
西側とは対照的な乾燥した植生の中を流
れ下る（図5.2）．最後は大きな氷河湖に
流れ込むものも多い．たとえば，南氷原
から東側に流れ下るアルゼンチンのペリ
トモレノ氷河は，湖へ崩れ落ちる美しい

図5.1　ナンキョクブナの森とサンラファエル氷河

氷河が見られる観光地として有名である．
この氷河の末端では，数時間おきに巨大
な氷が湖に向けて崩れ落ちる．氷の青さ
が印象的である．パタゴニアの氷河の氷
が青いのは，氷に含まれる不純物が少な
く，透明度が高いためだと考えられる．
大気中の不純物量は限られているので，
短期間に大量の雪が降ると，雪に取り込
まれる不純物が薄められるからである．

サンラファエル氷河への旅

図5.2　氷原の東側の乾燥した植生

　1983年の11月，日本の氷河調査隊に
加わった筆者（幸島）は，チリのプエルトアイセン港からチャーターした漁船でサンラ
ファエル氷河に向かった．この氷河は北氷原から太平洋側のフィヨルドに流れ出ている大
きな氷河だ．フィヨルドの海は波もなくおだやかだが，頻繁に雨が降り，肌寒い．植物プ
ランクトンをたっぷり含んだ緑色の海だ．両岸にはナンキョクブナの湿った森が延々と続
く．時折，岩場に上陸していたオタリア（ミナミアシカ）の群れが，船の接近に驚いて
次々に海に飛び込む．船のつくる波に乗るために接近してくるチリイルカの姿も見ること
ができた．

　半日ほど進んだ頃，突然，ゴンという大きな音とともにボートが停止した．霧で視界が
悪かったため，暗礁に乗り上げてしまったのだ．幸いボートに大きな損傷はなかったが，
どうしても動けない．結局，水位が上がる次の満潮まで6時間ほど待って，ようやく脱出
することができた．しかし悪いことばかりではなかった．乗り上げた岩場にびっしり付い
ていた大きなフジツボ（ピコロコ）やムール貝（チョリート）をたくさん食べることがで
きたからだ．特にフジツボは握りこぶしくらいある大きなもので，チャールズ・ダーウィ
ンがビーグル号の航海で採集し，晩年に研究したことで有名なものだ．生のまま食べるこ

ともできて，カニのような味がした．パタゴニアの先住民であるマプチェ族の人々は，これらの豊かな海産物のおかげで，食料をもたずに何ヵ月もフィヨルドの海をカヌーで旅することができたのだという．夜は静かな入り江に入って停泊．ウミホタルが光っていた．

二日目の昼過ぎ，進むにつれて，海面に氷河の末端から海に崩れ落ちた大小の氷塊がふえてきた．中には氷山といってもよいくらい大きなものもある．霧と小雨の中，その色は光の加減で深い青から白，透明へと刻々と変わってゆく．形もさまざまで，まるで美しい氷の彫刻のようだ．青白い氷塊の間を縫うように進む．サンラファエル氷河に近づくにつれ，大きな氷塊が増えてきた．

こうしてしばらく進むと，はるか前方に高さ 70 m 以上ある青白い氷の絶壁が現れた．サンラファエル氷河の末端だ（図 5.1）．ときどき，氷河末端の氷壁が大きな音をたてて崩れ，氷塊がしぶきを上げて海に落ちてゆく．時には10階建てのビルほどもある巨大な氷塊がスローモーション・フィルムのようにゆっくりと海中に崩れ込むこともあった．そんな時には，大波が津波のように周囲に押し寄せるので，氷河の末端に近づくのは非常に危険だ．我々は大波を避けるために，氷河末端の少し手前にある入り江に停泊し，そこにあったチリ森林局の小屋を拠点にして氷河調査を行うことにした．

調査は予想以上に大変だった．氷河の下流部はクレバスが多すぎて近づけなかったため，クレバスの少ない上流部まで，氷河の右岸にある湿った森の中を延々と登らねばならなかったからだ．森の中は湿ったコケに覆われた倒木や厚く堆積した落葉で滑りやすく，この上なく歩きにくかった．脚がズブズブと膝まで沈んでしまうこともたびたびだった．連日の雨の中を，びしょびしょになりながら調査機材や野営用具を運んだ．

荷上げは大変だったが，時折，深い霧の中から，黒々とした森を背景に，蒼く美しい氷河の姿を見ることができた．また，森の中にはシルエリージョとよばれる真っ赤な花も咲いており，ブーンという羽音とともに，この花の蜜を吸いにくるハチドリの仲間も一瞬であるが見ることができた．また，この森にはイワインコという，少し地味な色をしたインコも生息している．

氷河と鬱蒼とした森や，熱帯の鳥のイメージがあるハチドリやインコとの取り合わせはいかにも奇妙だ．この事実は，パタゴニアの氷河が，北極や南極，ヒマラヤなどの氷河より，ずっと温暖な気候下で発達していることを示している．そのため，パタゴニアの氷河では氷の温度が高く，表面を除けば 1 年中ほぼ 0 ℃で，真冬でも融解が進んでいる．このような氷河は氷河学的には「温暖氷河」に分類されている．一方，氷温が低く，まったく融けない極地の氷河は「寒冷氷河」，真冬には融けないヒマラヤの氷河は「ポリサーマル氷河」にそれぞれ分類されている．

パタゴニアの氷河に代表される温暖氷河の特徴の 1 つは，流速が非常に早いことだ．調査隊の副隊長だった氷河学者の成瀬廉二氏の測定によると，サンラファエル氷河は，末端部ではなんと最大 1 日に約 16 m，中流部でも 1 日に約 1 m 流動していることが明らかになった．ヒマラヤやアルプスの氷河の流速が 1 日に数 cm 程度であることを考えると，い

かに速いかがわかるだろう．これは，氷温が氷の融点である0℃に近いため氷が柔らかいこと，氷河の底に融解水があって滑りやすいこと，上流の氷原から供給される氷の量が多いこと，などによる．

氷河カワゲラの発見

初めて降り立ったサンラファエル氷河の表面はなだらかな氷の平原のようだった．むき出しの青白い氷が見渡す限り続いている．かなり上流に来たのだが，ここはまだ，この氷河の消耗域なのだ．ヒマラヤに比べ氷河のスケールが格段に大きい．涵養域は，雲と霧の切れ間からときどき見える，はるか上流の北部氷原にある．

同じ消耗域でも，この氷河の表面はヒマラヤのヤラ氷河とはかなり様子が異なっていた．一番大きな違いは，表面の氷が非常にきれい

図5.3　きれいな氷ばかりのサンラファエル氷河の消耗域

で汚れがほとんどないことだ．つまり，ヤラ氷河でユスリカやミジンコの食物となっていた，シアノバクテリアなどの微生物と有機物を含んだ，あの黒っぽい粒状の泥のような物質（クリオコナイト）が，まったくといってよいほど見られなかったのだ．こんなきれいな氷ばかりの環境では，生きものは暮らせないかもしれないと思えてきた（図5.3）．

しかし，やはりここにも生きものは暮らしていた．青白いきれいな氷の上を，なんと体長2cmほどもある黒い虫がトコトコ歩いていたのだ．目を疑うような光景だった．急いで捕まえてみると，それは水生昆虫であるカワゲラ類の成虫（*Andiperla willinki*）だった（口絵14）．日本のセッケイカワゲラと同様に成虫なのにまったく翅がないこと，低温で活発に活動することから，氷河の環境に適応したものであることは明らかだ．ところがその後，数日間探し回ったが，見つかるのは成虫ばかりだった．幼虫はどこにいるのだろう．それに，こんな氷以外何もないように見えるところで，いったい何を食べて生きているのだろうか．残念だが，ここでの調査は時間切れとなった．しかし，これらの謎は，次に調査した北氷原の東側にある氷河，ソレール氷河での調査で解くことができた．

幼虫の生態：氷河の内部水系

ソレール氷河への旅はウマの旅となる．サンラファエル氷河の調査を終えた我々は，氷原の北にあるコジャイケの町を経由してトラックで氷原の東側に移動した．大きな氷河湖であるヘネラルカレーラ湖をフェリーで渡り，終点のグワダルという小さな集落から，さらにゴムボートで氷河に至るU字谷の河口に渡った．河口の小さな牧場で借りられるだけのウマを借りて，谷の源流にある氷河に向かう．しかし，十数頭しか借りられなかったため，荷物を運ぶのが精一杯で，我々はウマの後ろを歩くことになった．

U字谷をさかのぼって氷河に向かう．両岸にはナンキョクブナの森が続くが，サンラ

ファエル氷河周辺の森ほどじめじめしていな
い．道らしい道はなく，荷物を積んだウマを
操って先行するガウチョたちを見失うと迷子
になりそうだ．一番困ったのは川を渡るとき
だ．この辺りではウマに乗って移動するのが
当たり前なので橋というものがないからだ．
時には，脱いだ服を濡らさないように頭に載
せ，パンツ 1 枚で苦労して川を渡った．かな
り恥ずかしい姿だったと思う．

図 5.4　ソレール氷河

　苦労してたどり着いたソレール氷河は，サ
ンラファエル氷河より規模は小さいがクレバスの少ない歩きや
すい氷河だった．上流部は氷原から押し出された氷が急斜面を
流れ下る氷瀑（アイスフォール）となっているので近づけな
かったが，消耗域の下部なら，あちこち歩き回っても安全に調
査できそうだった（図 5.4）．

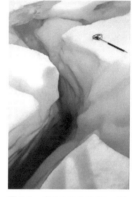

　さっそく氷河に上がって偵察すると，サンラファエル氷河で
見つけた翅のないカワゲラがここでも見つかった．しかしここ
でも，いくら探しても見つかるのは成虫ばかりで，幼虫は見つ
からなかった．カワゲラは水生昆虫なので，幼虫は水中にいる
はずだ．ソレール氷河の消耗域の表面には，大小の融け水の流
れや水たまり，青い水を満々とたたえたクレバス
（図 5.5），融け水が流れ込んでできる深い穴（ムー
ランとよばれる）など，さまざまな水環境があった．

図 5.5　水をたたえたクレバス

だから，これらの場所を集中して調べてみたのだが，
やはり見つからなかった．これらの水環境の水は，
最後はムーランや氷の中にできたトンネル状の水路
から氷河の内部に流れ込んでいた．

　ひょっとすると幼虫は，昼間は氷河の内部にある
水環境に隠れていて，夜にだけ表面付近に出てくる
のかもしれない．そこで日没後に，氷河の表面と内
部の水環境がつながっていると思われる場所を入念

図 5.6　氷河カワゲラの幼虫

に探してみることにした．すると予想どおり，暗くなってしばらくすると，ムーランやト
ンネル状の水路，水の溜まったクレバスの壁を，上に向かってゆっくりはい上がってくる
幼虫たちを見つけることができた．形は成虫とほとんど同じだが，色が少し茶色っぽく，
尾部に水中呼吸のためのエラがあることから，すぐに幼虫だとわかった．やはり，日中は
氷体内水系の深い部分に隠れていたのだ．氷河生物の生息場所は，氷河の表面だけでなく，

108

氷河の内部にも広がっていたのだ（図 5.6）.

　しかも，さらに驚くべきことが起こった．水路の壁を登ってきた幼虫たちが，次々と水中から出て，氷河の表面を歩き始めたのである．通常の水生昆虫の幼虫は水中だけで活動するが，この虫の幼虫は水陸両用だったのだ.

パタゴニア氷河の生態系

　しかし，幼虫たちは，夜，氷河の表面で何をしているのだろうか.

　幼虫を解剖して，消化管の中に何が入っているかを調べたところ，体長1〜2 mm の昆虫に近縁な小さな節足動物であるトビムシ（*Isotoma* sp.）がたくさん入っていることがわかった（図 5.7）．多い時には，1匹の幼虫の消化管から数十匹が見つかることさえあった．目を凝らさないとわからないほど小さいので最初は気づかなかったが，このト

図 5.7　トビムシ

ビムシは氷河の表面付近の氷の中にたくさんいて，昼間，氷河表面の氷をピッケルで砕くと，たくさんのトビムシたちが次々に飛び出してくることがわかった．つまり幼虫たちは，昼間は氷河の深い部分に発達するトンネル状の水路や洞窟などの氷河内部水系に生息しているが，夜になると氷河の表面に出てきて，このトビムシを捕まえて食べていたのである.

　では，そのトビムシたちは何を食べているのだろうか？　体長1〜2 mm の小さな虫を解剖して消化管の中身を確認したところ，彼らは氷河表面の雪や氷の中で増殖する雪氷藻類を食べている事がわかった．つまりパタゴニアの氷河生態系には，一次生産者である雪氷藻類をまずトビムシが食べ，そのトビムシをカワゲラが食べるという，ヒマラヤの氷河生態系より一段複雑な食物連鎖があったのだ．また，パタゴニアの氷河生態系では，糸状シアノバクテリアがおもな一次生産者であったヒマラヤの氷河生態系とは異なり，単細胞緑藻類がおもな一次生産者となっていたのである.

　さらに，その後行われた氷河カワゲラの腸内細菌に関するメタゲノム解析によって，彼らが氷河環境に適応した特殊な腸内細菌や氷河表面に生息する一部の細菌と食物消化などに関する共生関係にあることが明らかになっている（Murakami et al., 2018）.

パタゴニア南氷原でのアイスコア採取

　1999年の11月〜12月には，チリの氷河研究者と協力して，パタゴニア南氷原のチンダル氷河でアイスコアの採取と雪氷藻類の分析を行った．目的は，アイスコア中の雪氷藻類を利用して（第6章），この氷河の年涵養量，つまり涵養域で1年間にどのくらいの積雪があるかを明らかにすることだった．比較的温暖な気候にもかかわらず，パタゴニアに世界で3番目に大きな氷河が発達するのは，温暖な気候による激しい融解を上回る大量の積雪があるからだと考えられる．しかし，実際にどのくらいの量の雪が毎年氷原に降り積もっているかは確かめられていなかったのだ．従来のアイスコア解析では，年涵養量は水の安定同位体比の季節変動を利用して推定されてきた．しかし，パタゴニアのような温暖氷河

では涵養域でも融解が激しいため，融解水の浸透によって夏の降水と冬の降水が混ざり，安定同位体比の季節変化が不明確となるため，年涵養量をうまく推定できなかった．そこで，雪氷藻類を利用したアイスコア解析を試すことになったのである．雪氷藻類は氷河表面の融解が多いほど増えやすいので，この方法は，パタゴニアのような温暖氷河のアイスコアで特に有効だと予想されたからだ．

パタゴニアの氷河の雪氷藻類とクリオコナイト

　アイスコア掘削を前に，氷河の消耗域で雪氷藻類の調査が行われた．ヒマラヤなどの氷河に比べるとパタゴニアの氷河表面は青白くてほとんど汚れていないように見えるが，表面の雪氷をかき取って顕微鏡で見ると，さまざまな雪氷藻類が繁殖していることがわかった．チンダル氷河（図5.8）の表面には，形態をもとに少なくとも7種の藻類が確認できた（Takeuchi et al., 2004）．この中には，北半球の氷河に広く見られる藻類もいれ

図 5.8　チンダル氷河消耗域

ば，パタゴニアの氷河で初めて発見された藻類も含まれる．氷の表面からは，シリンドロシスティス属やメソテニウム属の藻類が見られ，これは北半球の氷河とも共通する藻類である．氷河消耗域のところどころで見られた残雪には，赤雪も観察され，クロロモナス属とみられる球形の細胞が多数含まれていた．一方，北極圏で優占する糸状に連なるアンキロネマ属藻類も観察されたが，細胞サイズが北半球のものよりも3倍近く大きく，おそらく種が異なると思われる．さらに，他の氷河ではまったく報告されていない，三日月形の細胞形態が特徴的なクロステリウム属の藻類が観察された（図5.9）．細胞内が茶色い色素に満たされていることも特徴である．この藻類は，パタゴニアまたは南米固有の雪氷藻類と思われる．

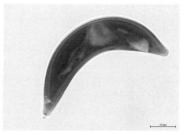

図 5.9　パタゴニアの雪氷藻類，クロステリウム属藻類

　消耗域表面には，クリオコナイトホールも多数観察することができる（図5.10）．ホールの深さは30 cmから50 cmほどのものもあり，パタゴニアのクリオコナイトホールは非常に深いことが大きな特徴である．ホールの沈殿物のクリオコナイトは，北半球の氷河のようなクリオコナイト粒構造はほとんどみられない．有機物量は乾燥重量で2％程度と非常に少ない（Takeuchi et al., 2001b）．シアノバクテ

図 5.10　クリオコナイトホール

リアもごくわずかしか観察されない．ただし，クリオコナイトホール中には，水生のトビムシや，氷河カワゲラが生息していることがよく観察される．

「嵐の大地」でのアイスコア採取

　「嵐の大地」ともよばれるパタゴニア氷原でのアイスコア採取（氷河掘削）は想像以上に過酷な作業だった．アイスコアを採取する，チンダル氷河上流の標高1756 mの掘削地点までの移動と荷上げは，チリ空軍のヘリコプターで行った．しかし，強風のためなかなか飛ぶことができず，結局，ベースキャンプにしていた国立公園の小屋で2週間も待たされる事になってしまった．さすがに時間切れで計画中止かと覚悟したが，幸運にも，その翌日から2日間好天が続き，無事に掘削地点への移動と荷上げを終えることができた（図5.11）．

　掘削地点に着くとすぐに，雪の中に幅2 m長さ10 m高さ3 mほどの大きな洞窟（雪洞）を掘る作業を開始した．氷原では毎日のように強風が吹き荒れ，多量の降雪があることが予想された．だから，強風の中でも安全にアイスコア採取ができるように，雪洞を掘って，そこを氷河掘削のための作業場にしたのだ（図5.12）．この判断は正解だった．2日間かけて雪を掘り，作業場がほぼ出来上がった頃には，おだやかだった天気は急変し，その後は，約1ヵ月後の下山まで，強風と多量の降雪が途切れることなく続いたからだ．しかし，外でどんなに強風が吹き荒れても，雪洞の中の作業場は静かで，安心してアイスコアの採取作業を行うことができた．ただし，大量の雪で入り口がすぐに埋まってしまうため，毎日のように雪洞の中から表面に向かって入口を掘り直す必要があった．また，この雪洞は避難所としても役にたった．寝泊まりや炊事のために用意したテントが，強風と大量の降雪によって壊され，次々に使えなくなったからだ．最終的には，安全のため6名の隊員（日本人3名，チリ人3名）全員がこの雪洞の中で暮らす事になった．

　雪洞を作業場にしたおかげで，悪天の中でもアイスコアの掘削は順調に進み，2週間ほどで表面から約46 mの深さまで掘り進めることができた．しかし，掘削はそこでストップしてしまった．その深さに融解水が溜まった層（滞水層）があり，ドリルが水没したため，それ以上掘り進め

なくなったからだ．このような滞水層の存在は，この氷河では涵養域でも大きな融解が起こっており，氷温もほぼ0℃であることを示している．

　こうしてアイスコアの採取は終わったが，すぐに帰ることはでき

（上）図5.11　アイスコア掘削キャンプ
（右）図5.12　雪洞の中の作業場

なかった．強風のためヘリコプターが飛べなかったからだ．ヘリコプターを待つために，さらに 2 週間ほど雪洞の中ですごすことになった．雪洞の中は風もなく，食料や燃料も十分あったので，比較的快適に過ごせたが，湿度が高いため衣類や寝袋が乾かず，いつも湿っているのが辛かった．結局，クリスマスイブの直前になって，やっとヘリコプターが飛べるくらいに風が弱まった．ところが，氷原の上部に雲がかかっていたため視界が悪く，ヘリコプターは掘削地点まで来ることができず，途中の標高約 1200 m の地点までしか来られないという．しかし，掘削地点からそこまでの間には危険なクレバス帯があるので，歩いて下りるわけにはいかなかった．もっと天気がよくなるまで待つしかないと諦めかけたとき，ベースキャンプで待機していた共同研究者であるチリの氷河学者，ジーノ・カサッサとアンドレ・リベラが驚きの提案をしてきた．ヘリコプターでスノーモービルとソリを標高 1200 m 地点まで運び，彼らがそれに乗って，掘削地点まで我々を迎えに来てくれるというのだ．クレバス帯はスノーモービルで高速

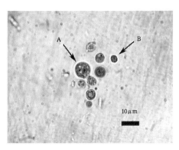

で通過したほうが，雪を踏み抜いて落ちる危険性が低いと考えてのことだ．それでも，視界が悪くて掘削地点にたどり着けない可能性など，かなりの危険が伴うことは確かだ．しかし，彼らは危険を承知でこの計画を実行し，見事に全隊員とアイスコア試料を無事ベースキャンプまで下ろすことに成功した．彼らの勇気ある行動には，いまでも本当に感謝している．

こうして苦労して持ち帰った長さ約 46 m のアイスコアには，クロロモナス属の単細胞緑藻（図 5.13）などの雪氷藻類を

図 5.13　アイスコア中の雪氷藻類

含んだ層（夏層）が 3 層含まれていた（図5.14）．表面付近の層は掘削を行なった 1999 年の夏層，その下の 2 層は，それぞれ 1998 年と 1997 年の夏層だと考えられる．つまり，この厚さ約 46 m，水に換算すると

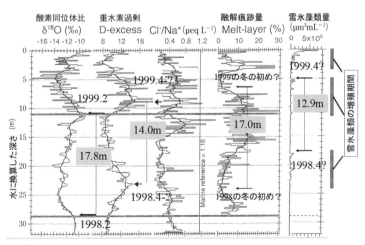

図 5.14　雪氷微生物を利用したパタゴニア氷原のアイスコア解析

約32 mの雪と氷は，わずか2年ほどの間に降り積もったものだと推定されたのだ．特に，1998年の夏層と1997年の夏層の間にある層の水当量から，この間の1年間に堆積した雪の量（年涵養量）は水に換算すると約13.9 mであると推定された．雪氷藻類を利用したアイスコア解析によって，南氷原の氷河の年涵養量が初めて明らかになったのである（Kohshima et al., 2007）．また，涵養量は融解後に残った積雪量なので，年降水量は13.9 mよりずっと多かったと考えられる．日本で最も降水量の多い尾鷲の年降水量は約4000 mm，つまり約4 mである．したがって，チンダル氷河上流の南氷原では，少なくともその3倍以上に相当する世界最大級の年降水量があったことが明らかにされたのである．

［幸島 司郎・竹内 望］

5.2　アラスカの氷河：赤雪とコオリミミズの楽園

アラスカの氷河の雪氷生物

　アラスカは，北アメリカ大陸の北西部に位置する広大な大地である．アメリカ合衆国の州の1つで，その面積は148万 km²である．これはアメリカの州で最も面積が大きく，日本の面積の約4倍に相当する．アラスカの大部分は寒冷気候で，山岳地帯には数多くの氷河が分布し，冬には大地全体が積雪に覆われる．一方，夏には積雪のほとんどは融けてなくなり，緑濃い原生林が広がり，野生動物の天国となる．雪氷が融け始める夏には，多様な雪氷生物を見ることができる．

　日本とは別世界と思われるアラスカには，実は太平洋に沿って険しい山脈が延びる地形や各地に点在する温泉など，日本列島との共通点も多い．これはアラスカも日本列島も，プレートの沈み込み帯に沿って形成された大地であるという共通の地質的な背景があるためである．日本列島に沿った日本海溝や南海トラフに沈み込むプレート運動は，日本列島の山岳地帯を形成する原動力となり，第2章で説明した通り日本海の形成とともに豪雪地帯を生み出した．アラスカの太平洋側に沿って存在するアリューシャン海溝にも，太平洋プレートが沈み込み，アラスカ南部の山岳地帯を形成した．この山岳地帯も太平洋からもたらされる水蒸気によって，大量の雪が降り多数の氷河が発達する地帯となっているのである．この視点から見れば，日本列島もアラスカも，太平洋を取り囲むように存在する環太平洋豪雪地帯の一部として特徴づけることもできる．

アラスカの気候と氷河

　広大な面積を誇るアラスカは，大部分が寒冷な大地とはいえ，北から南まで気候や植生などの自然環境は多様である．アラスカの北側半分近くが北極圏に入るため，夏は白夜で日が沈まず，冬は極夜で暗闇の世界となる．夏に日が沈まないことは，氷河上に繁殖する光合成生物にとって大きな意味をもつ．

　アラスカの氷河は，主に東西に延びる3つの山脈に存在する（図5.15）．その山脈とは南から，太平洋海岸山脈，アラスカ山脈，ブルックス山脈である．これらの山脈はそれぞれ異なる気候条件にあることから，氷河の特徴もそれぞれ異なる．最南部の太平洋海岸山脈

では，太平洋から大量の水蒸気が入り込むために，
降水量が多い．氷河の涵養量が大きいため巨大な氷
河が発達している．山脈の南斜面を流れる多くの氷
河は，末端が太平洋に流れ込んでいる．

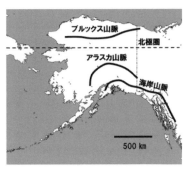

図5.15　アラスカの地図

　アラスカ中部のアラスカ山脈は，北米最高峰のデ
ナリ（旧マッキンリー山，標高6190 m）が位置する
山脈である．巨大な山体であるデナリからは，ルー
ス氷河という大きな氷河が流れ出している．デナリ
登山のベースキャンプはこの氷河上につくられる．
ルース氷河以外にも，大小多数の山岳氷河が存在す
る．アラスカの最北部を東西に伸びる山脈が，ブ
ルックス山脈である．3つの山脈の中ではこのブルックス山脈だけが北極圏内に位置して
いる．ブルックス山脈の北側は，広大なツンドラ平原が広がり，その北側は北極海である．
ブルックス山脈は，水蒸気源となる太平洋から遠く離れているため，大きな氷河は存在し
ない．山脈の東部に小型の山岳氷河がいくつか分布しているが，これらの氷河に行くため
の道路はなく，小型飛行機で行くしかない．この山脈の氷河の1つ，マッコール氷河は，
古くから氷河学的調査が行われている．

藻類学者エリザベート・コル

　アラスカの雪氷生物の研究は，20世紀の前半
から始まっている．藻類学者エリザベート・コ
ルによって，アラスカの雪氷藻類が初めて広く
詳細に記載された．コルは，ハンガリー国立博
物館の植物学部門の藻類分類学者で，1940〜70
年代に，ヨーロッパだけでなく世界各地を訪れ
て雪氷藻類を記載する多数の論文を残した，雪
氷藻類研究の先駆者である．1936年にコルは海
路でアラスカを訪れる機会を得て，南部の海岸
部チュガチ山脈から，内陸部アラスカ山脈，
フェアバンクスを経て，南部セントイライアス
山地に至るアラスカの氷河や積雪を周回して調
査を行った．そこで得られた雪氷藻類について，
1942年に「アラスカの雪氷藻類」という論文を
発表した（Kol, 1942）．そこには，シアノバク
テリアから緑藻まで，美しいカラーのスケッチ
とともに数十種の藻類が記載されており，主に
積雪に現れる種と，氷河の氷表面に現れる種に

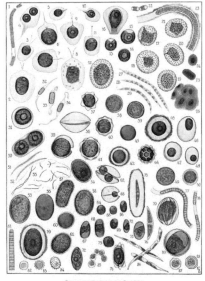

CRYOVEGETATION OF ALASKA
(For explanation, see pp. 35-36.)

図5.16　Kol（1942）の描いた雪氷藻類

分類されている（図5.16）．クラミドモナス・ニバリス（現サングイナ・ニバロイデス）やアンキロネマ・ノルデンショルディ，メソテニウム・ベルグレニなど，おもだった氷河の藻類はすべてこの論文に丁寧に記載されており，藻類に寄生するツボカビについても報告されている．しかし，それから50年以上，アラスカの雪氷生物の研究は誰の興味を引くことなく止まったままであった．

アラスカ山脈グルカナ氷河

アラスカ山脈に位置するグルカナ氷河は，現在では雪氷生物に関する研究が最も進んでいる氷河である（図5.17）．グルカナ氷河は，アラスカを縦断する自動車道に近く，車と徒歩によるアクセスが可能な氷河である．駐車場から歩いて約1時間で氷河に上がることができるので，トレッキングに訪れる人も多い．アクセスがよいことから，古くから氷河研究の対象地となってきた．この氷河の観測を1960年代から毎年行なってきたのが米

図5.17　グルカナ氷河（2010年）

国地質調査所（USGS）である．USGSは，長期にわたる気候変動が氷河に及ぼす影響を調べるために，全米で3つの氷河のモニタリングを実施している．グルカナ氷河は，そのうちの1つである．グルカナ氷河は，全長が約4kmで，末端から上流部の涵養域まで歩いて調査することができる．

グルカナ氷河では，2000年から雪氷藻類の調査が行われている．グルカナ氷河上で見つかった雪氷藻類は7種である（Takeuchi, 2001）．ヒマラヤの氷河同様に，各種藻類は高度分布が異なる．上流部積雪域には，赤雪藻類のサングイナ・ニバロイデス（旧クラミドモナス・ニバリス），下流部裸氷域には，北極域氷河に共通してみられる緑藻，アンキロネマ・ノルデンショルディ，アンキロネマ・アラスカーナ（旧メソテニウム・ベルグレニ），シリンドロシスティス・ブレビソニ，中流部には世界中の積雪で見られるラフィドネマ属藻類，さらに糸状シアノバクテリア2種類が生息していた．藻類のバイオマスは，氷河中流部の裸氷域で最も高くなる．下流域ほど藻類バイオマスが高かったヒマラヤの氷河とは，この点も異なる．アラスカの氷河では緑藻が優占し，緑藻はシアノバクテリアのようにクリオコナイトという集合体をつくれない．したがって，融解水の流れの多い下流域では緑藻が流されてしまうため，このような藻類バイオマスの分布になると考えられる．

グルカナ氷河では，雪氷藻類の季節変化も詳しく調べられている（Takeuchi, 2013）．冬期に完全に氷河を覆っていた積雪の融解が始まるのは，4月下旬頃からである．標高の低い氷河下流部の積雪から融け始め，氷河末端の氷表面が露出するのは6月に入る頃である．本格的に融雪が始まる5月には，氷河上に限らず周辺の積雪面にも赤雪が発生する．赤雪

は，標高の低い場所から出現し，季節が進むとともに標高の高い場所へと分布が移ってい
く．6月には氷河上の積雪に赤雪が発生し，積雪域と裸氷域との境界線となる雪線の上流
側に赤雪が広がる．積雪の融解とともに氷河上の雪線高度は上昇し，それに伴って赤雪の
分布高度も上昇する．赤雪は，融雪期である5月から新雪が降る9月まで，つねに雪線付
近で発生し続けるのである．ただし，標高によって藻類細胞の形態が異なることもわかっ
ており，季節によって現れる藻類の種が変わっている可能性がある．氷河に裸氷域が現れ
ると，その表面ではアンキロネマ属藻類が繁殖を開始する．露出した氷表面で徐々に増殖
し，そのバイオマスは氷河中流部では8月に最大となる．その他の緑藻やシアノバクテリ
アも，裸氷域の露出に合わせて繁殖していく．

　グルカナ氷河では，藻類だけでなくバクテリアの高度分布も明らかにされており，藻類
同様に種類によって高度分布が異なることがわかっている（Segawa et al., 2010）．さらに，
単細胞性の真菌類である酵母も，氷河上に広く分布していることが明らかになった
（Uetake et al., 2012）．これらの微生物は藻類が生産した有機物を分解していると考えられ
る．

　グルカナ氷河裸氷域には，他の氷河同様にクリオコナイトホールがみられる．大きさは
10 cm前後のものが多く，深さも数cm〜10 cm程度である．底部には暗色のクリオコナイ
トが堆積しており，クリオコナイトには，シアノバクテリアによる集合体であるクリオコ
ナイト粒も含まれている．ただし，ヒマラヤなどのアジアの氷河に比べると，粒のまとま
り方がゆるい．クリオコナイト粒を形成する糸状シアノバクテリアは，フォルミデスミ
ス・プリエストレイという北極域の氷河で優占する種が主である．クリオコナイトの有機
物含有量は7%程度で，他の氷河とほぼ同様である．氷河表面のクリオコナイト量は，お
よそ100 g/m²程度で，ヒマラヤなどのアジアの氷河に比べるとかなり少ない．このことは，
後で述べるクリオコナイトの融解加速効果がアジアよりは小さいことを意味する．

　グルカナ氷河に生息するユキムシは，トビムシ，クマムシ，ワムシである．トビムシは，
氷河上に落ちている岩石の周囲に集まるように分布している．クマムシは，少なくとも体
色の黒いものと透明なものの2種類が生息しているが，詳しい分類はまだ行われていない．
しかし，他の北極圏の氷河に生息するクマムシとは種が異なるようである．

鮮やかな赤雪

　アラスカの中心都市，アンカレッジから南西方向に100 kmほど離れた場所に，ハー
ディング氷原とよばれる巨大な氷河がある．ハーディング氷原は，アラスカ南部の海岸山
脈の西側の延長上にあり，キーナイ半島というアラスカから南西に向かって伸びた半島を
覆う氷河で，その大きさは長さ80 km，幅が50 kmにも及ぶ大きな氷河である．氷原中心
部は標高1200 mの平坦な涵養域の雪原になっており，四方に向けて溢流氷河が流れ出し
ている．南側は太平洋に面し，溢流氷河の末端は海へ流れ出している．ハーディング氷原
全体が国立公園に指定されており，氷原の東側に位置する溢流氷河であるエクジット氷河
の末端にビジターセンターがあり，誰でも車で訪れることができ氷河を間近に見ることが

できる．エクジット氷河沿いには登山道が整備されており，約5時間かけて登りきると
ハーディング氷原の涵養域の雪原に出ることができる．氷河に削られた山々と広大な雪原
の風景は絶景である．

　このハーディング氷原には，毎年夏に大規模な赤雪が発生する．グルカナ氷河でも積雪
域の大部分が赤くなるような赤雪が発生する通り，アラスカは，他の地域に比べても赤雪
の規模が大きい．ハーディング氷原は，積雪域の面積が広大なため，その分赤雪の広がり
が大きくなる．ハーディング氷原の涵養域の標高1000 m付近の大雪原は8月になると，全
域が赤雪に覆われる．実際にその雪原の上に立つと，氷河一面の赤雪の広がりが見事であ
る．その赤雪の規模は衛星画像からでも見えるほどである．LandsatやSPOT衛星などの
高い空間解像度で可視近赤外域に複数の撮影バンドをもった衛星であれば，氷河上の赤雪
の広がりを定量的に解析することができる（Takeuchi et al., 2006a）．衛星画像から赤雪の
炭素量の推定も可能で，ハーディング氷原全体で繁殖する赤雪を炭素量に換算すると，1.4
トンにもなると見積もられている．さらに赤雪は，雪面のアルベドを下げて融解を加速す
る効果があることから，この氷原でも赤雪による融解加速が顕著であることも明らかに
なっている（Ganey et al., 2017）．

氷河に生息する不思議なコオリミミズ

　コオリミミズは，学名 *Mesenchytraeus solifugus* といい，分類学的にはヒメミミズ科に分
類され，普段土の中でみかけるミミズと同じグループである（口絵13）．コオリミミズは，
北米の氷河のみに生息し，他の地域には存在しない．コオリミミズは古くから存在は知ら
れていたものの，生物的な研究はわずかにすぎなかった．ようやく最近になって研究が進
み始め，その不思議な生態が少しずつ明らかになってきた．

　筆者が初めてコオリミミズを見たのは，アラスカのバイロン氷河という雪渓のような小
さな氷河である．アンカレッジから車で3時間ほどの場所にある．土砂降りの中トレイル
を歩いて氷河に向かい，霧に包まれた氷河を歩いてしばらくすると積雪上に数匹のコオリ
ミミズが動いているのを見つけることができた．バイロン氷河のトレイルに入る入口にビ
ジターセンター（Begich-Boggs Visitor Centre）があり，そこではこの氷河で採取された
コオリミミズが生きたまま展示されている．

　コオリミミズの特徴の1つは，夜行性であることである（Goodman et al., 1971）．このミ
ミズは，日中は雪に深く潜っているため，ほとんど目にすることはできない．夕方になっ
て日が傾き始めると移動を開始し，いっせいに雪の表面に現れる．アラスカ南西部のハー
ディング氷原には，無数のコオリミミズが生息している．日中はまったく見られないが，
日が暮れ始めるといっせいに無数のコオリミミズが雪面に姿を現す．その数は，1 m² あた
り500匹を超えるほどの密度で，足の踏み場もないほど無数のミミズが氷河の表面に現れ
るのである．その光景は，なかなか印象的である．コオリミミズは，生きたまま実験室へ
持ち帰り，冷蔵庫にいれてしばらく飼うことができる．特に餌を与えなくても，半年は生
きている．ただし，冷蔵庫から出してそのままにしておくと，常温環境には弱くすぐに死

んでしまう.

　コオリミミズのおもな餌は, 雪氷藻類である. コオリミミズは, 赤雪の表面に集中して現れる. ミミズの腸内を調べると, 赤い藻類細胞が多数含まれている. コオリミミズは, 氷河の涵養域だけでなく, 消耗域にも生息している. 消耗域のコオリミミズは, クリオコナイト中の有機物や雪氷藻類を食べていると思われる. パタゴニアのカワゲラ同様に, コオリミミズの腸内細菌を調べた研究もある (Murakami et al., 2015). コオリミミズの腸内には, 好冷性の細菌 (好冷菌) が見つかっており, 寒冷環境の無脊椎動物も好冷菌との共生関係にあることが示唆されている.

　コオリミミズの謎の1つは, 北米のすべての氷河に生息しているわけではなく, 特定の氷河にだけ分布していることである. コオリミミズが生息するのは, 主にアラスカの南岸, 太平洋沿いに広がる太平洋海岸山脈の氷河である. アラスカ内陸部のグルカナ氷河には生息していない. アラスカの太平洋海岸山脈の中でも, すべての氷河に生息しているわけではない. 一方, カナダのロッキー山脈の氷河や, アメリカ, シアトル郊外のレーニア山の雪渓には多数生息している.

　なぜ, 特定の氷河にだけ生息しているのか. 何か特別な条件があるのだろうか. 1つの仮説は, かつて2万年前に存在した北米の巨大氷河, ローレンタイド氷床との関係である. コオリミミズは, 氷期にはローレンタイド氷床に沿って生息場所を広げていたが, 氷期が終わって氷床が縮小し, いくつかの氷河にわかれるにつれて, コオリミミズもそれらの氷河に分散していったと考えられる. しかし, 氷期にもローレンタイド氷床とつながっておらず, 地理的に独立して存在していた氷河には, コオリミミズは分散できなかったため, 現在も生息していないのではないかという考えである. アラスカからカナダ, アメリカ本土に至る北米大陸西側の複数の氷河からコオリミミズを採取し, 遺伝的関係を調べた研究によると, コオリミミズは遺伝的には少なくとも二つのグループに分けられることがわかった (Dial et al., 2012). ただし, 同じグループのコオリミミズが, 必ずしも地理的に連続した場所にある氷河に分布しているわけではなかったので, コオリミミズの遺伝子交流の程度は氷床や氷河が互いにつながっていたかどうかだけでは説明できないことがわかった. コオリミミズは, 氷河に飛来する鳥に食べられていることが頻繁に目撃されている. したがって, これらの鳥によって分布域が広げられた可能性も考えられる. このようにコオリミミズの分布や移動, 分散過程にはまだ謎が多い.

　コオリミミズはいまのところ北米の氷河にしか確認されていないが, アジアのチベットの氷河でコオリミミズが目撃されたという情報がある. その目撃情報をもとに, アラスカの生態学者ローマン・ダイアル氏が中国雲南省の山奥の氷河を回り, コオリミミズを捜し歩いたが, 残念ながら見つからずに終わってしまった. 中国雲南省では, まだ雪氷生物の調査がほとんど行われていないため, 今後しっかりと調査をすれば見つかる可能性はある. ただし, その場合, なぜ北米とアジアという地理的に離れた場所にコオリミミズが生息しているのか, という問題が生じることになる.　　　　　　　　　　　　　　　［竹内　望］

5.3 北極域の氷河

北極の氷河

北極は，北極点を中心に広がる北半球最大の寒冷地帯である（図5.18）．夏至の日に太陽が沈まない白夜となる範囲，つまり北緯66.6度以北の領域が，北極圏と定義される．北極圏は厳密に定義された領域であるが，北極域はその周辺地域も含めたより広い領域を指して用いられる．北極域は，南極が海に囲まれた大陸にあるのとは対照的に，北極海という海が大陸に囲まれているという独特の地理条件をもっている．北極の中心には海洋があるために，北極の雪氷の量は南極よりも少なく，また平均気温も南極よりも高い．同じ極地でも北極と南極では，このように条件が大きく異なる．北極海は，大西洋

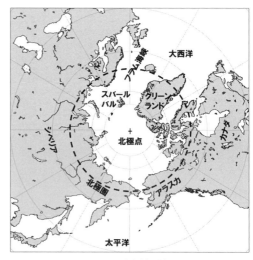

図5.18　北極域の地図

と太平洋につながっている．太平洋との水路であるベーリング海峡は水深平均47mと浅く海水の出入りは限定的であるのに対し，大西洋とつながるフラム海峡は水深2600mを超える深い水路で，北極海は大西洋の一部を形成する地中海とみなすこともできる．北極海の物理，化学，生物は，ともに大西洋と強いつながりがある．

北極海は冬季にはほとんど凍り付いて海氷に覆われるが，夏季には海氷は一部の多年氷帯を除いて融けて海水面が露出する．海氷面積は，1年を通して拡大と縮小を繰り返すが，その面積はどの季節でも近年着実に減少していることがわかっている．地球温暖化による気温や海水温の上昇のためである．海氷も雪氷圏の一部で，さまざまな生物が生息している．ただし，その生物のほとんどは海洋に由来する種であるため，本書で扱うような雪氷生物とは区別される．

北極圏の氷河は，北極海を取り囲む陸地に発達している．北極海を取り囲むのは，主にユーラシア大陸，北米大陸，それとグリーンランド島である．グリーンランド島は，世界で最も面積の大きい島で，そのほとんどが氷河で覆われている．グリーンランド島を覆う氷河は，グリーンランド氷床とよばれ，前章でも紹介した通り，南極氷床に次ぐ質量をもつ大きな氷河である．ユーラシア大陸には，約2万年前の氷期にはフェノスカンジナビア氷床などの巨大な氷河が存在していたが，現在は山岳地を中心に小さな山岳氷河が分布しているだけである．現在残っているユーラシア大陸の北極域の氷河は，北欧のノルウェー

とスウェーデン周辺の氷河，ロシア領の北極海の島に発達した氷河や氷帽，ロシア領東部の山岳地帯の氷河である．北米大陸には，前節で紹介したアラスカの氷河とカナダの北東部のヌナブト準州の島嶼に発達している氷河や氷帽がある．グリーンランドとユーラシアの間には，ノルウェー領のスバールバル諸島があり，多数の氷河が発達している．

　以上の北極圏の氷河の中でも，グリーンランドやスバールバルの氷河や積雪では，古くから雪氷生物の研究が行われてきた．第 2 章，第 3 章で説明した通り，19 世紀に欧米の北極探検家らが頻繁に訪れていたためである．特に赤雪やクリオコナイトについてはこれらの地域で古くから報告が残されている．現在でも，欧米の研究者らは地理的に近いこともあり，大規模な雪氷生物の研究プロジェクトを展開している．

　北極域の陸上には永久凍土が広がっている．永久凍土も，雪氷圏の一部であるが．土壌中の水分の凍結によって形成された土壌と雪氷の混合体である．永久凍土の中からも，好冷性の微生物や，さらに氷期に活動していたと思われる古い微生物も発見されていて興味深い（Vishnivetskaya et al., 2000）．しかし，永久凍土における生態系は，ほぼ純粋な雪氷で構成される氷河や積雪の生態系とは大きく異なるため，両者は区別される．

　氷河や積雪，海氷，永久凍土というさまざまな雪氷圏が占める北極域では，地球温暖化の影響が最も大きい場所として近年さまざまな研究が行われている．将来の地球温暖化予測では，北極域の気温上昇が世界で最も高い．これは，北極海の海氷面積が小さくなることで，海氷のアルベド効果（日射を反射する効果）が減り，急激に太陽エネルギーの入射量が増えるためである．このような気候変動に対する北極の敏感な反応は，温暖化増幅効果とよばれる．温暖化の影響を最も受けるという意味でも，北極の雪氷生態系の実態を理解することは重要である．

北半球最大の氷河，グリーンランド氷床

　北半球では最大で世界第 2 の氷床であるグリーンランド氷床は，南北に 2900 km，東西に最大 1100 km の幅をもつ巨大な氷河である（図 5.19）．氷の厚さは最大で 3000 m に達する．島の面積は 217 万 km^2 で，そのうち氷床の面積 176 万 km^2 が 8 割に相当する．グリーンランド氷床から掘削されたアイスコアからは最終間氷期までさかのぼれることがわかっているので，少なくとも過去約 13 万年分の積雪を保持していることになる．最近では，北西部の氷床底部には 100 万年以上前の氷が存在していることが示唆されている．氷床の氷の量は，すべてが融けると世界の海水準を約 7 m 上昇させるだけの水量に相当する．

　グリーンランドは，デンマーク王国

図 5.19　グリーンランド氷床

領で，人口5.6万人の約9割は先住民族のイヌイットである．海岸沿いの氷床に覆われていない土地に，いくつもの街や集落をつくって生活している．グリーンランドの首都はヌークという町で，南西部に位置している．ヌークの近くにはイスアという，地球上で最も古い36億年前の岩石の露頭で有名な場所がある．地球最古のシアノバクテリアの化石もここで見つかっている．グリーンランドに行くには，デンマークの首都コペンハーゲンからの直行便を利用して，カンゲルルススアークという南西部の街にまず入りここから小さなプロペラ機に乗り換えて，グリーンランド各地の街に向かう．カンゲルルススアークの北には，イルリサットという街があり，ここには世界自然遺産にも登録されているアイスフィヨルドがある．大きなフィヨルドの入江には，氷床の溢流氷河の1つから崩れて流れてくる巨大な氷山が無数に浮いている．その風景は見事で，多くの観光客が訪れる場所でもある．

グリーンランド氷床の質量減少

　グリーンランド氷床は，南極氷床に次ぐ地球第二の大きさの氷河であるが，地球温暖化による融解量（質量減少）は南極氷床以上であるとして，現在世界の研究者の注目を集めている．グリーンランド氷床が，南極氷床よりも融けやすい理由の1つは，より低緯度にあり気温が高いためである．グリーンランド氷床の質量減少は，特に21世紀に入ってから加速している．グリーンランド氷床のような巨大な氷河の変化を正確に把握することは現地観測だけでは難しかったが，21世紀以降，人工衛星を使ったリモートセンシング技術の発達により，はっきりとその変化が明らかになってきた．観測の結果，その質量減少量は1年あたり平均2780億トンとなり，これは世界の平均海面高度を毎年0.77 mm上昇させる量に匹敵する．IPCC（気候変動に関する政府間パネル）の将来予測では，グリーンランド氷床の融解は，最も温暖化が進んだ場合の見積もり（RCP8.5シナリオ）で，21世紀末までに世界の平均海面高度を15 cm上昇させるとされている．

　21世紀以降のグリーンランド氷床の融解の観測結果は，従来の予測をはるかに超える量であったことが，世界の研究者を驚かせている．このことは，現在の融解速度は，単に温暖化による気温の上昇だけでは説明できないことを意味している．温暖化以外の融解加速の原因とはなんなのか．その原因の1つとして現在考えられているのが，雪氷微生物の効果である．前章でも述べた通り，もともと白い雪氷上で雪氷微生物が繁殖すると，赤や黒に着色される．このような色の変化は，雪氷面の光の反射率を下げて，日射の吸収量を増やすため，氷河の融解を加速するのである．雪氷面が暗い色に着色する現象を，暗色化現象とよぶ．グリーンランド氷床の雪氷微生物による暗色化は，IPCCの第6次報告書（2021年）でも取り上げられたことで，世界の注目を集めた．現在，雪氷微生物による氷床の暗色化，特に暗色色素をもつ緑藻であるアンキロネマ属の繁殖と氷床の融解について，欧米の研究者が重点的に研究を進めており，グリーンランド氷床は，いまでは雪氷微生物の生態の研究が最も進んでいる氷河の1つとなっている．

グリーンランド氷床の雪氷生物

先に述べた通り，クリオコナイトの名づけ親であるノルデンショルドが，19世紀の末にクリオコナイトを発見したのがグリーンランド氷床である．ノルデンショルドは，グリーンランドの南西部に上陸し，氷床上を探検した．その時に氷床表面に足の踏み場もないほどクリオコナイトホールが広がっていることに気がつく．鉱物学者でもあったノルデンショルドは，クリオコナイトホールの底の黒い沈殿物は，見渡す限り氷しかないグリーンランド氷床上のどこからきたのか，という疑問をもった．そこでクリオコナイトを持ち帰って分析したところ，微小な藻類が含まれていることを発見したのだ．ノルデンショルドは，同僚の植物学者であるベルグレンに声をかけて，グリーンランド氷床上の藻類の正体を明らかにしようと試みた（図5.20）．現在グリーンランドをはじめ，北極圏の氷河に広く見られる2種の緑藻類は，それを初めて観察した二人の名前にちなんで，それぞれアンキロネマ・ノルデンショルディ，メソテニウム・ベルグレニと名づけられている．

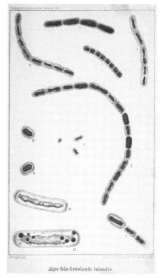

図5.20　Berggren（1871）の描いたグリーンランドの雪氷藻類

ノルデンショルドによるクリオコナイトの発見後，グリーンランドの雪氷生物研究の舞台となったのは，戦後，グリーンランド北西部につくられた米軍のチューレ空軍基地の周辺である．1949年にチューレを訪れたポーランドの地理学者ローマン・ガイダは，氷上に広がるクリオコナイトの詳細な調査を行った．氷表面に帯状に広がるクリオコナイトを記載し，クリオコナイトに雪氷の融解加速効果があることを初めて指摘した（Gajda, 1958）．この研究から，クリオコナイトは単に生物学的な研究対象であるばかりでなく，氷河学的にも重要であることが認知されるようになった．クリオコナイトホール中の微生物の具体的な分類は，米陸軍雪氷凍土研究所の所属のガーデルとドロイトによって行われ，緑藻5種，シアノバクテリア3種，菌類4種，さらにワムシなどの動物の存在も記録された（Gerdel et al., 1960）．以上のようなグリーンランド氷床で発見された雪氷微生物は，北極圏の他の地域の氷河でもほぼ同じものが発見され，北極圏の氷河に共通する微生物であることがわかっている．

グリーンランド北西部カナック氷河

21世紀になって，欧米を中心とした研究者がグリーンランド氷床の質量変動に注目し集中的な調査を進める中，日本の研究グループも2007年以降，グリーンランド北西部のカナック村という集落を中心に，集中的な研究活動を開始した（図5.21）．カナック村はチューレ米軍基地からさらに北へ約100 kmほど離れた場所に位置する海に面した集落で

ある．カナック村の人口は約600人，グ
リーンランド南部のイルリサットと週に
2便の定期便があり，村にはホテルや
スーパー，教会や病院など一通りの施設
がそろっている．村の裏山にはカナック
氷帽という，グリーンランド氷床とは独
立した大きな氷河があり，カナック村か
ら歩いてアクセスすることが可能である．
村で小型船を借りることができれば，グ
リーンランド氷床からの溢流氷河など，
周辺の氷河に行くこともできる．カナッ

図5.21　カナック村

ク村は，氷河の研究を行うためには，比較的条件のそろっている場所である．

　カナック氷帽は，涵養域の頂上の標高が約1300 m，そこから四方に溢流氷河が流れ出し，
末端は海面に近いところまで流れている．カナック村の近くには，カナック氷河とよばれ
る溢流氷河が流れ出しており，歩いて末端から氷河涵養域まで歩いて調査することが可能
である．グリーンランド氷床の北部に位置するカナック氷河でも，多様な雪氷藻類が繁殖
している．その種構成は，アラスカやグリーンランド南部とほぼ同じである（Uetake et
al., 2016）．藻類やクリオコナイトの量は，氷河の中流部分が最も高く，またこの領域では
氷表面が黒くなる暗色域が広がっている（Takeuchi et al., 2014）．しかしながら，なぜ中流
域で微生物量が多くなるのかについては，まだはっきりした原因はわかっていない．

　グリーンランド氷床のような巨大な氷河の生態系を理解することは容易なことではない
が，以上のような氷床周辺の溢流氷河や氷帽の地道な現地調査を重ねて，少しずつ雪氷微
生物の生態が明らかになりつつある．しかしながら，その情報は氷床の規模からするとま
だ限られたものにすぎない．地球温暖化が進む中，グリーンランド氷床の微生物は今後ど
うなるのか，氷河生態学の最も重要な研究対象の1つとして，今後も各国の研究者のさま
ざまなプロジェクトが展開されていくだろう．

北極の国際研究拠点，スバールバル

　スバールバル諸島は，グリーンランドの東側，大西洋と北極海の境の北緯約78度付近に
位置し，大小多数の島で構成される．スバールバル諸島はノルウェーの領土であるが，ス
バールバル条約という特別な条約があり，この条約に加盟している国はスバールバル諸島
で自由に経済活動や研究活動ができることになっている．現在世界の40を超える国がこ
の条約に加盟し，北極環境に関するさまざまな科学研究を行っている．日本もこの条約が
発効した1925年から加盟しており，国立極地研究所を中心に研究活動を行っている．こ
のようにスバールバル諸島は，世界から多数の研究者が集まる北極圏の大気海洋環境研究の
要所となっている．

　スバールバル諸島に行くには，ノルウェーのオスロまたはトロムソという都市からの直

行便の飛行機を利用する．直行便は，スバールバル諸島で最大の島，スピッツベルゲン島のロングイェールビーンという街に到着する．ロングイェールビーンは，2000人程度の人が暮らす小さな街で，観光用のホテルや店に加え，スバールバル大学という世界最北の大学がある．スバールバル大学では，生物学，地質学，地球物理学，工学の4分野の教育，研究が行われており，欧米を中心に世界中から北極を体験したい学生が集まっている．大学から歩いていける範囲に氷河もあり，北極圏の野外実習を行うには恵まれた環境である．スバールバル大学には，イギリス出身の雪氷生物学の研究者であるアンディ・ハドソン教授も在籍していて，氷河微生物に関する実習も行われている．

　ロングイェールビーンからさらに小型飛行機に乗ると，100 kmほど北西に位置するニーオルスンという小さな町に行くことができる．ニーオルスンは，もともと炭鉱の町であったが，現在炭鉱は閉鎖され，代わりに各国の北極研究基地が立てられて極地研究の拠点の町となっている．町の中心にある管理棟には，食堂やレクリエーション室などが完備され，各国の研究者の交流の場となっている．研究者や管理者を含め冬期には30名程度，夏期には100名を超える人が滞在している．

　スバールバル諸島には，大小多くの氷河が存在し，研究拠点となるロングイェールビーンやニーオルスンから歩いていくことのできる氷河があることから，古くからさまざまな氷河研究が行われてきた．ロングイェールビーン周辺では，ロングイェールビーン氷河やノルデンショルド氷河，フォックスフォンナ氷河などが有名である．ニーオルスン周辺では，西・東ブレッガー氷河やミドトレラーベン氷河で質量収支観測をはじめ多くの研究が行われている．スバールバルの雪氷生物の研究を進めたのは，イギリスのグループである．イギリスのシェフィールド大学のグループは，氷河の融解水の排水過程や化学成分について詳細に研究を行った．融解水の化学成分を分析したところ，単に大気由来の成分だけでなく，氷河上の微生物活動の影響が強く出ていることに気がついた．そこで，氷河表面のクリオコナイトや藻類，氷河底面のバクテリアの活動を研究し，これらの生物が栄養塩を利用したり代謝物を排出したりすることによって，氷河融解水の化学成分にも影響していることを明らかにしたのだ（Hodson et al., 2010）．

　スバールバルの氷河の微生物群集は，氷河の氷体温度の条件によって2つのタイプに分かれることがわかっている．たとえば，隣り合って存在する西ブレッガー氷河とミドトレラーベン氷河では，藻類やバクテリアの群集構造に違いがあった（Edwards et al., 2011）．この違いの原因として，氷河の氷体温度が考えられている．氷河内部の氷の温度は，その場所の気温や氷河の標高分布，積雪量など複雑な条件によって決まり，氷河の部分によって異なる場合もある．その氷体内の温度環境によって，氷河は，温暖氷河，寒冷氷河，ポリサーマル氷河の3タイプに分類することができる（図5.22）．温暖氷河では，氷体内の氷の温度が氷河全体で均等に0℃であり，寒冷氷河では全体にわたって0℃以下，ポリサーマル氷河では0℃と0℃以下の部分が不均一に分布している．この違いによって氷河の融解水の排水様式も異なり，温暖氷河では，融解水は氷河の表面だけでなく，クレバスや

ムーランを伝って内部に流れ込み，底部を経由して氷河外に排出されるのに対して，寒冷氷河では，氷河内部に入った水は凍り付いてしまうので，融解水は表面のみを通って排水される．このような融解水の排水過程の違いが，氷河に生息する微生物の生息環境や分散過程に影響し，異なる微生物群集が形成されると考えられているのだ．氷体内の温度と雪氷微生物の関係については，まだわからないことも多いが，氷体内温度は温暖化の影響も受けるため，氷河生態系の将来予測には欠かせない要素である（Irvine-Fynn, et al., 2011）．

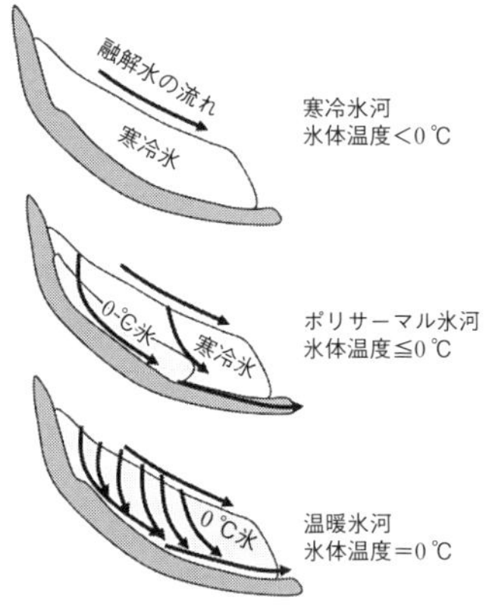

図 5.22　氷体内の温度環境による氷河の3分類

北極の他の地域の雪氷生物：カナダ，スカンディナヴィア，アイスランド，シベリア

　グリーンランドやスバールバル以外にも，北極域にはまだ多数の氷河が分布している．たとえば，スカンディナヴィア，アイスランド，ロシア，アラスカ，カナダなどである．実際に現地調査が行われた氷河はまだ少ないが，これらの北極域の氷河ではおおむね同様の雪氷微生物群集が繁殖していることが明らかになっている．カナダ・ヌナブト準州の北極域には，北極諸島という大小さまざまな面積の島が存在する．その中でも氷河が発達しているのは，グリーンランドに近い東側の島々である．特にグリーンランドの対岸のエルズミア島，デボン島，バフィン島には，それぞれ大規模な氷帽が発達している．この中でデボン島のデボン氷帽，バフィン島のペニー氷帽で，雪氷生物の調査が行われている．両島ともに消耗域では深さ20 cmを超える深いクリオコナイトホールが多数発達している．クリオコナイトホール中のクリオコナイトは，グリーンランド同様，カルソリックス属，フォルミデスミス属の糸状シアノバクテリア2種からなるクリオコナイト粒が発達している（Takeuchi et al., 2001c）．氷表面には，緑藻のアンキロネマ属，シリンドロシスティス属藻類などが繁殖している．スカンディナヴィア地域のノルウェー・スウェーデン国境やアイスランドの氷河では，限定的であるが赤雪の調査が行われ，グリーンランド氷床やスバールバルの氷河とほぼ同種の藻類で構成されていることが明らかになっている（Lutz et al., 2014）．一方，赤雪に含まれるバクテリアは，地域ごとに大きく異なり，赤雪のバクテリア群集は藻類群集よりも地域性が高いことがわかっている．北極海に浮かぶロシア領の島にも大きな氷帽が発達している．雪氷生物の調査はほとんど行われていないが，衛星観測からは赤雪が大規模に広がっていることが確認されている（Hisakawa et al., 2015）．

　極東ロシアの北極域は，北半球で最も気温の低い地域として知られ，山岳地帯には氷河も分布している．この地域には，ベルホヤンスク山脈，チェルスキー山脈，スンタルハヤタ山脈など，標高3000 m級の山地が続いている．この中で，北海道のちょうど真北に位置するスンタルハヤタ山脈の氷河で，日ロ共同で雪氷生物の調査が行われている．この地

域の氷河は番号で名づけられているが，その中で No.29, 30, 31, 32, 33 氷河で，氷河表面の生物の調査が行われた．雪氷藻類は，他の北極域の氷河と同様，緑藻のアンキロネマ・ノルデンショルディが優占し，積雪域にはサングイナ・ニバロイデスによる赤雪が広がっていた（Tanaka et al., 2016）．クリオコナイトホールも発達し，シアノバクテリアによるクリオコナイト粒が形成されている．裸氷域では，中流域の暗色化による融解加速が確認されており，その原因は主に緑藻のアンキロネマ・ノルデンショルディの繁殖であることがわかっている（Takeuchi et al., 2015）．

　北極圏外にはなるが，ロシアのカムチャッカ半島にも山岳氷河が分布している．カムチャッカ半島には多数の火山を含む山岳地帯が広がっている．その山岳地帯にはハイマツが広がっていて，日本の山岳地帯とよく似ていて興味深い．カムチャッカ半島の氷河は，ちょうど日本の山岳地帯に発達した氷期の氷河を再現しているように見える．カムチャッカ半島の氷河の1つ，カレイタ氷河では1990年代に北海道大学を中心にロシアと共同で調査が行われた．その際に雪氷生物の調査も限定的に行われ，氷河上にはクリオコナイトの他，シリンドロシスティス・ブルグレニなどの緑藻が確認されている．

北極海の海氷上の雪氷微生物

　北極の中心部分を占める北極海は，冬には大部分が凍結して海氷に覆われる北極の代表的雪氷圏である．しかしながら，第2章に述べた通り，海水が凍ることで形成される海氷は，塩分を含んでいることから微生物の生息環境としては，淡水の氷河や積雪とは大きく異なる．海氷中にもさまざまな生物が生息していることが知られているが，そのほとんどは海水に由来するプランクトンなどの微生物である．中でもアイスアルジーとよばれる珪藻は，海氷中で繁殖して海氷を黄色く着色する．氷河や積雪で繁殖する雪氷藻類は，同じ雪氷環境でも塩分を含む海氷では繁殖できない．しかしながら，海氷の表面に雪が積もると淡水環境ができるため，その表面には雪氷藻類が繁殖することがわかっている．

　北極海の一部の海氷には，夏を越して融け残るものがある．このような越年する海氷は，数年にわたって存在する多年氷（多年性海氷）とよばれている．多年性海氷の表面には，冬期に雪が降り積もる．海氷上であっても積雪は淡水環境であるため，春になって融解するとその雪の表面には淡水性の雪氷藻類が繁殖する．1970年代に旧ソ連が北極海の海氷上に基地を設営し，越冬しながら海氷観測を行っていた．その観測による海氷上の生物の記録には，アイスアルジーだけでなく，クラミドモナス・ニバリス（現サングイナ）やアンキロネマ・ノルデンショルディなどの氷河や積雪で繁殖する雪氷藻類の記載がある（Melnikov, 1997）．このような海氷上の雪氷藻類の報告は，まだ限られた例しかないが，北極海の海氷にも雪氷藻類が繁殖していることは興味深い．雪氷藻類の海氷上での存在は，藻類が大気を介して広く北極域に分散していることを示唆している．　　　　　[竹内 望]

5.4 南　極

南極に生きる雪氷生物

　南極大陸は南米大陸に次ぐ五番目に大きな大陸であり，その面積のほとんどが厚さが平均1.9 kmにもなる氷床に覆われている氷の大陸でもある．この氷の量は，地球上のすべての淡水量の70 %にもなり，もしこの氷がすべて融ければ，海水面がいまよりも60 mも上がると推測されている．この膨大な量の氷の周囲（氷床の表面や下部）が雪氷生物の生息圏となりうるのだが，南極氷床の環境は他のどの寒冷圏よりもはるかに厳しい．南極で観測された最低気温は南極氷床の上流部にあるロシアのボストーク基地（標高3488 m）で1982年に観測された−89.2℃で，この場所は寒い時期（4〜9月）の平均気温が−66℃，暖かい時期（10〜3月）でも−44℃とまさに極寒である．その一方で，氷床が流れていく下流の沿岸部には氷に覆われない場所が広く存在し，最も緯度が高い南極半島では暖かい時期（1月）には平均気温が1〜2℃，寒い時期（6月）には−15〜−20℃となっており，南極といっても場所によってその環境は大きく異なる．そのため雪氷生物ですらほとんど活動しない場所もあれば，活発に活動するところもあり，生態系もその場所の環境ごとに異なる．まずは雪氷生物の活動が最も盛んである，沿岸域の雪氷生態系について説明していきたい．

探検から始まった極地研究

　南極沿岸域の陸上生態系は，海からの影響をかなり強く受けている．南極を広く覆う氷床の氷にはほとんど栄養が含まれておらず，その下流に位置する沿岸部の環境は基本的に栄養に乏しい．栄養に乏しい氷床とは対照的に海では植物プランクトンの生産がきわめて高く，それを捕食するナンキョクオキアミ，さらにそれらを捕食する魚類，鳥類，アザラシといった生物の生活を支えている．ペンギンをはじめとする鳥類やアザラシは陸上でも生活することから，彼らが食べた海の豊富な栄養はフンとして陸上に排出されて，栄養に乏しかった陸地に高濃度の栄養が供給されるようになる．そのため比較的気温の高い南極半島周辺では，ペンギンのルッカリー（集団繁殖地）やオオトウゾクカモメの巣の周辺には局所的に草が生い茂っている．このように局所的に海の栄養がもたらされる場所は，雪氷生物にとってもよい生息環境となっており，ペンギンのルッカリー周辺の残雪には赤や緑色をした彩雪が出現し，色もかなり濃いことからとても目立つ（図5.23）．そのため南極探検が本格化する前の19世紀後半にはすでに赤い雪を形成する藻類の存在が知られており，20世紀に入り南極点踏破を争う「南極探検の英雄時代」がやってくる頃には詳細なスケッチとともにその形態や分類に関する研究が行われていた（Fritsch, 1912）．この論文が出版された1912年はロアール・アムンセンらが人類で初めて南極点に到達した翌年であり，日本初の南極探検家であった白瀬矗らが南極大陸に上陸し，その地を大和雪原と命名した年でもある．その後約50年間はそれほど雪氷生物に関する研究が行われていなかったが，1957〜58年の国際地球観測年（国際極年も同時に行われた）前後から，設立が多くなった

各国の観測基地を拠点とした集中的な観測が行われ始め，多くの研究が行われるようになった。

　日本も1957年に第1次南極観測隊が東オングル島に昭和基地を設立し，1958〜59年，1959〜60年の第2次，第3次南極観測隊に参加した福島博氏が雪氷藻類に類似した藻類を昭和基地の裏手の沼地から報告している（Fukushima, 1961）。福島は日本の積雪に生息している雪氷藻類研究の先駆者であり，第2章の「日本列島

図5.23　ペンギンの影響で出現する彩雪（リビングストン島）

の雪氷藻類」で紹介した日本全国49ヵ所で雪氷藻類の研究を行ったことで世界の雪氷藻類研究者にもよく知られている（Fukushima, 1963）。また世界各地の雪氷環境で藻類の研究を行ったハンガリーのエリザベート・コル（第5章2）もこの頃に南極の藻類に関する研究論文を多く報告している。その後の1970〜90年代には藻類の記載に関する研究がほとんどであったが，2000年代に入り遺伝子シーケンシングが微生物の同定や群集構造を解明する手法として定着してくると，南極の彩雪も微生物群集として扱う研究アプローチが増えてきた。たとえば，昭和基地に近いラングホブデに発生していた赤雪の遺伝子シーケンシングを行なった藤井らの研究は，赤雪藻類の種類とそれらと共生しているバクテリアの種構成を明らかにしている。また窒素の安定同位体比の分析を用いることで，この微生物群集が周辺に巣をつくるユキドリの排泄物から供給される窒素にコントロールされていることも明らかにしている（Fujii et al., 2010）。また南極では，他の地域と比べて彩雪の緑や赤の色がかなり顕著であることから，近年解像度が向上してきている衛星画像を使った研究も盛んに行われ始めている。たとえば，南極半島周辺では，緯度が低くなるほど彩雪のパッチの数が増加することや，パッチがペンギンのコロニーから5 km以内の場所に集中していることが衛星画像から明らかにされている（Gray et al., 2020）。また，南極全体での雪氷藻類の繁殖量はかなりの量になるため，陸上生態系に影響を与えている可能性や，アルベドを低下させる効果によって，氷河や積雪の融解に大きく影響している可能性があることがわかってきている（Khan et al., 2021）。

生き物を寄せつけない乾燥した谷

　ほとんどの陸地が氷で覆われている南極大陸にあって，ロス海沿岸にあるマクマードドライバレー（McMurdo Dry Valleys）は，南極で最も広い面積（約4000 km²）の氷に覆われていない陸地である。この地域は南極氷床から流れ出している氷河によって削られた谷であり，その名の通りとても乾燥している。それは元々の降水が極端に少ない上に，氷河から吹き下ろす乾燥したカタバ風によって水分がすぐに蒸発もしくは昇華してしまうから

である．そのため地球上で最も乾燥している場所の1つとさえいわれており，植生のまったくない不毛の地となっている．運悪くそこを訪れたアザラシなどの哺乳類が，死に絶えた後にミイラ化し，この地の過酷さを我々に見せつけている．そんな厳しい環境は，本書でこれまで紹介してきたような雪氷生物にとっても過酷な環境だ．他の多くの地域の氷河では融解期に十分に存在する液体の水が，ここでは極端に少ないからである．北極の氷河では夏になると氷河の表面が融けて融解水の小川があちこちにできるが，このドライバレーでは，氷河の表面はほとんど融けることがない．しかしわずかながら氷は融けていて，長い年月をかけて大きなクリオコナイトホールが形成される．北極のクリオコナイトホールと比較すると，ドライバレーのクリオコナイトホールは直径は大きく，水深も深い．また，水に含まれる窒素やリンの濃度が高いことがわかってきている．これらの特徴は，ドライバレーのクリオコナイトホールは北極のものに比べ融解水の流入や崩壊のような攪乱を受けることが少ないためであると考えられる．その結果として，そこに生息する微生物と水質などとの関連性が強いことがわかってきている（Mueller et al., 2004）．また，ドライバレーのクリオコナイトホールは，なんと上部を氷に覆われているものが多く，その氷の厚さは平均で10 cmにもなっている．クリオコナイトホールに生息している主要な微生物は，ドライバレーに複数存在する氷河によってそれぞれ異なっているが，基本的には光合成をする糸状のシアノバクテリアが優占しており，この傾向は北極のクリオコナイトホールと同様である．近年の遺伝子解析技術を用いた研究を行えば，両極のクリオコナイトホールの違いと共通点をより明確に示すことができるのではないかと期待されている．

氷河の底にも生態系

マクマードドライバレーでは第4章で少し紹介した「氷河底部生態系」の存在を知ることができる．その生態系は氷河の表面にあるのではなく，文字通りその裏側の，氷河の底の部分に存在している．氷河の底部には，氷河の表面の太陽の光をエネルギー源とした生態系（光合成生物が生態系の一次生産者）とは完全に切り離された空間が存在している（第4章5）．それは氷河と氷河の下にある岩盤の間にあるごくわずかな隙間だ．ここは光がまったく届かない完全な暗黒ではあるが，光ではなくて化学的なエネルギーを使って生きている微生物（化学合成細菌）にとっては楽園となっている．そんな微生物群集の存在を世に知れ渡らせた有名な場所がドライバレーのテイラー氷河にある．その名は「血の滝」（Blood Fall）（図5.24）．氷河の底から噴き出した塩分濃度の高い真っ赤な水が氷河の末端付近に流れ出て，凍った赤い滝となったものである．この印象的な血のように赤い色は，血の赤さと同じく鉄の存在からきている．テイラー氷河の内部の水

図5.24　テイラー氷河の血の滝［National Science Foundation/Peter Rejcek］

は高濃度の鉄分を含んでおり，それが空気に触れることで酸化してサビのように赤くなると考えられている．またもう 1 つの特徴として酸素が少ない嫌気的な水であることもわかってきている．遺伝子解析からわかった，この水に生息する微生物としては，嫌気的環境で化学的なエネルギーを使う化学合成細菌の仲間，特に硫黄酸化細菌，硫黄還元細菌，鉄還元細菌といった氷河の表面には生息していないタイプのバクテリアが多く検出されている．硫黄酸化細菌の一種である *Thiomicrospira* 属のバクテリアが全体の半分くらいの割合を占めており，氷河表面の光合成生物に代わって，これらがこの闇に包まれた氷河底生態系の一次生産者となっていることがわかった（Mikucki et al., 2007）．氷河の底の生態系は，南極だけでなく世界各地の氷河からも報告され始めている．氷河底からは，二酸化炭素よりも温室効果が高いメタンを生成する微生物や，それを消費する微生物も見つかっている．特にグリーンランド氷床のような大きな氷河の底では，これらの微生物の存在量も大きいと考えられることから，地球温暖化に影響する可能性など，研究がいままさに進んでいるところだ．

氷の底に広がる水脈

　第 4 章で紹介したボストーク湖のように，氷河の底にはまだまだ我々の目に触れていない広大な生態系が広がっている．最近の研究によって，南極氷床の底には，ボストーク湖以外にも多くの氷河底湖が点在し，氷床の底を流れる水脈で互いにつながっていることもわかってきている．そんな中で微生物学的な大きな発見があったのが，ロス棚氷の沿岸近くにあるウィランズ湖だ．面積はボストーク湖の 200 分の 1，平均水深は 2 m とかなり規模は小さくなるが，湖の上は 800 m の氷に覆われ，圧力の影響で水温が 0 ℃を下回っている（−0.49 ℃）のに凍っていない．この湖の調査では，湖まで氷を貫通するために，従来使われてきた機械式掘削ドリルではなく，熱い水で氷を融かす熱水ドリルを使うことにより，ボストーク湖の調査で問題となったコンタミネーションの影響を最小限に抑えることができた．2013 年（ボストーク湖への掘削が行われた翌年）に湖の水と湖底堆積物の採取に成功し，分析の結果，この湖には 4000 種類（OTU：Operational Taxonomic Units）もの微生物が 1 mL 中に 13 万細胞もの密度で生息していることが明らかにされた（Christner et al., 2014）．水や湖底堆積物から，亜硝酸イオンやメタンを酸化することでエネルギーを得ることができる化学合成独立栄養細菌（それぞれ硝化菌，メタン酸化菌とよばれる）が多く検出された．しかも堆積物が形成されたのは 12 万年前と推測された．つまり，太陽の光によって維持されている外界（地球の表面）の生態系とは長期間隔絶してきたこの暗黒の水環境に，外界とは完全に独立して循環する生態系が存在していることがわかったのだ．冒頭にも述べたように，このような小型の氷河底湖は多数存在し，互いに連結して氷床底に複雑な水系を形成している．このような氷床底の水の流れは南極氷床の外にも影響を与える可能性がある．たとえば，氷床底で生成される炭素が海にも影響を与えうる可能性が考えられている．

　地上を流れる河川では，分水嶺の存在により流れが変わり，その水質や生息する生物相

が変化する．それと同じように氷床底の水系も，氷床底の山脈によって分断され，流れの過程で水質やそこに生息する生物が変化すると考えられる．そんな，これまでに明らかにされていない新たな生態系を発見するために，現在，多くの研究が行われている．氷床底生態系の研究は，地球の生態系を超えた，宇宙に存在するかもしれないまったく異なる生態系への興味からも行われている．氷床の厚い氷の下という環境が，エウロパ（木星の衛星）やエンケラドス（土星の衛星）など，地球外生命が存在する可能性が指摘されている氷に覆われた星の環境に類似しているからだ．

　南極での研究は先人たちによる数々の探検から始まったが，それから100年以上経った現在でも，容易にはたどり着くことができない巨大氷床の底という未知に溢れた場所が残されている．しかもその研究が，地球外の生命を理解する手がかりを我々に示してくれるかもしれないのだ．　　　　　　　　　　　　　　　　　　　　　　　　　　　　［植竹 淳］

5.5　アジア山岳氷河：雪氷生物のホットスポット

第三の極地：アジア山岳地帯

　アジアにはヒマラヤ山脈だけでなく天山山脈やパミール高原など，巨大な山脈が複数存在する．これらのすべての地域をまとめてアジア山岳域とよんでいる（図5.25）．アジア山岳域は，緯度が低くても標高が高いため，気候が寒冷で多数の氷河が発達している．そのため，アジア山岳域は，北極や南極に次ぐ第三の極地ともよばれる．アジア高山域の氷河の存在は，山岳域周辺の環境に重要な役割を果たしてきた．山岳域周辺は，降水量の少ない乾燥域が広がっている．そのため山岳域の氷河から流れ下る融解水は，山麓の貴重な水資源となり，生態系や人間社会にとって重要な意味をもつ．特に人類の歴史でみれば，氷河の融解水は，数千年前から続く交易路でもあるシルクロードの成立に欠かすことのできないオアシスを維持してきた．したがって，これらの山岳地帯は，アジアの給水塔ともよばれている．現在の地球温暖化による山岳氷河の縮小は，地域の水資源の枯渇につながる危機的な問題として強い関心を集めている．

　アジア山岳域の氷河が，同じ雪氷でも北極や南極に存在する氷河と異なる点が多数ある．1つは，第3章で説明した通り，アジア高山域はアジアモンスーンという独特の気候条件にあることである．一部西部に例外的な地域があるものの，ほとんどの地域で夏に降雪が集中し，冬は乾季となる．2つ目は，アジア山岳域の氷河は，極地に比

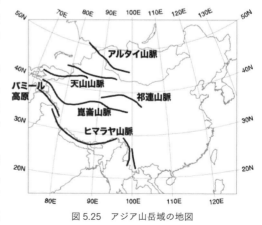

図5.25　アジア山岳域の地図

べ低緯度にあることから，太陽高度が高く日射強度が強いことである．3つ目は，アジア山岳域の周囲には乾燥域が広がっているため，大気を介した鉱物ダストの供給量が多いことである．4つ目は，中低緯度帯には人間活動が活発な都市が数多く存在するため，大気を介した人為起源物質の供給も多いことである．このような条件のためか，アジア山岳域の氷河では，他の地域より雪氷生物が豊富であることがわかっている．アジアの氷河は，雪氷生物のホットスポットといえる．

　雪氷生物が豊富なアジア山岳域でも，山域ごとにそれぞれの特徴がある．これは，東西南北に幅のあるアジア山岳域では，山域ごとに環境条件が違うためである．たとえば，一番南側のヒマラヤは，アジアモンスーンの影響を直接受けるために，雨季乾季がはっきりしており，年間降雪量も比較的多い．第3章で紹介した通り，ヒマラヤの氷河ではヒョウガユスリカやヒョウガソコミジンコなどの珍しいユキムシが生息しているが，これらの生物はヒマラヤ以外では見ることができない．アジア山岳域の西側のパミール高原は，アジアモンスーンよりも偏西風の影響が比較的強く，降雪量が増加するのは春と秋になる．パミールでは，他のアジアの氷河ではあまりみられない赤雪が大規模に発生する．中央部の天山山脈や崑崙山脈は，広大な砂漠地帯に囲まれているため，天気は比較的よいが，砂漠からの鉱物ダストの供給量が多い．氷河の微生物は圧倒的にシアノバクテリアが優占しており，クマムシやワムシが豊富である．北側に位置するアルタイ山脈は，アジアとシベリアの境界位置にあり，北極からの水蒸気供給が多くなり，雪氷生物もむしろ北極の氷河と共通するものが多い．以上の各地域の特徴を詳しくみていこう．

砂漠地帯を貫く天山山脈の氷河

　天山山脈は，チベット高原の北方の砂漠地帯に東西2000 kmにわたって7000 m級の山々が延びる巨大な山脈である（図5.26）．最高峰はポベーダ山で，標高は7439 m，中国とキルギスの国境に位置する．東半分は中国に属し，西側はキルギス，さらに西端はウズベキスタンとなる．天山山脈は，南北に広がる巨大な砂漠に挟まれている．南側はタクラマカン砂漠．北側もゴビ砂漠やグルバンテュンギュト砂漠という年間降水量が200 mmを下回るような地帯が広がる．南北それぞれの山麓には，天山山脈の氷河の融解水によって形成されたオアシスが点在し，そのオアシスを結ぶようにシルクロードがつくられ，現在も物流の大動脈となっている．天山山脈の北側と南側を通るシルクロードは，それぞれ天山北路，天山南路とよばれている．天山山脈はアジアの砂漠の海を東西にわたる架け橋のような存在である．砂漠の中の隔絶された世界に思える天山山脈でも，氷河にはさま

図5.26　天山山脈の氷河（キルギス）

132

ざまな雪氷生物が生息している.

　数多くの氷河が存在する天山山脈で雪氷生物の調査が行われたのは，山脈東端のミヤレゴウ氷河，中央部のウルムチNo.1氷河，キルギスのグリゴレア氷帽，ゴルビナ氷河の4ヵ所である. 中でもウルムチNo.1氷河は，アジアでは最も古くから氷河学的な観測が続く氷河である（図5.27）. この氷河は，天山山脈の中央部，中国の新疆ウイグル自治区の首都ウルムチから車で4時間ほどの場所にある.

図 5.27　ウルムチ No.1 氷河（中国・新疆）

氷河観測の記録は60年を超える. 長期間にわたって蓄積された豊富な研究データは非常に貴重で，雪氷生物に関しても環境要因との関係や経年的な変動の解析が可能となる. この氷河の長さはおよそ3km，幅は約1kmの小型の山岳氷河である. この氷河では2006年より，日本の研究チームが雪氷生物に関する中国との共同研究を行っている.

　天山山脈の氷河の大きな特徴は，消耗域表面を覆う多量のクリオコナイトである. ヒマラヤの氷河も消耗域全面をクリオコナイトが覆っていたが，それと同様またはそれ以上の量のクリオコナイトが天山の氷河を覆っている（Takeuchi et al., 2008）. また天山のクリオコナイトの特徴として，糸状シアノバクテリアが非常に密に粒の表面を覆っているため，粒が比較的大きくて形も崩れにくくしっかりしていることがある（図5.28）. 色は薄い茶色で，前章で説明した通り，天山山脈ではクリオコナイト粒の中の腐植物質の形成量が少ない. 粒の内部は，最大7層の層構造や，小さな粒の融合した構造などがみられ，この氷河はクリオコナイト粒の形成条件という意味では最適であることを示唆している（図5.28, Takeuchi et al., 2010）. 世界的に見ても，最も形の整ったクリオコナイト粒が，この天山山脈の氷河に形成されている.

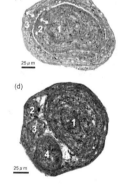

図5.28　ウルムチ NO.1 氷河のクリオコナイト粒.（a）クリオコナイト粒，（b）蛍光顕微鏡で見た粒の表面：糸状のシアノバクテリアが密に覆っている，（c）クリコナイト粒の断面：成長を示す年輪構造，（d）同じく断面，複数の粒が結合した構造

氷河上の光合成生物は，糸状シアノバクテリアが消耗域で優占し，緑藻はほとんど見当たらない．年によってシリンドロシスティス属の緑藻が見られる程度である．涵養域の積雪上ではまれに緑藻のクロロモナス属藻類による赤雪が見られるが，その彩雪現象は小規模である．融解期が長く続けば，積雪にもシアノバクテリアが繁殖し始める．このようなシアノバクテリアが圧倒的に優占する藻類群集は，ヒマラヤの氷河とは異なる，天山山脈

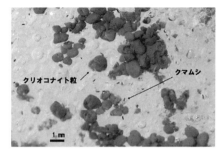

図5.29　氷河の氷上のクリオコナイトとクマムシ

の氷河の特徴である．その原因は，氷河上に砂漠由来の鉱物ダストが堆積しているため，その中に含まれる炭酸塩鉱物が氷河表面をアルカリ性に変えているためと考えられている．一般に，氷河の融解水はpHが5.6に近い酸性である．これは大気中の二酸化炭素が溶け込んだ天然の水は弱酸性となるためである．一方，方解石のような炭酸カルシウムを含む炭酸塩鉱物があると，融解水に溶解しpHを高くする．天山山脈の氷河の融解水は，pH7〜8程度で，他の氷河に比べて高い．このことが，緑藻の繁殖を阻害し，シアノバクテリアが優占しているおもな理由と考えられる．

　天山山脈の氷河に生息する動物は，主にクマムシとワムシで，わずかにトビムシがみられる．ヒマラヤの氷河で見つかったようなヒョウガユスリカやヒョウガソコミジンコは，天山山脈の氷河ではまったくみられない．クマムシの個体数は，天山山脈の氷河では異常なほど多い（図5.29）．体長は約0.3 mmと小さいが，目を凝らすと氷河の氷表面に多数のクマムシが動いていることを観察することができる．このクマムシは，体色が濃い茶色をしていることが特徴で，このような体色の種は珍しい．この天山山脈の氷河のクマムシは，クリオコニス属（*Cryoconicus kaczmareki*）という新属新種として記載された（Zawierucha et al., 2018）．このクマムシは，天山山脈から祁連山脈にかけてほぼすべての氷河に広く生息している．

　天山山脈の東側には祁連山脈，南側には崑崙山脈という東西に延びる大きな山脈も存在する．それぞれ天山山脈と同様に大きな砂漠に近接し，山麓にはオアシスが点在して，シルクロードをつなぐために欠かせない山脈である．祁連山脈ではチーイー氷河，崑崙山脈ではチョンス氷河で，雪氷生物の調査が行われている．これらの氷河では，天山山脈とほぼ同様のシアノバクテリア中心の雪氷生物群集が見つかっている（Kohshima 1987; Segawa et al., 2010）．したがって，天山山脈，祁連山脈，崑崙山脈は，雪氷生物群集という点では1つのまとまった地域と見ることができる．

パミール高原：世界の屋根

　パミール高原は，チベット高原の西端に位置する山岳地帯で，中国，キルギス，タジキスタン，アフガニスタンの国々をまたぐ地域である．7000 m級の高い山が連なり，パミー

134

ルとはタジク語で世界の屋根を意味すると
いわれている．パミール高原の主要部分は，
タジキスタンに含まれる．この国は旧ソ連
崩壊後長く内戦が続いていたため，訪問す
るのが難しい地域であったが，21世紀に
入って情勢は安定しつつあり，観光や氷河
の調査に訪れることも可能になってきた．
タジキスタンのイスモイル・ソモニ峰の近
くには，フェドチェンコ氷河とよばれるア
ジア最大の氷河が存在する（図5.30）．標
高6974mのレボリューツィヤ峰から北方

図5.30　パミール，フェドチェンコ氷河

へ向けて，キルギス国境近くの標高2900mまで流れる氷河である．氷河の幅は最大3km，
全長は約77kmに達する巨大氷河で，消耗域のほとんどはデブリに覆われている．旧ソ連
時代には，フェドチェンコ氷河をはじめ，周辺の氷河で多くの気象学・氷河学の調査が行
われてきた．パミールの氷河も，他のアジア山岳域同様，水資源として地域社会に重要な
役割をもつためである．前に説明した通り，アジア山岳域でも西側に位置するパミールは，
アジアモンスーンよりも偏西風の影響が強いという特殊な気候条件にあるため，気候変動
に対してどのように氷河が応答するのかについて注目されている．このような気候条件は，
雪氷生物にも影響している可能性がある．
　フェドチェンコ氷河でまず目に留まるのは，赤雪が大規模に発生していることである．
氷河中流部の積雪域の雪線付近は，一面赤雪に覆われていた．DNA分析によってこの赤
雪は，全球的に分布するサングイナ・ニバロイデスであることが明らかになっている．ヒ
マラヤや天山山脈ではこれほどの規模の赤雪はほとんど見られない．詳しい要因はわから
ないが，モンスーンの影響のないパミールは，赤雪の発生には条件が適しているようであ
る．氷河消耗域の表面にはクリオコナイトも見つかっている．氷河表面全体を覆うように
分布しているが，近くの天山山脈や崑崙山脈の氷河のものに比べて色は黒っぽく，形は球
形であるが崩れているものが多く，糸状シアノバクテリアの活動は比較的低いようである．

アルタイ山脈：アジアとシベリアの境界

　アルタイ山脈は，アジア山岳域の最北に位置する山岳地帯で，北西から南東にかけて
ユーラシア大陸を斜めに横切るように山が連なっている．山脈の大部分はモンゴルと中国
の国境となり，山脈北部はロシアとカザフスタンの国境にも接している．最高峰は，ロシ
アとカザフスタンの国境に位置するベルーハ山で，標高は4506mである．アルタイ山脈
は3000m級の山がほとんどで，他のアジア山岳域の山々に比べると標高は低い．しかし
ながら，緯度が高いため3000m級の山でも多くの氷河が発達している．アルタイ山脈も，
基本的に他のアジア山岳域と同じように，降水量は夏に多い．しかし，雨季と乾季という
ほどはっきりとは別れてはおらず，水蒸気の起源も，南方からだけでなく，北の北極海お

よび西のカスピ海や地中海からも供給される．アルタイ山脈の北側にはシベリアの針葉樹林帯であるタイガが，東側にはモンゴルの遊牧民が生活する広大なステップ草原が広がっている．山脈の周辺は比較的植生が豊かで，天山山脈のような砂漠に囲まれているような環境とは大きく異なる．

　アルタイ山脈で雪氷生物の調査が行われたのは，最高峰ベルーハ山の北側のロシア領のアッケム氷河である．アッケム氷河周辺はトレッキングに訪れる人も多く，立派な山小屋も完備されている．氷河末端の下流部に湖があり，夏には高山植物も咲き乱れて美しい場所である．アッケム氷河の裸氷域には，他の氷河同様クリオコナイトホールが見られ，氷表面にもクリオコナイトが散らばっている（Takeuchi et al., 2006b）．氷表面のクリオコナイトの量は，天山山脈の氷河と比べると半分程度の量である．クリオコナイト粒は黒い色をしており，天山山脈の氷河よりは有機物の腐植化が進んでいるようである．さらに他のアジアの氷河と異なるのは，氷表面に緑藻類が豊富に繁殖していることである．氷表面で大量に繁殖しているメソテニウム・ベルグレニは，主に北極圏の氷河で優占するものである．さらにアッケム氷河の涵養域の積雪上には，明瞭な赤雪が大規模に広がっていることが観察されている．このように，アルタイ山脈の氷河には，天山山脈などの中央アジアの氷河とはまったく異なる藻類群集が存在している．これは，この氷河がアジアというより北極圏の氷河の特徴をもっているためと考えられる．具体的には，鉱物ダストなどの砂漠からの供給量が少ないことや，北極域の大気の影響を強く受けるためだと考えられる．

　ベルーハ山の山頂近くの標高 4100 m の雪原では，2003 年に深さ 171 m のアイスコアが掘削されている．そのアイスコア中からは，多数の酵母が発見されている（Uetake et al., 2011）．その酵母は，アイスコアの夏の層にのみ含まれているので，積雪が融解したときに繁殖していることがわかっている．好冷性の酵母とみられ，実際に氷河上で繁殖が確認されている貴重な記録である．　　　　　　　　　　　　　　　　　　　　　　　　　　　　［竹内　望］

5.6　熱帯の消えゆく氷河（アフリカ，中米）

熱帯の氷河：アフリカ，南米，東南アジア

　「熱帯」という言葉を聞くと，植物が生い茂る熱帯雨林やサバンナを真っ先に想像されるかもしれない．しかし実際には熱帯雨林だけではなく，地域や標高によってその様子はずいぶん異なり，5000 m を超える山があるところでは氷河も存在する．では，熱帯に含まれるのはどのような地域なのだろうか．熱帯に含まれる地域は緯度的には北回帰線（北緯23°26′）と南回帰線（南緯23°26′）にはさまれた地域である．そのうち，5000 m を超える高山があり，氷河が存在するのはアフリカ東部のタンザニア，ケニア，ウガンダ，南米のエクアドル，コロンビア，ボリビア，ペルー，東南アジアのインドネシアに限られる．熱帯地域の特徴としては，1 年を通して正午には太陽がほぼ真上近くまで昇って，季節によって傾きが変わることがないことである．そのため我々がすむ温帯地域のような，太陽高度の変化によって日射の強さが変わり，季節性が発生するということがない．しかし一

方で，中緯度帯から吹き込んでくる気流によって発生する低気圧帯である熱帯収束帯（ITCZ）が南北に移動することにより，年に2回の雨季と乾季がやってくる．そのため気温は1年を通じてほぼ一定であるものの，氷河のあるような高山では雨季に雪が降りやすく，乾季に雪や氷が融けやすい状況となり，このバランスが氷河の質量収支（第3章）に大きな影響を与え，そしてまたそこにすむ生物の生活にも影響するのだ．

　熱帯氷河の面積は，他の地域にある氷河の面積と比べると圧倒的に小さく，1990年代のデータを使用した少し昔の計算になるが合計で123 km^{2}となり，世界の山岳氷河の面積の0.2 %，世界全体の氷河面積で見てみると0.07 %しかなく，その面積はかなり小さいことがわかる（岩田, 2010）．環境変動の影響を受けて世界各地の氷河が縮小していることが報告されているが，熱帯における氷河縮小はその存在自体を消滅させる可能性がとても高い．実際に筆者らが研究対象としたケニア山のルイス氷河は，観測の期間中に融解のために上下に分断し，現在は上部のきわめて限られた部分が残されているのみである．そのため熱帯氷河の上に生息する雪氷生物も，同様に絶滅の危機に瀕していると考えてよい．ここではこのような環境に生息する雪氷生物について，特にこれまで日本の調査チームが調査してきたアフリカのルウェンゾリ山地，ケニア山，コロンビアの氷河について説明していきたい．

　熱帯での雪氷微生物研究においても，先鞭をつけたのは世界各地の氷河において雪氷生物を観察していた，あのエリザベート・コル（第5章2）であった．エリザベート・コルは，1971〜1973年にオーストラリアの複数の大学によって行われたインドネシアの最高峰イリアン・ジャヤでの氷河調査に参加し，雪氷生物の調査を実施した．その結果，氷河上で見つけた通常よりも色の黒い有機物の塊の中に，世界各地の氷河から見つかっている雪氷藻類が生息していることを示し，スケッチなどを残している．しかし，それ以降長らくの間イリアン・ジャヤの氷河を含む他の熱帯氷河においても雪氷生物研究は行われてこなかった．しかし，温暖化の影響により熱帯氷河が消滅の危機にさらされていることが認識されてきた近年になり，エクアドルの氷河では雪氷藻類（Nedbalová et al., 2008），ベネズエラ氷河ではバクテリア（Ball et al., 2014），ウガンダの氷河ではコケの集合体（Uetake et al., 2014）やクマムシ（Zawierucha et al., 2018）など，世界各地の熱帯氷河からも，これまでに本書で取り上げてきたような，氷河上に生きる生物が次々に報告されるようになった．

アフリカの氷河

　アフリカというとサバンナで大型野生動物を追いかけるというイメージが強いかもしれないが，東アフリカのキリマンジャロ山（タンザニア），ケニア山（ケニア），ルウェンゾリ山地（ウガンダ）といった5000 mを超える高峰には氷河が存在している．ルウェンゾリ山地は隆起によって形成された複数のピークで成り立つ山地であるのに対して，キリマンジャロ山とケニア山は共に火山性の独立峰となっている．また先に説明したITCZの影響によって気象条件も異なり，ルウェンゾリ山地とケニア山は降水が多い湿潤熱帯に位置するが，キリマンジャロ山は湿潤熱帯と乾燥帯との境界に位置する．

ウガンダの氷河

　ウガンダのルウェンゾリ山地は氷河を有する最高峰のマルガリータ峰（5109 m，図5.31）をはじめとする 5 つの山体から成り立っており，独立峰であるキリマンジャロ山やケニア山よりも山岳地の面積が広いのが特徴である．標高の高さはアフリカで三番目であり，そのためか他の山より知名度が低い印象がある．しかし広大な裾野に広がる多様な植生と氷河に覆われた頂上付近のコントラストが印象的な独特の景観をつくり出しており，多くのツーリストがここを訪れている．山麓から頂上までの登山には片道で 5 日間必要であり，なかなか大変な行程ではあるが，先述のようにさまざまな植生帯を超えていくという楽しみがある．

　登山のスタート地点となる山麓の村の上部は，樹高の高い木からなる熱帯山地林に覆われ，カメレオンなどの動物が生息している．点在する竹林を抜けてさらに高度を上げていくと，木の枝や地面が分厚い苔のマットに覆われていた雲霧林に到達する．雲霧林とは，年間を通して雲に覆われることが多い高湿度の環境で，ふつうの環境では日陰のじめじめしたところに生えるコケ植物が，あちらこちらの樹木の幹や枝にびっしり着生しているのが特徴だ．雲霧林を抜けると湿地が多くなり，ジャイアントロベリアとよばれる 2 m 程の高さにまで伸びるキキョウ科の大型木本性植物が出現し，独特の景観をつくり出している．この辺りはアフロアルパインエリアとよばれ，似たような種類の大型植物がキリマンジャロ山，ケニア山にも存在する．さらに標高を上げると椰子の木のように上部にだけ葉っぱがあるジャイアントセネシオというキク科の大型植物が林立するようになり（図5.32），そこを抜けると森林限界となる．森林限界から氷河までは，かつて氷河が削った岩の上を歩くが，岩の窪みなど，少しでも水が溜まるようなところには苔が繁茂して，そのようなところには小型のジャイアントセネシオも定着している．

　独特の景観をもつアフロアルパインエリアのさらに上にある氷河もかなり特徴的である．氷河の末端に来ると，他のどの氷河にもみられないような直径数センチくらいの真っ黒な塊（クリオコナイ

図 5.31　マルガリータ峰と周辺の氷河

図 5.32　林立するジャイアントセネシオ

ト）が散在している．他の地域の氷河から報告されているクリオコナイト粒は大きくても数ミリ程度の大きさにしかならないので，かなり特異的に大きな塊である．クリオコナイト粒が糸状のシアノバクテリアが絡み合って形成されるのに対して，この黒い塊はコケ植物の原糸体や無性芽とよばれる糸状性の細胞が絡まって形成されている．無性芽とは，いわゆるムカゴのようなものであり，コケ植物本体の表面に形成され，本体から分離すると成長して新しい植物体をつくる．原糸体とは無性芽の細胞が糸状に伸びたものを指す．そのため，この塊には，氷河コケ無性芽集合体（Glacial Moss Gemmae Aggregation：GMGA）という名前がつけられた（Uetake et al., 2014，図5.33）．このコケ集合体を形成しているコケの種類をDNA解析で調べたところ，極域から都市の道路脇までさまざまな環境に生息しているコスモポリタン種のヤノウエノアカゴケ（*Ceratodon purpureus*）であることがわかった．しかし，他の地域ではみられないこのようなコケ集合体（GMGA）が，なぜこの氷河の上にはできるのだろうか．それにはルウェンゾリ特有の環境が関係している可能性がある．

　先述の通り，ルウェンゾリ山地の中腹にはコケに厚く覆われた雲霧森があり，氷河のすぐ下のちょっとした窪みにも苔が生育している．筆者らの調査ではヤノウエノアカゴケを氷河の外で見つけることはできなかったが，過去にこの地域でもこのコケの標本が採取された記録があるため，GMGAは氷河の外の群落から氷河上に分布を広げたコケによって形成されたのではないかと考えている．また熱帯地域では，氷河が多く分布する温帯や高緯度とは異なり，気温変化の季節性がないことも影響していると考えられる．ルウェンゾリでは1年を通して毎日，気温が夜には約−2℃，昼には約1℃といった安定した変化をしている．つまり冬季に長期間凍結して増殖できないということはなく，1年中増殖できる．この気温条件も氷河上にユニークなコケ集合体ができた理由ではないかと考えられる．GMGAの影響もあり，この氷河上の有機物量はこれまでに調査が行われてきた氷河の中で最大（46.3 g/m²）であった．GMGAは氷河だけでなく氷河の外の生態系にも影響を与えている可能性がある．というのも，氷河上で形成されたこの塊が，氷河の融解と縮小によって氷河の外に大量に排出されていることが確認されているからである．氷河が後退した後の岩の表面はほとんど生物活動がない環境であるが，そこに氷河からGMGAが供給されれば，炭素，窒素，リンなどの物質循環が大きく変化することが予想される．またこのコケ集合体からは新種のクマムシが発見された他（Zawierucha et al., 2018），バクテリアなどの微生物もユニークなものが

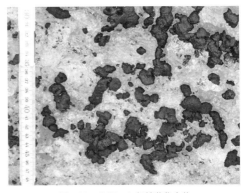

図5.33　氷河コケ無性芽集合体

多く，まだまだ面白い発見がありそうである．

　GMGA は他のクリオコナイト以上に黒い色をしていることから，このコケ集合体には氷河の反射率を低下させる効果がある．GMGA は氷河の末端や周辺部など，氷河上の標高の低いところに多い傾向があり，その周辺での反射率の低下が顕著であることがわかってきている．表面反射率は平均 0.1 と他の氷河と比べて低く，この氷河における雪氷微生物による氷河表面のアルベド低下効果はかなり大きいと考えられる（Uetake et al., 2022）．一方，頻繁に起こる降雪により，この効果が和らぐことも同時に観察されている．氷河上に設置したインターバルカメラでとらえた氷河の表面状態の変化から，量は多くなくとも降雪によって表面が雪に覆われると反射率が急上昇し，雪氷微生物による氷河融解の効果が低下することが確認されている．このような単純ではないアルベド変化のメカニズムが氷河縮小の予測を難しくさせている．

ケニア山の氷河

　ケニア山は標高 5199 m のアフリカ第二の高峰である．前項のルウェンゾリ山と同じく赤道直下に位置するが，ルウェンゾリとは異なり火山性の独立峰で，広大な裾野を周囲の高地に広げ，ひときわ高くそびえ立っている．ルウェンゾリに比べるとルートの水平距離が短いため，頂上へのトレッキングにかかる全日数は 3 日と短く，アフリカの氷河を有する高峰の中では比較的お手軽に登れる山である．頂上部には複数のピークがあり，一般的なトレッキングで登られるのはレナナ峰（4985 m）とよばれるピークで，最高峰であるバティアン峰（5199 m）の登頂には本格的なロッククライミングの技術と装備が必要である．円錐形の独立峰であることから，麓からのトレッキングルートは東西南北に存在している．ナロモルという西側の街からのトレッキングの場合，車で熱帯山地林の上部までアクセスすることができる．ルウェンゾリではその上の標高帯に鬱蒼とした雲霧林が形成されているが，ケニア山はより乾燥しているため，顕著な雲霧林は形成されておらず，熱帯山地林の上にはジャイアントセネシオとジャイアントロベリアが点在するアフロアルパインエリアが広がっている．さらに高度を上げていくと植生がまばらなガレ場となり，レナナ峰の頂上直下から流れ下るルイス氷河というケニア山最大の氷河に続いている（図 5.34）．

　ケニア山最大の氷河というものの 2016 年のデータでは長さ約 300 m，幅約 200 m（面積：7 万 3300 m² 〈Prinz et al., 2018〉）と簡単に歩いて渡れるような大きさしかなく，2022 年現在の衛星画像では，2016 年の半分以下に縮小しているように見える．その次に大きなチンダル氷河も急速に縮小しており，最高峰バティアンからの急な斜面に小さく張り付いて残されているのみである．ルイス氷河の上には隣国のウガンダ，ル

図 5.34　ルイス氷河（2016 年）

ウェンゾリ山地でみられたようなコケ集合体はまったくみられず，氷河全体に小さな岩屑が多くのっていた．顕微鏡を使って氷河上のクリオコナイトを観察してもコケの細胞はまったくみられず，その代わりに茶褐色の色素をもつ緑藻類や糸状性のシアノバクテリアが多く観察された．遺伝子解析の結果を見てもその違いは明瞭で，ウガンダではシアノバクテリアがほとんど存在しなかったのに対して，ケニアでは多くのシアノバクテリアが検出されている．このように，ほぼ同じ緯度（赤道直下）と標高の氷河でも，生態系に有機物（炭素）を供給する光合成を行う一次生産者が大きく異なることが明らかになってきている．氷河上の有機物量はルウェンゾリと比べるとかなり小さく（$26 \, g/m^2$）なっているものの，生物の生産量は温帯や寒帯の氷河と比べると高いといえる．また氷河表面のアルベドは 0.08〜0.17 となっており，ルウェンゾリの氷河と同程度となっている．また氷河上の試料からバクテリアの培養を試みたところ，納豆をつくる枯草菌（*Bacillus subtilis*）に近縁な培養株などが単離されたとの報告もある（Kuja et al., 2018）．

　氷河が縮小・後退すると，かつて氷河に覆われていた岩場や岩屑が露出する．こういった場所は氷河後退域とよばれ，植生の一次遷移を観察するのに適した場所である．チンダル氷河の氷河後退域では，氷河の後退にあわせて黄色い小さな花を咲かせるキク科の植物（*Senecio keniophytum*）や白い小さな花を咲かせるアブラナ科の植物（*Arabis alpina*）の分布域が前進していることが報告されている（水野，2003）．氷河に最も近い個体は氷河末端から約 11 m のところにあり（2002 年），氷河の後退スピード 9.8 m/年に近い距離であることから，これらの植物は氷河が後退して 2 年もたたないうちに氷河後退域に進出できるようである．氷河後退域の土壌中にはさまざまな微生物が生息していることから，氷河と氷河後退域土壌の微生物の関係，そしてそこに進出する植物との関係は今後着目していくべきテーマである．

コロンビアの氷河

　コロンビアは南米大陸の北西に位置し，その西側には南から連なるアンデス山脈が三つに分岐した西部山脈，中央山脈，東部山脈がならぶ．このうち標高の高い中央山脈，東部山脈に氷河が存在している．また東部山脈の東側は熱帯雨林に覆われており，アマゾン川の源流域の 1 つとなっている．コロンビアは南緯 2 度から赤道を挟んで北緯 12 度まで広がる国で，東アフリカと同様に ITCZ の南北移動の影響を受けて雨季と乾季が存在する．また氷河の存在する高山の気温は，年間の変動よりも日周変動のほうが大きい．コロンビアの高山には，アフリカの高山植物に似た，独特な植物で形成されるパラモとよばれる生態系が広がっている．パラモには，現地では frailejones（大きな修道士）とよばれる大型のロゼット型キク科植物である *Espeletia* 属が林立している．アフリカのジャイアントセネシオと同じキク科の植物で，見かけもよく似ているが別種である．主に草本で構成されるパラモでは大きく目立つ存在である．

　氷河はパラモの上限高度である約 4600 m 以上に見られる．カリブ海の近くにアンデス山脈から独立して存在するサンタ・マルタ山脈（主峰はコロンビア最高峰のクリストバ

ル・コロン山，5730 m）や，東部山脈のエ
ル・コッコイ国立公園，中部山脈のロスネバ
ドス国立自然公園などに複数の氷河が存在し
ている．特にロスネバドス国立自然公園の氷
河は近郊の街マニザレスからのアクセスが比
較的よいため，コロンビアの氷河研究者らに
よって長期的に観測が行われている（Mölg
et al., 2017; Rabatel et al., 2018）．観測の中心
となっているのはコネヘラス氷河という小さ
な氷河であり，末端の標高は約4700 m（2014

図 5.35　コネヘラス氷河（2014 年）

年）となっているが急速に縮小している（図5.35）．この氷河の表面はまるで炭を撒いたよ
うな黒色をしており，実際に表面の反射率を測定してみると 0.15 と低く，この黒い色に
よって氷河の融解が促進されていることがわかる．顕微鏡で観察してみると茶褐色の色素
をもった緑藻類が大量に繁殖していることがわかった．コネヘラス氷河は活火山の上にあ
り，1985 年に大噴火をおこしたルイス山（5321 m）にも近いことから，従来は，噴火の火
山堆積物によって黒いのではないかと考えられていた．しかし氷河上の有機物量が 32
g/m² と生物による反射率の低下が顕著な地域と同程度であったことから，雪氷微生物の
繁殖の影響で氷河の表面反射率が低下していることがわかった．コネヘラス氷河で最も多
い雪氷藻類は，他の地域から見つかっている藻類とは形態が明らかに異なる種であった．
これまでに知られていない新しい種である可能性があるがまだ情報が少ない．今後詳細を
明らかにする予定で調査計画が進んでいるところだ．風変わりな藻類がいる一方で，他の
光合成生物であるシアノバクテリアの割合はきわめて少なかった．多くの氷河では緑藻類
とシアノバクテリアが共存していることが多いが，氷河上の微生物群集を網羅する遺伝子
解析でもシアノバクテリアの存在は確認できなかった．先述したアフリカのルウェンゾリ
山地の氷河でも同じような状況であったことから，熱帯氷河の環境条件にはシアノバクテ
リアよりも緑藻類の繁殖を促すような要因があるのかもしれない．

　多くのことがまだまだ明らかにされていないが，熱帯氷河の縮小はかなりのスピードで
進んでいる．本章で取り上げたケニア，ルイス氷河は筆者らが調査を始めてから氷河全体
がふたつに分かれて，最近の衛星画像を見る限りでは上部の一部を残して消滅してしまっ
ているようにも見え，完全に消滅する日もそれほど遠くないだろう．またコロンビアの氷
河も同じく下部と上部に分裂してしまい，標高が低い部分が消える日はかなり近いだろう．
あと10年くらいで，熱帯氷河が完全に消失する可能性もある．氷河の消滅によって熱帯氷
河の微生物が絶滅する前に，少しでも多く情報を集める必要がある．　　　　　［植竹　淳］

第6章
雪氷生物と地球環境，地球外生命探査

6.1 雪氷微生物が氷河の融解を加速する（バイオアルベド効果）

氷河の色と雪氷生物

　氷河の色は何色か，といわれたら，ふつうは白または青と答えるだろう．降り積もった雪は純白に近い白をしている．氷河の消耗域の氷は透き通るような青，または氷に無数の気泡が含まれていれば白に見える．実際に第5章で見たようなパタゴニアの氷河では，深い青い色に見える．ただし，この白や青に見える氷河は雪氷に繁殖する微生物が少ない氷河である．微生物が繁殖する氷河は，白や青だけでなくさまざまな色がついて見える．たとえば，ヒマラヤの氷河のようにクリオコナイトに覆われている氷河は黒，天山の氷河のように色の薄いクリオコナイトで覆われた氷河は茶色，北極の氷河のようにアンキロネマ属藻類が繁殖する氷河であれば濃い紫色，緑藻のサングイナ属藻類が一面に繁殖するような氷河では赤またはピンクに色がつく．このように実際の氷河は，白や青だけではなく地域によってさまざまな色をもち，その色には繁殖する雪氷微生物の特徴が現れる．

　色は人間の主観的な感覚であるが，物理的には光の波長による反射率の違いと定義される．人間の目に見える可視光線は，波長 0.38〜0.78 μm の範囲の電磁波である．波長が短いほうの光が青に見えて，長いほうの光が赤に見える．どの波長の光もよく反射するような物体は白，反対に反射しないで吸収する物体は黒，波長の長い光だけを反射する物体は赤，短い光を反射する物体は青に見える．光が反射せずに物体に吸収されると，そのエネルギーの分だけ物体を暖めることになる．したがって，地球科学的には，色はその物体が吸収する光（放射）エネルギーの大きさに影響する．

　地球科学で光の反射率といえば，地球の気候を決める重要な要素の1つである．ここでいう光とは太陽光（太陽放射）のことを示し，目に見える可視光線だけでなく紫外線や近赤外線も含む光である．ある物体の表面において，この太陽光が含むすべての波長範囲（0.2〜3.0 μm）の放射エネルギーの合計の反射率をアルベドという．たとえば，地球の色は青といわれるが，その平均アルベド（惑星アルベド）は約 0.3 である．つまり，地球は太陽放射の 30 ％を宇宙空間に反射して，残りの 70 ％を吸収し，そのエネルギーが地球を暖めていることになる．

　物体がどの波長の光を吸収するかは，その物体を構成する分子の構造や粒子の形状によって決まる．水は一般に赤に近い光の波長を吸収するので，海は青く見えるが，雪は氷の粒子が可視光域のすべての波長の光を散乱，反射するので，積雪表面は白く見える．これが雪のアルベドが高い理由である．積雪の中でも粒子が細かい新雪は，入射した可視光

域の光のほとんどを吸収せずに反射する．つまり，雪氷のようなアルベドの高い物体は，日射を反射して地球を冷却する役割をもつ．

　雪氷が白くアルベドが高いことは，太陽光を吸収しにくく雪氷自体が融けにくい性質をもつことを意味する．一方，雪氷に色がつけばその分アルベドは低下し，吸収される放射エネルギーが増える．その増えたエネルギーは，雪氷を暖め，0℃になれば氷の融解熱に使われる．つまり，雪氷微生物などによって色づいた氷河は，その分，融解が速められることになる．氷河の色は，その融解速度を決めて氷河の融け方に影響を与えるという，氷河の重要な性質の1つなのである．このことは，氷河の色を決める目に見えないほどの小さな雪氷微生物には，巨大な氷床を融かしてしまうほどの大きな力があることを意味する．

氷河の暗色化とアルベド

　雪氷微生物は氷河や積雪のアルベドをどれくらい低下させているのだろうか．雪氷表面のアルベドを決めるものは，実際には雪氷微生物だけではなく，太陽の方位や高度，雪氷の粒子の大きさや形，構造，さらに雪氷に混入した不純物の濃度など，多数の条件が関係している．さらにアルベドを下げる効果をもつ雪氷に混入する不純物には，雪氷微生物以外にも，大気を舞うダストやススなどさまざまなものがある．雪氷のアルベドを下げる要因は多数あるが，雪氷微生物がアルベドを低下させる効果を，バイオアルベド効果とよんでいる．

　北極の氷河とアジアの氷河を比べると，明らかにアジアの氷河のほうが表面が黒っぽく見えてアルベドが低い（口絵15）．これは，雪氷生物由来のクリオコナイトが大量に堆積しているためである．世界各地の氷河のアルベドの観測値とクリオコナイトの量を比べたものが図6.1である．ヒマラヤや天山ではクリオコナイト量が多くアルベドが低いこと，反対に北極やパタゴニアの氷河ではクリオコナイト量が少なくてアルベドが高いことがわかる．このように氷河表面のクリオコナイト量は，地域によって異なり，世界の氷河のアルベドを決めているといえる．アルベドが低い氷河は，アジア山岳域に多い．これはアジアでは，バイオアルベド効果が強いことを示している．

　近年，氷河のアルベドが徐々に低下している地域があることが明らかになっている．氷河のアルベド低下を暗色化とよんでいる．氷河の暗色化は，長期的な氷河の表面アルベドの観測から明らかになった．たとえば，ヨーロッパアルプスの氷河では，12年間にわたり氷河上の気象測器でアルベドを観測した結果，夏の氷河表面のア

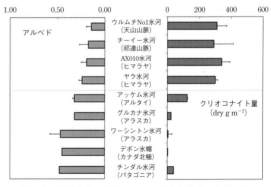

図6.1　世界各地の氷河のアルベドとクリオコナイト量

ベドは，0.32 から 0.15 まで低下したことがわかった（Oerlemans et al., 2009）．そのアルベド低下の原因は，表面不純物量の増加であった．この不純物はダストやクリオコナイトを含むと考えられるが，そのアルベド低下による氷河融解の増加の効果は，気温に換算するとおよそ 1.7 ℃の上昇に匹敵すると見積もられている．

　グリーンランド氷床では，第 5 章で説明した通り衛星観測から暗色化した表面の面積の増加が明らかになっている．米国の地球観測衛星の MODIS で，グリーンランド氷床の融解期 7 月の 2000 年から 2014 年の 15 年分の写真を確認したところ，2000 年以降，氷河の消耗域の裸氷域の面積が増加しただけでなく，その裸氷域の中で特にアルベドが低い暗色域の面積が拡大していることがわかった（図 6.2, Shimada et al., 2016）．2010 年と 2012 年は特に暗色域の面積が大きく拡大した．最大となった 2012 年の面積は，最小だった 2001 年の 7.6 倍の面積であった．これらの暗色域は，クリオコナイトや藻類が原因であることがわかった（Williamson et al., 2020）．つまり，グリーンランド氷床の暗色化はバイオアルベド効果の増大によるものであるといえる．

　バイオアルベド効果は，氷河だけでなく季節性の積雪でもみられる．Thomas et al.（1995）は，米国カリフォルニアの高山で発生した赤雪現象のアルベドを測定し，藻類の細胞濃度との間に有意な負の相関があること，つまり赤雪によってアルベドが低下していることを示した．しかしこの地域の積雪では赤雪は直径数十 cm のパッチ状にしか分布しないため，赤雪によるアルベド低下が地域全体に及ぼす影響は小さいと結論されていた．ところがその後，赤雪による積雪アルベドの低下が航空機や衛星画像によって広範囲に観測されるようになると，北米や北極圏の積雪域では赤雪のバイオアルベド効果は無視できないほど大きいことがわかってきた．北極圏に近いアラスカのハーディング氷原では，2014 年に 700 km² の範囲で赤雪が発生し，この赤雪が同氷原の雪氷融解の17 ％に寄与していたことが，Landsat-8 の衛星画像から示されている（Ganey et al., 2017）．北極圏のグリーンランド，スバールバル諸島，スウェーデン，アイスランドの融雪期の積雪では，赤雪によってアルベドが平均 0.13 低下することが報告されている（Lutz et al., 2016）．

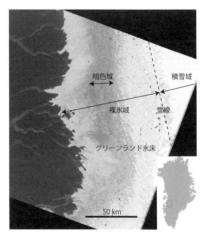

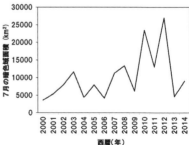

図 6.2　グリーンランド氷床の暗色域の衛星写真とその面積の年変動［Shimada et al., 2016］

微生物とアルベド，融解との関係

　バイオアルベド効果の大きさをアルベドの低下値として直接的に求める方法には，観測から経験的に求める方法と，光学的な物理過程を計算するアルベド物理モデルを使った方法がある．観測による経験的な方法は，比較的簡単な式でその効果を求めることができるが，その式は不純物の種類の割合や場所によって変わるため，汎用性が低い．一方，物理モデルは，不純物の物理的性質を基に計算するので，どんな条件でも正確に計算できるが，計算に必要な変数が多く複雑である．それぞれ一長一短があるが，まず経験的にバイオアルベド効果を評価する方法をみていこう．

　Lutz et al.（2016）は，北極圏のさまざまな積雪で観測を実施し，赤雪を引き起こす藻類とアルベドの定量的な関係を求めている．彼女らは，積雪中の藻類細胞の濃度 x（細胞体積バイオマス，$mm^3 L^{-1}$）から融雪期のアルベド y を推定する経験式（$y = -0.0025x + 0.6929$）を求めた．しかしながら，このような単純な線形の経験式は，藻類量が一定量を超えればアルベドがゼロを下回ってしまうので，現実的な式とはいえない．

　バイオアルベド効果によって雪氷の融解がどれくらい加速されるかを，アルベドを介さずに直接求める方法もある．一般に気温から雪氷の融解量を経験的に推定するときには，ディグリーデー法という方法が用いられる．雪氷の融解量は気温が高いほど多くなることが経験的にわかっているので，気温の日平均値の合計にある比例定数を乗ずることで雪氷の融解量を見積もることができるのだ．この比例定数は，気温と雪氷の融解速度の関係を示し，ポジティブ・ディグリーデー・ファクター（Positive Degree Day Factor；以下 PDDF と略）とよばれている．アルベドが低くなるとその比例定数 PDDF は大きくなる．つまり，バイオアルベド効果がある雪氷面の融解速度は，効果のない表面に比べて速くなるので，この PDDF を比較すれば，バイオアルベド効果がどれくらい融解を加速しているかを評価することができるのだ．

　ネパール・ヒマラヤのヤラ氷河のバイオアルベド効果をディグリーデー法を用いて経験的に計算した先駆的研究が，Kohshima et al.（1993）である．氷河上で気象観測と氷河融解量の測定を行った結果，微生物を含むクリオコナイトに覆われた氷表面では，クリオコナイトを取り除いた氷表面よりも PDDF が約3倍大きいことを明らかにした．つまり，この氷河では融解速度がクリオコナイトによって3倍加速されているということである．東シベリアのスンタルハヤタ山域の氷河観測では，PDDF が氷河表面で繁殖する暗色の色素をもつ藻類アンキロネマ・ノルデンショルディのバイオマスと正の相関をもつことが明らかになった（Takeuchi et al., 2015）．この PDDF から藻類のバイオアルベド効果を求めると，氷河の融解速度を2倍以上速めていることがわかった．

アルベド物理モデル

　経験的にバイオアルベド効果を求めることは，比較的簡単な観測でできる一方，汎用性がないことが大きな問題となる．また，その観測では，微生物以外の不純物によるアルベド低下効果がどれくらいあるのかを求めることができない．このような問題を解決する方

法が，アルベド物理モデルとよばれる，光学的物理過程に基づいてアルベドを計算する方法である，

　アルベド物理モデルは，雪氷内に入射する光に対して，雪氷粒子や不純物による吸収，透過，散乱の物理プロセスを雪氷の各層で計算する．その後，最終的に雪氷面から再度放射された光を求めて，入射光に対する反射光の比としてアルベドを求める．代表的なアルベド物理モデルとして，たとえば Flanner et al.（2005）と Aoki et al.（2011）は，それぞれ SNICAR と PBSAM とよばれる積雪層内の光の多重散乱を考慮したアルベド物理モデルを提案している．これらのモデルは，積雪粒子のミー散乱理論を適用して積雪の放射伝達過程に基づいてアルベドを計算している．加えて，両モデルでは，無機物の不純物（鉱物ダストやスス）といった吸光性不純物の効果を，雪中濃度，粒子サイズ，光学特性である複素屈折率を与えることによって計算している．

　アルベド物理モデルは，太陽天頂角，太陽方位角，雲量，積雪物理条件に加えて，雪中の不純物濃度まで考慮して波長別アルベドを計算することが可能であり，広く雪氷融解過程の計算に利用されている．しかしながら，上記のどのアルベド物理モデルも提案時点では，吸光性不純物として無機物の不純物（鉱物ダストやスス）といった大気由来の物質のみが考慮されており，微生物やそれに由来する有機物は含まれてはいなかった．微生物の光学特性を基に細胞による吸光を定量化できれば，微生物を不純物の一種としてバイオアルベド効果をアルベド物理モデルに導入することが可能である．

　Cook et al.（2017）は，藻類の色素構成，細胞サイズ，細胞濃度をパラメータとして SNICAR に導入したアルベド物理モデルを発表した．このモデルでは，導入したパラメータを基に1細胞あたりの波長別吸光を求める．そして，求めた細胞の波長別吸光と細胞濃度に応じて細胞の吸光効果によるアルベドの低下率を求める．そのため，このモデルはバイオアルベド効果を反映したアルベドを計算することができる．このモデルは，現在 Bio-SNICAR として公開されており，さまざまな地域のバイオアルベド効果の計算に使われ始めている．同様に Onuma et al.（2020）も，アルベド物理モデルを用いて赤雪の効果を計算し，実際にグリーンランドで観測した赤雪の発生に伴うアルベドの低下を無機物と藻類の不純物濃度をもとに再現することに成功している（図6.3）．

　このようにバイオアルベド効果は，アルベド物理モデルで計算されるようになったものの，雪氷中でアルベドに影響を及ぼす微生物は種類が多く，アルベド物理モデルで計算するために必要なそれぞれの光学特性の情報がまだ不足している．たとえば，赤雪のサングイナ属藻類のようにアスタキサンチンという赤い色素をもつ微生物や，アンキロネマ属藻類のようにプルプロガリンという紫がかった色素をもつ微生物もいる．また，クリオコナイトの場合は，それに含まれる腐植物質という暗色の物質がアルベドの低下に影響している．これらの物質の光学特性やモデルに必要な定数が求められればアルベド物理モデルの実用性はさらに高まるだろう．

　積雪表面では，積雪粒子が空間的に比較的均一に分布しているので，アルベド物理モデ

ルを計算するには理想的である．一方，氷河の裸氷域の場合，氷表面は積雪のように均一条件ではないことが，アルベド物理モデルの適用を難しくしている．氷河の氷表面は，実際歩いてみると，表面の凹凸が多く，融解水が不均一に網目のように水流をつくって流れている．さらにその融解水の流れによって不純物は表面に不均一に堆積している．またクリオコナイトホールや氷河上湖といった構造も形成される．氷河表面に風化氷のような隙間の多い氷が形成されると，それも光の透過性に影響しアルベドに影響する．このような氷表面の複雑な状態をどのようにモデルで表現するかが，今後の課題である．

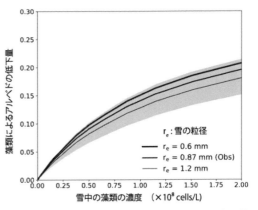

図 6.3　モデルから求めた赤雪の藻類量とアルベド低下量の関係［Onuma et al., 2020］

氷河の融解と熱収支

　バイオアルベド効果によるアルベド低下が，雪氷の融解速度にどれくらい影響するのかを，ディグリーデー法のような経験的な方法ではなく，物理的過程に基づいた計算によって求める方法は熱収支法とよばれる．熱収支法では，雪氷の融解量を求めるために，雪氷に吸収される熱エネルギー量が用いられる．雪氷が液体の水になるために必要な熱量，いわゆる融解熱は 333.6 kJ/kg である．これは雪または氷を 1 kg 融かすには，333.6 kJ のエネルギーが必要ということである．つまり，雪氷面に吸収される全エネルギー量を求めることができれば，この融解熱で割ることで雪氷の融解量を求めることができる．

　氷河が 1 日に融ける速度を求める場合，1 日に氷河表面に吸収されるエネルギーを求めて，それを水の融解熱で割ればよい．一般に地球科学では MSK 単位系を用いるので，氷河の融解速度を求める場合，1 m² に 1 秒あたりに吸収されるエネルギーを計算する．1 秒あたりのエネルギーの移動量（J/s）には W（ワット）という単位が用いられることから，融解速度を求めるためのエネルギーの単位は，W/m² となる．このように氷河表面の融解速度を求めるために，1 秒間に氷河の単位面積（1 m²）に入力するエネルギー（フラックス）の合計を，熱収支またはエネルギー収支という．

　氷河を融かす熱エネルギー，つまり大気から雪氷面に伝わる熱エネルギーには大きく 3 つある．放射熱，顕熱，潜熱である．放射熱は，電磁波として雪氷面に入射するエネルギーである．ここでいう電磁波とは，主に紫外線，可視光線，赤外線などの光である．放射熱はさらに大きく 2 種類に分けられ，短波放射とよばれる太陽放射エネルギーと，長波放射とよばれる地球放射エネルギーである．太陽から地球表面に垂直に入射する短波放射は太陽定数とよばれ，大気の上端で約 1370 W/m² である．実際の雪氷面に入力する短波放

射は，太陽高度（天頂角）や大気，雲の影響を受けてこの太陽定数より小さくなる．さらに短波放射の一部は雪氷面に吸収されずに反射される．この反射率がアルベドである．したがって，雪氷面に吸収される短波放射は，1からアルベドを引いた数を雪氷面に届いた太陽放射に乗じた値となる．バイオアルベド効果は，直接的にはこの短波放射の入射量に影響する．長波放射は，すべての物体から放射される波長の長い赤外線で，そのエネルギーは物体の絶対温度の4乗に比例する．雪氷面に入る長波放射は，主に地球の大気や雲から放射されるもので，上空に雲が多いほど長波放射は大きくなる．

　顕熱は，伝導熱ともいわれ，大気から雪氷面に直接伝わる熱である．この熱エネルギーの量は，気温と雪氷面の温度差と風速に比例し，その比例定数を顕熱のバルク係数という．潜熱は，水の相変化に伴う熱の移動の量である．たとえば，大気中の水蒸気が雪氷面に接して水となると，水の相変化に伴う凝結熱が放出される．潜熱は，大気の湿度と風速に比例し，その比例定数を潜熱のバルク係数という．雪氷面から水が蒸発する場合は，凝結熱を奪われるので，潜熱は負の値となり，その分，融解が抑えられることになる．

　以上の3つの熱エネルギーの合計をもとめれば，雪氷の融解速度を計算することができる．その熱エネルギーの合計を，雪氷の融解熱 333.6 kJ/kg で割ることで，1 m^2 あたりの融解する雪氷の質量（kg）または，融解による雪氷の表面低下量（m）が求まる．

　近年の氷河の融解量の増加の原因を考えるとき，地球温暖化による気温の上昇は，顕熱が増えることで，融解を加速する．一方，雪氷微生物による雪氷面の着色は，アルベドの低下によって放射熱が増えることで，融解を加速する．アルベド低下による融解の加速は，日射が強い場所ほど大きい．このようにして，アルベドの低下が融解量へ与える影響を計算することができる．

　実際の雪氷微生物のバイオアルベド効果を表現するときは，氷河の融解量よりも，計算した放射エネルギーの増加分を放射強制力として表すことが多い．最終的な融解量の変化は，アルベドの変化による放射熱の増加量に依存するためである．たとえば，グリーンランドのカナック氷河の赤雪藻類の繁殖によるバイオアルベド効果は，アルベドで0.04の低下と計算で求められ，放射強制力にすると 7.5 W m^{-2} となる（Onuma et al., 2020）．

氷河はなぜ暗色化するのか

　北極圏や山岳氷河で近年暗色化が進んでいることが明らかになっているが，それではなぜ氷河は暗色化するのだろうか．その原因は地球温暖化にあるのだろうか．現時点ではまだその原因ははっきりとわかっていない．地球温暖化が進むほど氷河が暗色化するとすれば，氷河の融解は気温上昇に加えて日射吸収によっても融解が進むことになり，このバイオアルベド効果は正のフィードバックとして働くことになる．温暖化が雪氷微生物の有機物生産量を増やし，暗色化の原因である藻類やクリオコナイトの堆積量を増やしているのだろうか．温暖化とは関係なく大気からの栄養塩供給の増加が，微生物繁殖量の増加を引き起こしている可能性もある．さらに氷河表面のクリオコナイトホールが崩壊すれば，微生物量が増えなくても，ホール内のクリオコナイトが周囲に広がることで暗色化が進むこ

とになる．単に雪氷微生物の生産量だけでなく，このようなクリオコナイトホールの崩壊や発達の物理的プロセスも暗色化に大きく影響する．氷河暗色化のプロセスは，特定の微生物の繁殖量の変化というよりも，氷河生態系の変化として考えることが重要である．温暖化と氷河生態系の関係については，最後の節で詳しく考えよう．　　　　　　　　　［竹内　望］

6.2　アイスコア研究と雪氷微生物

アイスコア解析とは

　温室効果ガスによる温暖化の可能性など，将来の環境変動を予測するためには，過去に環境がどのように変動してきたかを理解する必要がある．氷河に堆積した雪や氷の研究は，過去の環境（古環境）を推定し，その変動を復元するための重要な手段となってきた．氷河の氷は過去に降り積もった雪が圧縮されて形成されるため，氷河の深い部分の氷には，その時代の降雪中の水分子だけでなく，積雪に含まれていた空気や化学成分，微粒子も含まれているからだ．つまり，氷河の氷は「過去の降水と大気の化石」のようなものなのだ．

　しかも，氷河の涵養域では，毎年降った雪が前年の雪の上に順次堆積してゆくため，表面にある今年の雪の層の下には，去年の雪の層があり，その下には一昨年の雪の層があり，というように，過去の雪と氷の層が年代順に堆積している．こうして，山岳氷河では数百年から数千年分，南極氷床では数十万年分の雪や氷の層が堆積しているのだ．つまり，氷河には過去から現在までの環境情報を含んだ雪や氷が年代順に保存されていることになる．したがって，このような氷河の雪や氷の層を，表面から底部に向かって特殊なドリルで掘削して取り出した円柱状の氷サンプル（アイスコア）を連続に分析すれば，過去から現在に至る気候や環境の変化を知ることができる．このような，アイスコアの分析によって過去の環境を復元しようとする研究を，アイスコア研究という．

　アイスコア研究で過去の環境を復元するために使われる方法の1つに，水の安定同位体比分析による気温推定法がある．水の安定同位体比とは，アイスコアの水分子を構成する水素または酸素に含まれる，質量数の大きい重い安定同位体の比率である．たとえば，酸素原子には質量数が16と17と18の安定同位体が存在する．地球上に存在する酸素原子のほとんどは質量数16であるが，質量数17のものが約0.2%，質量数18のものが0.02%含まれているのだ．重い同位体を含む重い水分子が蒸発して降水に含まれる比率は，気温が高いほど大きくなり，気温と正の相関関係にある．だから，アイスコアに含まれる重い酸素安定同位体の比率から，その雪が降った当時の気温を推定することができるのだ．

　また，アイスコアには過去の空気も保存されている．積雪が押し固まって氷になるときに，積雪中に含まれていた空気が気泡となって閉じ込められるからだ．この空気を分析することによって，過去の大気中の二酸化炭素濃度などを推定することもできる．

　したがって，氷河や氷床のアイスコアを連続的に分析することで，数百年から数十万年の気温の変化だけでなく，気温と大気中の二酸化炭素濃度との関係も復元することができるのである．

150

　このようにアイスコアの研究は古環境復元の有力な手段であるが，長い間，氷河は無生物的な環境だとみなされ，氷河上での生物活動が想定されてこなかったため，アイスコア解析の環境指標としては，水の安定同位体比や化学成分，微粒子などの，物理的指標や化学的指標のみが利用されてきた．しかし，近年の氷河生態系の研究の進展によって，アイスコア中に保存されている雪氷微生物が古環境復元の新たな環境指標としても役立つことがわかってきた．

アイスコア中の雪氷微生物を利用した古環境復元

　アイスコア中には氷河表面で増殖した雪氷微生物も保存されている．氷河の涵養域では，毎年，春から夏に氷河の表面で増殖した微生物が，秋から冬に降り積もる雪に埋められて，氷河の氷の中に取り込まれるからだ．したがって，氷河に堆積した雪や氷には，微生物を含んだ層が，毎年形成されて年代順に積み重なって保存されている（Kohshima, 1987）．だから，氷河の深い部分からアイスコアを取り出せば，深く掘れば掘るほど，古い時代に氷河表面で増殖した微生物を得ることができる（図1.15）．

　筆者らがヒマラヤや西崑崙，北極などの氷河で採取したアイスコアには，このような雪氷微生物を含んだ氷層が多数含まれていた（Yoshimura et al., 2000; 2006; Kohshima et al., 2002）．これらの微生物の増殖にはさまざまな環境要因が影響しているため，アイスコア中の雪氷微生物は，それらの微生物が増殖した時代の環境を推定するための手がかり（環境指標）となる可能性がある．アイスコア中の氷河微生物を新たな環境指標として利用できるようになれば，従来の物理・化学的指標では得られなかった環境情報が得られる可能性が高い．

　調査の結果，アイスコア中の雪氷微生物を含む層の位置や，各層に含まれている微生物の量や種類組成が，古環境復元の新しい情報源として利用できることが明らかになってきた．

雪氷微生物を利用したアイスコアの年代決定

　まず明らかになったのは，アイスコア中の雪氷藻類が，彼らが増殖可能な期間（春から秋の融解期）に堆積した雪や氷の層を示す目印となることだ．藻類は融解水と光がないと増殖できないからだ．

　図6.4はロシア・アルタイ山脈にあるベルーハ山の氷河で深さ4.5 mの竪穴（ピット）を掘り，表面から穴の底まで5 cm刻みで雪のサンプルを採取し，サンプル中に含まれる雪氷藻類の量と酸素安定同位体比の深さによる変化を示したものである（Uetake et al., 2006）．雪氷藻類量のグラフから，雪氷藻類を多く含む層が表面付近の深さ約0.5 mと2 m付近，4 m付近にあり，その間には雪氷藻類をほとんど含まない層があることがわかる．雪氷藻類を多く含む層は藻類が増殖可能な春から秋に堆積した層，ほとんど含まない層は融解がほとんど起こらない冬に堆積した層に対応する．藻類は融解水がない冬には増殖できないからだ．したがって，この4.5 mの積雪層には表面から順に今年の夏（藻類増殖期）層と昨年の冬層，昨年の夏層，一昨年の冬層，夏層が含まれていると推定された．深さ

2 m 付近にある昨年の夏層の藻類量に複数のピークが見られるのは，融解期後期（秋）の降雪によって雪氷藻類が何度も雪に埋められ，光不足による増殖の中断と融解による再開が繰り返されたためだと考えられる.

　この結果から，アイスコア中の藻類を含む夏層と含まない冬層を表面から順に数えてゆけば，その氷が何年前のどの季節に降った雪からできたものかを推定できることがわかった.

　従来のアイスコア解析では，このような夏層と冬層の判別によるアイスコアの年代決定は，水の安定同位体比分析によって行われてきた．前述のとおり気温による降

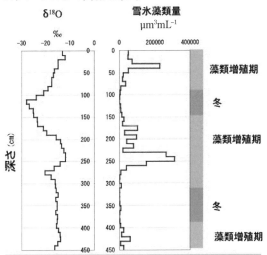

図 6.4　氷河積雪中の雪氷藻類と酸素安定同位体比の深度分布

水の安定同位体比の季節変化を利用して年代決定を行ってきたのだ．しかしこの方法には，ヒマラヤやパタゴニアなど，温暖な地域の氷河のアイスコアではうまく使えないという大きな制約があった．温暖な地域の氷河では夏には涵養域でも盛んに表面で融解が起こり，表面で融けた夏層の重い水が深く染み込んで前年の冬層の軽い水と混ざってしまうので，安定同位体比の季節変化が検出できなくなるからだ．図 6.4 でも，表面付近にある今年の夏層と昨年の冬層の酸素安定同位体比（δ¹⁸O）の違いは明確で，雪氷藻類から推定した夏層・冬層とよく一致しているが，深い部分では δ¹⁸O の季節変化が不明瞭になっていることがわかる．また，このような融解水の浸透によって，水の安定同位体比だけでなく，積雪中の化学成分も混ざってしまうので，温暖な地域の氷河のアイスコアでは化学成分を利用したアイスコア解析もうまくいかないことが多かった.

　しかし，アイスコア中の雪氷藻類を利用することによって，従来の方法では困難だった温暖域の氷河アイスコアの年代決定が可能になったのだ．また，解析の対象となった年の夏と冬それぞれの積雪量を推定することも可能になった.

雪氷微生物の量（バイオマス）からわかること

　アイスコア中の各年代の夏層の氷に含まれる雪氷藻類の量も，その年の藻類増殖期間中の氷河上の環境を示す環境指標として利用できることがわかってきた.

　図 6.5 は，ヒマラヤのヤラ氷河で採取したアイスコアの夏層に含まれる雪氷藻類量と，夏の平均気温および質量収支との関係を示したグラフである（Yoshimura et al., 2006）．夏

の質量収支とは，雪氷藻類の増殖期間中に降った雪の量から融解量を差し引いた値で，雪氷藻類の増殖期間中に，雪氷藻類の上に積もっていた雪の厚さの指標と考えることができる．この図から，雪氷藻類の量は，その年の夏の気温とゆるやかな正の相関関係にある，つまり夏の気温が高いほど多くなる傾向があることがわかる．また，積雪量の指標である質量収支とは強い負の相関関係にあること，つまり雪氷藻類量は夏の積雪量が多いほど少なくなることがわかった．気温と正の相関関係があるのは，気温が高ければ融解期間，つまり藻類の増殖可能な期間が延びて藻類の増殖量が増えるからだと考えられる．また，質量収支と負の相関関係があるのは，藻類の増殖期に氷河表面が積雪に覆われると光合成に利用できる光量が減るからだろう．気温より質量収支との相関が強いのは，この氷河では増殖に利用できる融解水の有無よりも，積雪による光の制限のほうが雪氷藻類の増殖量に強く影響していることを示唆している．

　これらの結果から，アイスコア中の各年層に含まれる雪氷藻類の量は，その年の夏（藻類増殖期）の気温や積雪量の指標として利用できることが明らかになった．

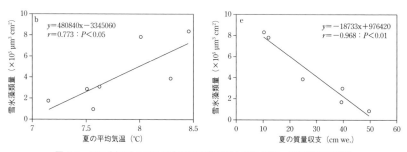

図6.5　ヤラ氷河アイスコア中の雪氷藻類量と夏の気温，質量収支の関係

雪氷微生物の種類相からわかること

　さらに，アイスコアに含まれる雪氷藻類の種類相の変化も，昔の環境を知る手がかりとなることがわかってきた．第3章で説明した通り，雪氷藻類相は氷河の高度によって変化する（Yoshimura et al., 1997）．ヒマラヤのヤラ氷河上では10種類を超える雪氷藻類が確認され，その中でも最も量の多かった3種はそれぞれが氷河の上流，中流，下流で最も優占度が高くなることがわかる（図3.19）．つまり，この氷河上の雪氷藻類相は，最も優占する種の違いによって，上流域型，中流域型，下流域型の3タイプに分けることができるのだ．これら3タイプの雪氷藻類相は，氷河の涵養域上部にある安定した積雪環境と，平衡線周辺の積雪と裸氷が時間的・空間的に入り混じる環境，消耗域下部にある安定した裸氷環境にそれぞれ対応しており，それぞれの環境に適応した種が優占していると考えられる．したがって，気温や降水量の変化などの環境変化が起これば，氷河の平衡線の高度が変わり，それに応じて氷河上での微生物分布が変わるため，アイスコアに記録される微生物の種類相も変化する可能性がある．たとえば，アイスコアは涵養域で採取されるため，通常の年

の年層には上流域に多い藻類が主に含まれているが，特に暖かかった年の氷には，中流域や下流域の暖かい環境に分布する藻類が通常より多く見つかることが予想される.

雪氷微生物を利用したアイスコア解析の利点

　長い間，氷河の雪氷中での生物活動が想定されてこなかったため，従来のアイスコア解析では，主に安定同位体比や化学成分などを環境指標として利用してきた．しかし，安定同位体や化学成分は，融解水の浸透による影響を受けやすいため，温暖な地域の氷河アイスコアでは環境指標として利用できなかった．だから，従来のアイスコア研究のほとんどは，極地や高山にある，寒冷で融解水の浸透の影響が少ない氷河や氷床で採取された，限られたアイスコアを対象に行われ，温暖域のアイスコアから古環境情報を復元しようとする研究は非常に少なかった.

　しかし，アイスコア中の雪氷微生物を環境指標として分析すれば，ヒマラヤなど中低緯度の氷河アイスコアなど，これまで利用できなかった温暖地域のアイスコアからも古環境情報を引き出すことが可能になると考えられる．融解が多いと使えなくなる物理的・化学的指標とは反対に，雪氷中の微生物活動は融解が大きくなるほど増加し，情報量も増えるからである．つまり，雪氷微生物を利用したアイスコア解析によって，これまでアイスコア解析によって古環境情報を得られなかった地域からも情報を得られることが期待できる．実は，世界の大部分の地域の氷河では，夏には涵養域でも融解が進むため，従来のアイスコア解析法がうまく適用できないのだ.

　たとえば，温暖な地域に発達するパタゴニアの氷河では，激しい融解のため従来のアイスコア解析法による年層判別が困難だったことにより，涵養域での年間積雪量や降水量がうまく推定できなかった．しかし，第5章でも紹介したように，パタゴニア南氷原で採取したアイスコアを，雪氷藻類を夏層の基準として分析した結果，アイスコアとして採取された約46 mの積雪層が過去わずか約2年の間に堆積したものであることが明らかになった．つまり，パタゴニア南氷原の涵養域では，少なくとも年間1万2900 mm以上という世界最大級の降水量があることが，アイスコア中の雪氷微生物を利用することによって，初めて明らかになったのだ（Koshima et al., 2007，図5.15).

アイスコア中のDNA分析

　現在では微生物の検出にDNAが使われることが一般的となり，アイスコア解析にもDNA分析が応用されている．環境DNAという，ある環境試料の中に含まれる16S rRNAや18S rRNAといった生物種を決めるために使われるマーカー遺伝子のDNAを網羅的に解読し，試料中の全生物種を明らかにする方法が普及してきたのだ．メタバーコーディングとよばれるこの方法は，アイスコアサンプルにも応用可能である．アイスコア中のDNA解析をすると，バクテリアを含む多数の生物種が検出される．グリーンランド氷床のアイスコア底部からは，クラミドモナス・ニバリスなどの雪氷藻類の他，昆虫類，植物，菌類など，多様な生物のDNAが検出された（Willerslev et al., 2007）．アイスコアには，雪氷上で繁殖した微生物だけでなく，大気を介して氷河上に飛来し堆積した生物片なども保存さ

れていたのである．この結果から，過去にはグリーンランドにいまより豊富な生物相が存在していた暖かい時代があったことが明らかになった．

　古い時代の化石試料などに残されている DNA を古代 DNA という．DNA は比較的安定な分子構造をもっているが，それでも長期間経つと断片化が進んでしまい，配列の解読はできなくなってしまう．しかし，近年の分析技術の進歩は，さまざまな化石試料からの DNA 解読を可能にしてきており，遺跡の遺物や化石の生物種の特定などに利用されている．アイスコアに保存されている DNA は，長期にわたって冷凍保存されていたものなので，他の環境試料中のものより保存状態がよく解読もしやすいのが特徴である．アイスコア中の DNA は，古代 DNA の中でも質のよい試料といえる．

　中央アジアの天山山脈の氷河で掘削されたアイスコア試料では，約1万2500年前の層からシアノバクテリアの DNA が検出された（Segawa et al., 2018b）．このシアノバクテリアは，現在氷河の表面でクリオコナイトを形成しているものと同種であった．この結果は，1万2500年前から同じ種のシアノバクテリアがこの氷河で繁殖し，クリオコナイトを形成していたことを示している．一方，種は同じであっても DNA 配列には時間とともに変異が蓄積される可能性がある．特に DNA の中でも機能をもたない中立な部分では，変異速度が速いことが知られている．このような DNA の変異速度を求める研究は，長い時間が必要なので一般には難しいが，アイスコア試料を使えば，過去と現在の DNA 配列の比較から変異速度を直接求めることができる．この方法でシアノバクテリアの 16S-23S rRNA 遺伝子配列に含まれる ITS 領域という機能をもたない領域の変異速度を求めたところ，1000万年あたり 2.3 から 5.7ヵ所の塩基配列が変異するという結果が得られた．シアノバクテリア遺伝子の進化速度が得られたのは，これが初めてのことである．このように時間を超えた試料が得られるアイスコア研究は，微生物の進化の理解にも新しい手段を与えてくれる．

［竹内 望・幸島 司郎］

6.3　地球外の雪氷と生命の可能性

雪氷生物と地球外生命

　2020年に日本の小惑星探査機「はやぶさ2」が小惑星リュウグウの岩石のサンプルを採取して，地球に帰還した．2010年の「はやぶさ」に続く快挙である．はやぶさだけでなく各国が，小惑星や惑星，地球外天体の探査を行っている．その探査の大きな目的の1つは，生命の起源と地球外生命の存在を確かめることである．生命体は広い宇宙で地球にのみ存在するのか，古くから人類がもち続けるテーマである．

　地球外の天体に生命体が存在するとすれば，どんなものなのだろうか．宇宙人とまではいかなくても，微生物のような生命体であれば存在し得るのではないか．地球外生命体の可能性についてはさまざまなものが検討されているが，その中で雪氷微生物もその可能性の1つとして注目されている．それは，雪氷は地球外にも普遍的に存在するものであるか

らである.

雪氷で満ち溢れる宇宙

　雪氷は，我々が暮らす地球特有の現象ではなく，じつは宇宙の至るところに広く存在する. 水という物質は宇宙でも普遍的な物質であり，さらに宇宙のほとんどの領域が極低温の世界だからである.

　なぜ水は宇宙の中で普遍的に存在しているのだろうか. それは，水を構成する水素原子と酸素原子が，宇宙で最も大量に存在する原子であるからである. 水は，分子式で H_2O と表現される通り，一つの酸素原子と二つの水素原子からなる分子である. 原子番号1の水素原子は，原子核が陽子一つからなる最もシンプルな原子である. 水素原子は，宇宙誕生時のビッグバンで最初に生成された原子であるため，原子の中では宇宙に最も多く存在する. 酸素原子は，ビッグバンの後に誕生した恒星で生成された原子である. 恒星では，核融合反応で水素からヘリウムが生成され，さらにヘリウムから炭素と酸素が生成される. したがって，宇宙に無数にある恒星で，水素原子からヘリウムを経て炭素原子，酸素原子が生成されるため，そのうちの水素原子と酸素原子が結合してできる水分子は，宇宙に普遍的に存在する物質なのである.

　我々の太陽系にも，水分子は氷として広く分布する身近な物質である. たとえば，月の表面にも氷の存在が確認され，火星の極地には巨大な氷床が存在する. 土星の輪は氷でできており，木星には氷に覆われた衛星が存在する. さらにほうき星として知られる彗星も氷とダストからなる天体で，その尾は太陽に接近することで融けた氷に由来する.

　地球上の生命の存在には，液体の状態の水が不可欠である. 液体の水は，さまざまな化学反応の媒体となるためである. 地球のように液体の水が豊富に存在する天体は限られているかもしれないが，氷であれば多くの天体に存在する. 氷から生じたわずかな水で繁殖する雪氷微生物であれば，地球外の天体でも生存できる可能性がある. したがって，氷を探査することは，地球外生命体の発見への近道ともいえるのである. 同時に宇宙での雪氷の分布や性質を知ることは，生命の起源を理解することにもつながる. では，具体的に地球外にはどんな雪氷が存在するのか，我々の太陽系の雪氷のすがたを見てゆくことにしよう.

火星の氷河

　地球の一つ外側の軌道を公転する火星は，地球とよく似た特徴をもつ惑星である. 1日の長さである自転周期は約24時間40分で地球の1日に非常に近く，自転軸の傾きも25度と地球の23.5度に近いため似たような季節が存在する. 一方，1年の長さは687日と地球の約2倍，惑星の直径は地球の約半分で，重力は地球の3分の1ほどである. 平均気温は約−50℃と，地球に比べて極寒の世界であるが，赤道付近では夏には0℃を上回り，最高20℃近くにもなることもある. 望遠鏡で火星が赤く見えるのは，主に酸化鉄の岩石に表面が覆われているためである. しかしよく見ると，火星の北極と南極付近には，巨大な白い塊を見ることができる. これは，極冠とよばれる火星の巨大な氷河である.

　極地に大きな氷河（極冠）が存在することは，地球によく似ている．ただし，火星の極冠には，地球の南極氷床やグリーンランド氷床には存在しない，多くの不思議な特徴があることがわかっている．火星の極冠を写真で見る限り，南極の極冠よりも北極の極冠のほうが大きく見える．しかし実際は，南極の極冠では大部分が砂に覆われて白い氷が見えていないだけで，氷の量は南極の極冠のほうが大きい．火星の北極の極冠の直径は，1000 km 程度で，地球の南極氷床より小さい．ただし，氷の厚さは 4000 m 近くあるとされ，地球の南極氷床よりも厚い．火星の周回衛星がとらえた極冠の写真をよく見ると，大きさだけでなくその形にも地球の氷床にはない独特の特徴がみられる（図6.6）．その1つは渦巻き型の模様である．写真を見ると極冠全体が渦を巻くような構造をもつことがわかる．この茶色く見える渦の部分は，深さが 1000 m を超える巨大な谷地形であることがわかっている．地球の氷床にはこのような構造はなく，このような巨大な氷の谷地形がどのようにして形成されたのかはまだわかっていない．もう1つの特徴は，極冠の面積が季節によって大きく変化することである．これは冬の降雪による面積の変化とも思えるが，じつはたんなる降雪ではないことがわかっている．冬に極冠の面積が大きくなるのは，ドライアイス，つまり二酸化炭素の氷が形成されるためである．火星の極地では，冬には気温が −100 ℃近くになるので，大気中の二酸化炭素がドライアイスの雪や霜となって水の氷でできた極冠の表面を厚く覆う．だから火星の極冠は，冬期に面積が大きくなったように見えるのだ．このような水の氷の本体にドライアイスが覆いかぶさるという構造は，地球の氷床にはない特徴である．

　火星には，極冠の他にも氷河や凍結湖，永久凍土，降雪現象などの雪氷圏の存在が確認されている．アメリカ NASA が 1996 年に打ち上げた火星探査機マーズ・グローバル・サーベイヤーは，火星を周回して表面地形の測量を行うとともに克明な写真を撮影した．その中の1枚には，クレーターの壁から液体の水が流れた痕跡がはっきりと見える．地球の氷河によく似た，クレバスのある氷が流れたような地形も多数観察されている．ただし，現在の火星の大気の条件では，中低緯度帯では氷は安定して存在できないと考えられている．したがって，現在の火星に見られる氷河はデブリ氷河か，岩石氷河とよばれる氷と岩屑の混合体が流れているものであると考えられる．1970 年代に打ち上げられたアメリカのバイキング探査

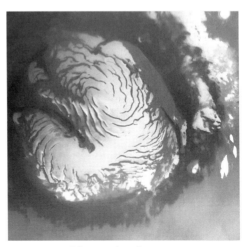

図6.6　火星の北極にある極冠 ［NASA/JPL/Malin Space Science Systems］

機は，火星の地表面が雪または霜で白くなった写真を撮影している．2000年以降，火星に着陸したNASAの探査機は，水が流れた痕跡や水に由来する鉱物も発見している．このように火星には確かに動的な雪氷圏が存在するのである．

　火星にこれだけ豊富な氷が存在することは，気候が少しでも温暖になることがあれば，より豊富な液体の水が存在するチャンスがあるということである．実際，いまから約30億年前には，火星の表面の約半分を覆う規模の海が存在していた，という説もある．いまでは干上がってしまっているが，その海の水は，現在も地下と極冠に氷として保存されているという．海があった時代に生命が誕生していれば，その一部は氷の中に保存されているかもしれない．

　火星にはこれだけの雪氷とその融解の証拠があることから，雪氷微生物の存在には大きな期待がもてる．極冠付近に探査機を着陸させるのは技術的に難しいため，極冠を含む極地の探査はまだほとんど行われていない．探査機の着陸場所は，着陸が容易で太陽電池を用いることのできる低緯度の平原が選ばれることが多いからだ．極地に向けた今後の探査機の計画に期待したい．ヨーロッパの欧州宇宙機関ESAは，エクゾマーズ（exsomars）という生命探査を目的とした火星探査機の打ち上げを計画している．その探査機には，生命を検出するためのさまざまなセンサーが搭載される計画であるが，その中の1つにラマン分光器がある．ラマン分光器は，レーザー光を使って物質を特定する検出器である．物質に光を当てると，光と物質の相互作用によって入射光と波長の異なる散乱光が放射される．この光をラマン散乱光とよび，その波長のずれを観測することで物質の分子構造を知ることができる．単色光のレーザー光を氷にあてたときに，雪氷藻類が存在すれば藻類に含まれる物質に由来するラマン散乱光が観測されるはずである．この火星での探査を視野に，実際にアルプスの積雪で，ラマン分光器を使って雪氷藻類の検出ができるかどうかの試験が行われている（Jehlička et al., 2016）．

木星の氷の衛星エウロパ

　木星の4つの衛星は，簡単な望遠鏡でもはっきり見ることができる．この4つの衛星は，イタリアの天文学者ガリレオ・ガリレイに発見されたことから，ガリレオ衛星とよばれ，それぞれイオ，エウロパ，ガニメデ，カリストと名づけられている．この中で，火山活動が活発なイオを除く3つの衛星には，表面に大量の水の氷が存在することがわかっている．中でもエウロパは，地表が完全に氷に覆われ，氷の下には液体の水をたたえた海が存在するのではないかと考えられている天体である．

　木星第2衛星のエウロパは，地球の月とほぼ同じ大きさをもつ．NASAが1970年代に打ち上げた惑星探査機「ボイジャー」，および1990年代に打ち上げた木星探査機「ガリレオ」は，エウロパ表面の詳細な写真を撮影した．その表面は，多数の亀裂が入ったパズルのピースのような模様で覆われていた．その模様は，海氷に覆われた地球の海洋の表面によく似ている．海氷はその下の海の波やうねりに伴って亀裂が発生する．したがって，エウロパの表面の氷に見られる亀裂は，その下にある液体の海の存在を示している．しかしな

がら，厚さ数 m の地球の海氷とは違って，エウロパの氷は厚さが 100 km に達する．その規模は，海氷というよりも，氷の地殻とよんだほうが適切である．氷の下の液体の海は，巨大な木星の重力による潮汐運動に由来する熱によって維持されていると考えられている．

　氷の下に液体の海があるとされるエウロパには，生命体の存在が大きく期待されている．エウロパの海は厚さ 100 km を超える氷の下にあるので，太陽光が届くことはなく，藻類のような光合成生物の生息は期待できない．エウロパの海に生息できる生命は，おそらく地球の熱水噴出孔に生息する化学合成生物（化学合成独立栄養細菌）のようなものであると考えられている．たとえばメタン生成菌のような微生物であれば，二酸化炭素と水素からエネルギーを得て繁殖することができる．エウロパの表面は，赤道付近でも $-160\,℃$ 程度の極低温世界であるため，微生物が生息することは不可能である．しかし，氷の層の中に微小な液体の空間が少しでもあれば，雪氷微生物のような生物の存在が期待できるかもしれない．

　エウロパには，近い将来に新しい探査機を打ち上げる計画が進められている．NASA は，2024 年に探査機「エウロパ・クリッパー」の打ち上げを予定している，2030 年にエウロパに到着する予定で，木星を周回しながら数十回に分けてエウロパに接近し，氷の成分や構造の探査を行なうだけでなく，将来の探査機の着陸地点も探すことになっている．ESA は 2023 年に JUICE という，エウロパとは別の氷衛星ガニメデを主目標にした探査機の打ち上げに成功した．エウロパに着陸して探査する具体的な計画はまだないが，クライオボットという熱水を噴射して氷を貫通し，氷の下の海にたどり着くための装置の開発も進められている．ただし，100 km もの厚さの氷を貫通させるのは，そう簡単ではないだろう．氷の内部に入るのは難しいかもしれないが，エウロパでは氷火山という氷の下層から宇宙空間に水蒸気が噴き出す現象が確認されており，衛星に接近した探査機でこのような物質をとらえて生命の痕跡を探すことが計画されている．　　　　　　　　　　　　［竹内　望］

6.4　全球凍結（スノーボールアース）と雪氷生物

氷河時代と無氷河時代

　第 4 章で説明した通り，雪氷生物の進化や分散には気候変動が強くかかわってきたことは間違いない．現在の雪氷生物の生態や分布を理解するためには，地球の気候がどのような過程を経てきたのかを知ることが欠かすことができない．過去 100 万年間，地球は 10 万年周期で氷期と間氷期を繰り返してきたことは述べたが，さらに長い時間スケールで見ると，地球ではもっと大きな気候変動が繰り返されてきたことがわかっている．それが，氷河時代と無氷河時代という数億年の周期で繰り返す気候変動である．

　氷河時代とは，大陸氷床が存在していた時代と定義される．現在の地球には，南極氷床およびグリーンランド氷床が存在するので，氷河時代であるといえる．ちなみに，前に述べた通り氷期間氷期サイクルという気候変動でいうと，現在は，温暖期に相当する間氷期である．氷期と氷河時代という言葉は紛らわしく，実際に誤解して用いられることも多い

が，両者は地球科学的には，時間スケールの異なるそれぞれ別の寒冷期を示している．

　現在の氷河時代は，第四紀氷河時代とよばれ，およそ 250 万年前に始まった．その直前の新生代新第三紀および古第三紀は，大きな氷河が存在しない温暖な無氷河時代であった．この時代には北極も森林に覆われていたことがわかっている．この時代が温暖であった理由は，大陸の配置から赤道を周回する海流が存在していたためである．約 250 万年前に，その海流がパナマ地峡などで分断されたことによって，寒冷な第四紀氷河時代が開始したと考えられている．温暖な時代は，新第三紀および古第三紀以前の中生代から続いていた．中生代は恐竜の時代として知られる通り，地球は最も温暖な時代であった．氷河はほとんど存在しなかったと考えられており，この時代には雪氷生物の生息場所はかなり限定的であったと考えられる．

　古生代は，氷河時代と無氷河時代が繰り返された時代であった．古生代の地層には氷河が発達した証拠が数多く残されており，想像することしかできないがこの時代の雪氷生物の活動は興味深い．3.5〜3.0 億年前のゴンドワナ大陸という巨大な大陸が存在した時代は，大陸の一部が南極に達していたことから，その周辺に巨大な氷床が発達したことがわかっている．その前の時代は，石炭紀とデボン紀にあたり，温暖な時代で陸上生物や魚類が進化，繁栄した時代である．さらにその前，古生代前半のオルドビス紀とシルル紀（4.9〜4.2 億年前）も寒冷な氷河時代であった．この時代も，大陸が南極にあったために氷河が発達したと考えられている．その前の時代は古生代の始まりのカンブリア紀にあたり，三葉虫をはじめとする多様な海洋生物の化石が出現する時代である．古生代の直前の先カンブリア時代にも，氷河時代があったことがわかっている．しかも，この先カンブリア氷河時代は，歴史上最も規模の大きい氷河時代であったと考えられている．地球全体が氷河に覆われたという，全球凍結である．

全球凍結とクリオコナイト

　いまから約 7 億年前，地球全体が氷に覆われるという大規模な気候の寒冷化が起きたという．いわゆる全球凍結またはスノーボールアースという事件である．現在の第四紀氷河時代や古生代の氷河時代には，大規模な大陸氷床が発達した．しかし，全球凍結はこれらの氷河時代とはスケールが異なる．極地から赤道まで，海洋も含めて地球が完全に凍り付いたのである．そのようなことが本当に起きたとすれば，なぜ起こったのか．全球凍結という説は，1990 年代にアメリカの研究者ジョセフ・カーシュヴィンクや，ポール・F・ホフマンらが提起したもので，その当時は賛否両論の多くの議論を巻き起こした．議論は現在でも続いているが，最近になって広く受け入れられるようになってきた．全球凍結という大胆な仮説が生まれたのは，7 億年前に形成されたという地層に世界に共通して大規模な氷河発達の痕跡が見られたからである．さらに，当時の赤道付近で形成された地層にも氷河の痕跡があったのだ．このことから，全球が氷に閉じ込められたのだろうという考えが生まれたのである．地層の中の氷河の痕跡とは，氷河堆積物とよばれる特別な構造である．地層は，多くの場合，海洋や湖，河川などの底に，水によって運ばれた岩石や土砂が

層状に降り積もることによって形成される．水中で土砂が運ばれる際には，その粒子の大きさや質量によって運ばれる距離が異なるため，そこで降り積もる層は比較的均一な堆積物からなる．しかし，氷河の氷によって運ばれて，氷から直接堆積した場合，土砂が大きさによって振り分けられることはなく，細かいものから大きな岩石まで，すべてが混在した層が形成される．このような構造を見分けることで，地層から氷河の発達を知ることができる．そのような地層の調査から，全球凍結は現在までに少なくとも2回起きたことがわかっている．1回は7億年前で，もう1回は22億年前である．

　全球凍結の際には，海洋も陸上もすべて完全に氷で覆われたと考えられている，もしそのような全球凍結が本当に起こった場合，地球上の生物はどのようにして生き残ったのかということが問題となる．海洋は厚さ数百mの海氷で覆われたと考えられるため，海氷の下に残った液体の海には，太陽の光は届かず光合成生物は生息できない．生物が生き残った場所の候補の1つは，火山の周辺である．火山周辺では地熱で雪氷が融けていたと考えられるため，そのような場所では生物は生き残ったかもしれない．最近注目されている，もう1つの生物が生き残れた環境というのが，氷の表面にできたクリオコナイトホールである．全球凍結を理論化したポール・F・ホフマンは，クリオコナイトホールが真核生物を含むさまざまな生物が全球凍結を生き延びるのに重要な役割を果たしたと主張した．さらにクリオコナイトホールは全球凍結の終結にもかかわっていたと考えている．

　7億年前の全球凍結は，熱帯の超大陸の分裂がきっかけだったと考えられている．全球凍結からその終結まで，氷がどのように形成され融けたのか，ホフマンはその具体的なプロセスについて次のように推定している（Hoffman et al., 2017）．地球の寒冷化によって，まず海洋はすべて300〜800 mの深さまで凍結し，その厚い海氷の上に，厚さ数百mにもなる氷河氷が堆積した．その厚い氷河氷は重力によってゆっくりと赤道に向かって流れる「海洋氷河（sea glacier）」を形成した．全球凍結時には赤道付近は乾燥気候となっていると推定され，赤道に達した海洋氷河は昇華して水蒸気となった．海洋氷河によって運ばれてきたダストや火山灰は，昇華する赤道付近の氷河表面で濃縮され，クリオコナイトホールが形成される（図6.7）．クリオコナイトホールの中では，シアノバクテリアが光合成で繁殖し，他の真核生物も生息する．クリオコナイトホールは，沈殿物の増加とともに成長し，周辺のホール同士が互いに結合して，さらに大きなホールとなる．ホールは最終的には，巨大なクリオコナイトパン（鍋）になったと考えられている．クリオコナイトパンはさらに氷の底まで穴を貫通させてムーランとなり，融解水や堆積物を氷の下の海に流出させ，海底にはこのクリオコナイト由来の地層が形成された．クリオコナイトパンは，真核生物の淡水環境として貴重な生息場所となり，その合計面積は最大6000万 m²にもなった．この氷表面の淡水環境と海洋氷河の下の塩水環境が，その後の生物進化に影響したと考えられている．

　全球凍結が起きた時代は，新しい生物の化石が出現する時代と一致することから，全球凍結が大きな生物進化のきっかけになったのではないかとも考えられている．22億年前の

全球凍結後には真核生物が誕生し，7億年前の全球凍結後にはカンブリア爆発という生物種の多様化が起きた．オーストラリアで発見された最も古い大型化石群とされる先カンブリア時代のエディアカラ生物群は，ちょうど7億年前の全球凍結が終わった直後の時代に相当する．ホフマンは，エディアカラ生物の中の藻類は，全球凍結中にクリオコナイトホールで生き残った種

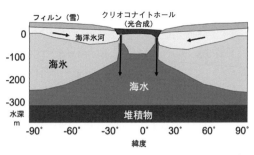

図 6.7　全球凍結時の氷河とクリオコナイトホールの分布

であると主張している．植物の分類群である緑藻（緑藻門）と陸上植物（ストレプト植物門）が分岐したのも，ちょうどこの時代と推定されており，全球凍結が関係しているのではないかという仮説が提示されている（Becker, 2013）．以上のように，全球凍結は単に気候の大規模な寒冷化現象というだけでなく，生物進化にもかかわったイベントとして認知されるようになった．現在の氷河に形成されるクリオコナイトホールやそこにすむ雪氷生物は，全球凍結時代の環境を推定するための重要なヒントを提供している．　　[竹内　望]

6.5　地球温暖化と雪氷生物

地球温暖化で縮小する雪氷圏

　地球温暖化は，人類の化石燃料の燃焼によって大気中の二酸化炭素濃度が上昇することで，大気の温室効果が高まり，気温が上昇する現象である．大気中の二酸化炭素濃度は，2019年の年平均値で410 ppm，産業革命以前の19世紀初頭では280 ppmであったことから，すでに130 ppm以上も上昇したことがわかる．130 ppmを炭素量に換算すると，約260 GtC（ギガトン＝10億トン炭素）となり，この量に相当する化石燃料の燃焼が，産業革命以降大気に排出，蓄積されてきたことになる．その結果，21世紀（2001〜20年）の世界平均気温は，19世紀（1850〜1900年）の気温よりも約1℃（0.84〜1.10℃）上昇した．わずか1℃の上昇にも思えるが，この1℃によって，地球環境に大きな影響がでている．その中でも雪氷圏は，地球温暖化の影響を最も強く受ける場所といっていいだろう．

　地球温暖化に関する科学的事実は，国際連合と世界気象機関が設立した国際組織である気候変動に関する政府間パネル（IPCC）がまとめて，定期的に報告書を出版している．地球温暖化は，各国の社会経済活動への影響が大きいことから，より客観的にその事実を評価する必要がある．そのため，各国の科学者からなる国際組織であるIPCCをつくって最新の研究成果を取りまとめ，その報告書はすべての国の承認を得るシステムになっている．したがって，IPCCの報告書が，地球温暖化に関して最も信頼できる情報源といってよい．現時点での最も新しい報告書は，2021年に出版された第6次報告書である．雪氷圏の状況に関しては，2019年に海洋・雪氷圏特別報告書が別途出版されている．IPCC報告書から，

雪氷圏の実態を積雪や氷河を中心にみてみよう（Pörtner et al., 2019）.

　冬に降る積雪量は，北半球で確実に減少している．北極域で夏の6月まで残っている積雪面積は，1967～2018年に10年あたり13.4±5.4 %減少し，合計約250万 km² の減少となった．それは日本の全面積の6倍以上に匹敵する．さらに，ほぼすべての高山地域，特に標高の低い地域において，積雪の深さ，面積および期間は最近数十年の間に減少している.

　世界のほとんどすべての氷河は，1950年代以降，同調的に後退している．このような地球全体の氷河後退は，少なくとも過去2000年の間に前例がなかったものである．世界の氷河の雪氷は，2006～2015年の間，平均220±30 Gt/年が失われて海に流出した．その量は，世界海面水位上昇に換算すると，0.61±0.08 mm/年に相当する.

　グリーンランド氷床では，2006～2015年の間に平均278±11 Gt/年の氷が失われており，そのほとんどは表面の融解による．この質量の減少速度は，世界平均海面水位上昇にすると，0.77±0.03 mm/年に相当する．南極氷床でも同様に，2006～2015年に平均155±19 Gt/年の速度で質量が減少している．これは主に西南極氷床の主要な溢流氷河の急速な薄化と後退によるものである.

　以上のように，雪氷生物の生息場所である積雪や氷河は，地域によってその影響は異なるものの現在，世界中でほぼ例外なく縮小傾向にある．雪氷圏の減少速度は，21世紀になって確実に速くなっており，将来はさらに加速することが予測されている.

地球温暖化の雪氷生物への影響

　雪氷圏に直接的な影響を及ぼす地球温暖化は，そこに生息する雪氷生物にも当然大きな影響を与える．ただし，地球温暖化による気温の上昇が，雪氷生物の活動に直接影響することは考えにくい．なぜなら，雪氷生物の多くは雪氷と接した水環境に生息しているので，気温が上昇としたとしてもその水環境の温度は 0 ℃を上回ることはないからである．雪氷上で活動するユキムシにとっても，雪氷に接する大気の温度が大きく上昇することは考えにくいので，直接的な気温の影響は限定的であろう．気温上昇が雪氷生物に与える影響は，むしろ雪氷現象の頻度や融解期間の変化という間接的なものが大きい．具体的にはどんな影響が現れるのだろうか.

　第一の影響は，降雪量や降雪頻度の減少による影響である．季節積雪に現れるユキムシや微生物にとって，積雪が減ることは生息場所の縮小を意味する．特に日本のような温帯地域で冬の気温が 0 ℃に近い場所では，気温が上昇すれば，雪で降っていた降水が雨に変わるため，影響は大きい．もともと積雪量の少ない地域では，積雪そのものがなくなることになる．積雪量が減少すれば，雪氷生物の繁殖可能期間が短くなる．積雪面積が縮小すれば，雪氷生物の分布域が縮小する．さらに生息場所の分断化が集団サイズの縮小をまねき，遺伝的多様性が小さくなることにつながる．積雪がない年が続くことや，氷河が消滅するようなことがあれば，雪氷生物の種が絶滅してしまうこともあり得るだろう.

　第二の影響は，気温上昇による融解期間の長期化による影響である．もともと積雪量が

多い場所や氷河では, 気温上昇によって春の融解が開始する日が早まる. 雪氷表面の微生物の活動はその分早く始まることになる. 氷河の場合, 春の積雪融解が早まれば, 雪線の上昇するタイミングが早くなる. その結果, 裸氷域が露出する期間が長くなる. さらに冬の凍結が開始する日も遅れることになれば, 雪氷生物の活動期間はそれだけ長くなる. 繁殖期間が長くなれば, その分, 藻類の生産量は増加すると予想される. 氷河上の緑藻やシアノバクテリアが, 融解期間が限られて少量しか繁殖しなかったところでも, 温暖化によって融解期間が長期化する. 氷河では, 涵養域のより標高の高い場所へ雪氷生物の分布域が広がることになる. 融解期間が長くなれば, 光合成生産量が増加し, その結果, 氷河表面の有機物やクリオコナイト量が増えることが考えられる.

　第三の影響は, 雪氷面の熱収支条件の変化による影響である. たとえば気温上昇によって顕熱が増加すれば, 氷河の裸氷域表面の風化氷は発達しにくくなり, クリオコナイトホールの崩壊の確率も高くなる. 風化氷が発達しにくくなれば, 表面に生息する微生物は流水で流されやすくなるだろう. クリオコナイトホールは, 雪氷面の熱収支条件によってその深さが決まる. 放射熱が優占すればホールは深くなり, 反対に顕熱や潜熱の割合が増えればホールは浅くなり, やがて崩壊する. もともと安定していたクリオコナイトホールが, 気候変動による氷河表面の熱収支の変化によって崩壊すれば, その底のクリオコナイトが氷河表面に分散し, 表面の微生物群集構造に影響する. またクリオコナイトの分散は, 表面を暗色化しさらに融解量を増やすことになる.

　温暖化の長期的な間接効果として, 氷河周辺の地表面が気温上昇の影響を受けて変化することにより, 積雪や氷河上へ供給される物質が変化する可能性がある. 温暖化による地表面の変化は地域によって異なるが, 数年スケールの変化としては, 地表面の乾燥化や反対に植生の増加を生じさせる可能性がある. 砂漠が広がれば, 砂漠由来の鉱物ダストの飛来が増加し, 森林が増加すれば森林由来の窒素化合物の飛来が増える. 樹林帯の植生が変われば, 林床の積雪に供給される栄養塩の量や供給のタイミングが変わるだろう. その結果, 雪氷表面の栄養塩条件が変化し, 雪氷藻類の光合成生産量が変化することも考えられる.

　さらに長期的な効果として氷河の氷体の温度が上昇し, その変化が微生物の生産量や群集構造に影響する可能性もある. 第5章のスバールバルの氷河で説明した通り, 氷河の氷の温度は氷河によって大きく異なり, このような氷河の氷の温度は, 表面の微生物群集に影響を与える (Edwards et al., 2011). 氷体内の温度には, 年間平均気温や積雪量, 氷の流動や融解水の流れなどの要因が複雑に影響するが, 基本的には, 温暖化によって気温が上昇すれば氷体の温度は上昇すると考えられる. 氷体の温度の上昇によって, 氷河表面を流れる融解水のふるまいや氷河の表面構造が変化すれば, 表面に生息する微生物は大きな影響を受ける. したがって, 温暖化によって長期的に氷体の温度が上昇すれば, 微生物群集も変化していく可能性がある.

　以上のように, 温暖化が雪氷生物に与える影響は, なかなか複雑である. 雪氷生態系の

変化は，単に生物群集を変化させるだけではなく，暗色化を経て融解過程にフィードバックされるため，その理解は雪氷圏変動を評価する上でも重要である．

雪氷藻類繁殖モデル

　氷河や積雪上の雪氷生物の繁殖を数理モデルとして表現できれば，地球温暖化による気温上昇に対する氷河生態系の影響を定量的に予測することができる．海洋や湖沼の研究で用いられている生物の数理モデルを，雪氷生態系にも適用することはできないだろうか．

　最近，雪氷藻類の繁殖を再現するための数理モデル「赤雪モデル」が開発された．海洋や湖沼で一般的に用いられている植物プランクトンのシンプルな繁殖モデルを，雪氷藻類へ応用したものである．単細胞の微生物は，基本的に細胞分裂で細胞数を増やしていく．細胞が一定の時間間隔で次々と分裂して増殖していくとすると，細胞数の増加は時間を変数とする指数関数で表現できる．しかし，細胞数は無限に増えることはなく，繁殖場所の空間的な制限や栄養塩の制限などにより，増殖できる限界量が存在する．その量を環境収容力という．細胞数が環境収容力に近づけば繁殖速度は抑えられ，やがて繁殖は止まり一定となる．このような細胞の繁殖曲線は，ロジスティックモデルという数式で時間の関数として表現できる．このモデルに必要な定数は，初期細胞濃度，増殖率，環境収容力の3つである．これらの定数は，実際の積雪や氷河上の観測で決めることができる．グリーンランドの積雪で，融雪期に積雪中の赤雪の細胞濃度を約2週間ごとに観測して，この定数をもとめ，さらに積雪の融解開始から藻類の繁殖が開始するまでの期間をもとめて，赤雪藻類の繁殖に関する数理式を決定することができた（Onuma et al., 2018）．この数式が決まれば，氷河上の気温データから赤雪の発生をシミュレーションできる．

　このような赤雪の繁殖を計算する数式を，全球の大気，陸上，海洋の状態を計算する全球気候モデルに組み込むことにより，全球の赤雪をシミュレーションすることが可能になる．全球気候モデルでは，地球の表面をマス目（グリッド）に区切り，各グリッドの気象条件には世界の気象観測データを基に計算された客観解析データが使用される．このデータを基に，物理法則に従ってエネルギーや物質の移動を計算すれば，各グリッドの物理条件を再現することができ，さらに将来予測を行うことができる．その一部である陸域モデルでは，世界各地の降雪，積雪，融解を詳細に再現することが可能であり，そこに赤雪モデルを合わせれば，世界のいつどこで赤雪が発生するかを計算することができる（図6.8）．実際に計算すると，世界の赤雪分布が求まり，その結果は，確かにアラスカ周辺など赤雪の発生が報告されているところと一致した．したがって，地球温暖化の将来予測の計算データとともに赤雪をシミュレーションすれば，赤雪の将来予測が可能になる．

　この赤雪モデルは全球の赤雪発生を初めて計算した例であるが，実際の赤雪藻類の繁殖と比べるとかなり簡略化されていることは確かである，この計算に用いた赤雪モデルでは，無性生殖による単純な細胞分裂のみを仮定しているが，実際の赤雪中に観察される藻類細胞のほとんどは細胞分裂をしないシスト（休眠胞子）である．つまり，シスト形成を含めた有性生殖は考慮されていない．また，モデルに使われている，初期細胞濃度，繁殖率，

環境収容力は，すべてグリーンランドの観測から得られたものを使用しているが，実際には場所や藻類種によってその値は異なるだろう．これらの定数をどのように決めるかが，今後の改良での課題である．しかし，この赤雪モデルをベースにユキムシや他の生物も含めたモデルを構築できれば，積雪・氷河生態系の役割と将来予測を具体的に示すことができるだろう．

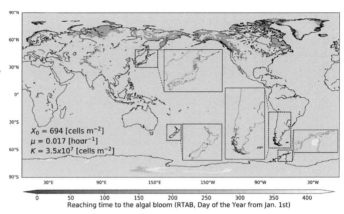

図6.8　赤雪モデルでシミュレーションした赤雪発生日の全球分布（1980-2014年の平均値）．地図中の色の濃さは赤雪の発生日を1月1日から数えた日数で示したもので，色が濃いほど早いことを意味し，北半球と南半球ともに春から夏にかけて赤雪が発生していることがわかる．北半球では北上（南半球では南下）するほど赤雪の発生日が遅くなる傾向がみられる［Onuma et al., 2022］

雪氷生態系と地球環境

　地球温暖化による生態系への影響については，たとえば森林や草原などの陸上生態系の変化や，海水温の上昇や海洋酸性化による海洋生態系の変化に関しては，現状から将来予測まで研究が進み，すでに広く認知されてきている．一方，氷河や積雪の生態系への影響に関しては，研究も限られており，まだほとんど認知されていない．しかしながら，実際の地球温暖化の影響は，積雪や氷河において最も大きいと考えられる．低温適応した特殊な生物の生態系であり，多くの未知の種が存在する可能性も大きい，氷河や積雪の生態系の理解を急がなくてはならない．

　積雪や氷河の生態系を構成する生物は，陸上生態系や海洋生態系に比べると，多様性に乏しく，バイオマスも取るに足らないほど小さいかもしれない．しかしながら，種数が少なく環境構造もシンプルな生態系であることは，他の生態系に比べて研究やモデル化がしやすいという利点でもある．また，この生態系の雪氷生物群集は，バイオマスが小さいにもかかわらず，そのアルベド効果によって積雪や氷河の融解を加速し得る力をもつ．つまり，雪氷の融解を介して全球の水循環に影響を与える力があることから，雪氷生態系は決して無視することのできない生態系といえる．雪氷上のわずかな炭素循環の変化が，全球の大きな水循環の変化を引き起こす可能性さえあるのだ．

　雪氷微生物は，なぜ積雪や氷河の暗色化を引き起こすのだろうか．積雪や氷河は，雪氷微生物の生息場所である．暗色化により融解を加速し，積雪や氷河がやがて消滅すること

になれば，自らの生息場所を失うことになる．なぜ雪氷生物は，自らの存在を脅かすようなことをするのだろうか．雪氷微生物による暗色化は，生物学的に考えると矛盾しているように見える．雪氷生物の繁殖が雪氷の融解を抑制するような，負のフィードバックをもつほうが，自然淘汰を考えたときには合理的である．なんのために雪氷生物は雪氷を融かすのだろうか．

　地球上の雪氷圏の面積は，惑星アルベドを決めるおもな要素の1つである．惑星アルベドは地球全体の平均アルベドで，温室効果ガスとともに惑星の放射平衡温度を決める主要な定数である．地球の放射収支を決める惑星アルベドに雪氷生物が関与する，という事実は，地球の気候を考える際に特別な意味をもつ．生物の存在が，地球の気候の恒常性を保つ働きをもつ，というガイア仮説を支持する可能性があるからである．

　ガイア仮説を提唱したのはイギリスの科学者ジェームズ・ラブロックである．ラブロックは，地球と火星の大気成分の違いから，地球の気候が比較的一定に保たれているのは，生物が大気成分や惑星アルベドを調整することで地球の放射平衡に関与しているためと考えた（Lovelock, 1989）．その仮説を説明するために，デイジーワールドという白と黒のデイジー（ヒナギク）が生息する仮想惑星モデルをつくった．このモデルでは，太陽放射が強くなると不思議なことに白いデイジーが増えてアルベドを高め，惑星の温度を下げようとし，反対に太陽放射が弱くなると黒いデイジーが増えてアルベドを下げ，惑星の温度を上げようとする．デイジーが惑星の温度をあたかも調整しているかのようにふるまうのである．モデルの中では，デイジーが22℃付近に最適温度をもつ繁殖曲線をもつ，と仮定しているだけである．惑星アルベドに影響力をもつ生物に単純な繁殖曲線を与えただけで，惑星の気候に恒常性がもたらされたのである．

　デイジーワールドはあまりにも単純な惑星モデルだ．しかし地球でも，白いデイジーのように高いアルベドをもつ雪氷の面積が惑星全体の気候に大きく影響していることは確かである。雪氷生物は，その雪氷面積を雪氷のアルベドを変えることでコントロールしていると見ることができるのだ．雪氷生物の存在は，雪氷圏は地球の気候に左右されるだけのものではなく，デイジーワールドのデイジーのように，惑星の気候を制御する特殊な存在であることを示しているのかもしれない．春先の残雪で出会える小さなユキムシの研究が，巨大な惑星システムを理解する新しい視点をもたらしてくれる．それが雪氷生物を研究することの面白さである．

[竹内　望]

あとがき

　千葉県出身の筆者（竹内）にとって，雪氷とは何か空想の世界のような感覚があった．千葉に雪が積もるのは，数年に一度程度しかない．雪が積もると途端に交通をはじめ社会システムが混乱に陥るが，子供たちにとってはめったにない異世界，私も子供の頃は手足の感覚がなくなるまで雪で遊んだものだった．大人になった今でも，雪が積もればじっとしていられず，クロスカントリースキーを持ちだして姿の変わった街を歩き回る．ただ，そんな雪の世界は，わずか数日で煙のように消えてなくなってしまう．まるで夢をみたかのような感覚である．大学に入ってワンダーフォーゲル部という登山サークルに入ると，雪山という別世界を知ることになる．真っ白に雪をかぶった美しい峰々をみて，こんな世界があるのかと感動し，すぐにその虜になった．

　週末の登山から戻って，疲れが取れない体で授業をうけるために大学の教室の席に着くと，見覚えのある風景の写真が前のスクリーンに投影された．それは，雪山のスライドであった．立山の雪渓に始まり，ヒマラヤ，パタゴニア，北極の氷河の写真と，そこで見つけた不思議なユキムシの話．その授業が筆者の一人でもある幸島先生の生物学の授業であった．寒くて冷たい雪氷の世界にそこでしか生きられない生物がいる．さんざん遊んだり歩いたりしてきた雪の風景に，そんな生物がすんでいることを知ったのはとても衝撃的であった．その後，迷いなくその研究室の門を叩くことにした．

　当時の幸島研究室は，大学の中の最も古く汚い校舎の片隅に，冷凍庫が1つと顕微鏡が2台，それと多少の登山用具があるだけの小さなものであった．高価な分析機械はなにもなかったが，立山の山小屋でアルバイトをしながら研究を進めたり，世界各地での数ヵ月にわたるフィールドワークを行ったりするなど，体を張った研究で，世界で唯一の雪氷生物学の研究室として着実に成果をだしてきた．

　そんな雪氷生物研究も，徐々に注目を集めはじめ，今では欧米やアジアなど世界各国に研究者が増えて，北極や南極で大規模な研究プロジェクトも行われるようになった．さらに21世紀以降，地球温暖化問題が顕在化するに従い，雪氷圏は気候変動のカナリアとして強い関心を集めるようになった．雪氷生物は，生物多様性という意味でも，もっとも絶滅が危惧される生物である．また，本書で解説した雪氷微生物による氷河の暗色化現象は，グリーンランド氷床の融解を加速する原因の一つとして，世界の科学者の代表がまとめる地球温暖化の報告書（IPCC-AR6）に掲載されるまでになった．さらに，本文でも説明した通り，雪氷微生物の研究は今では地球生命史や地球外生命探査にまで広がりをみせている．数年に一度しか現れない雪景色がこんなにも面白い世界につながっているとは，とても思いもしなかった．雪氷生物の研究は，少しずつ研究者は増えてきているものの，まだ

発展途上の学問分野である．小さなユキムシが歩く先には，まだまだ面白い世界が広がっているにちがいない．

　本書は，東京工業大学生命理工学部にあった幸島研究室のメンバーの筆者らをはじめ，瀬川高弘さん，吉村義隆さんの成果，さらに千葉大学理学部地球科学科の生物地球化学分野に所属した多くの学生のみなさんの研究成果を中心に書かれています．図の作成にはJAXAの大沼友貴彦さんにご協力いただきました．日本や世界各地の積雪・氷河の調査では，名古屋大学，北海道大学，国立極地研究所，気象研究所，総合地球環境学研究所（同位体環境学共同研究等）ほか，多数の国内外の共同研究者の方々にご協力をいただきました．立山の調査では，立山自然保護センター，雷鳥沢ヒュッテ，内蔵助小屋，劒沢小屋の関係者の皆さんにお世話になりました．研究に協力してくださった多くの方々に心より感謝いたします．また，本書に記した私たちの国内外の野外調査や分析は，日本学術振興会の科学研究費補助金（19H01143他）や北極域研究加速プロジェクト（ArCS II: Arctic Challenge for Sustainability II）などから研究費のサポートを受けて実施したものです．多くの研究の機会をいただけたことに感謝します．

　この本の執筆が決まったあと，筆者（竹内）に突然体に大きな病気が見つかり，どうなることかと思ったものの治療と手術が功を奏し，無事仕事にも復帰することができました．原稿の大部分は手術後の療養時に書き進めたものです．千葉大学医学部付属病院の佐藤弘明先生をはじめ病院の先生方とスタッフの皆さんには大変お世話になりました．心より感謝申し上げます．治療中も含め長く研究活動を理解し支えてくれた，妻，両親，3人の娘たち家族にも感謝したいと思います．

　最後に，丸善出版の折井大哲さん，大江明さん，齊藤悠人さんには，発案から校了まで丁寧に原稿の編集をしていただき，大変お世話になりました．心よりお礼を申し上げます．

2023年5月

筆者を代表して　竹内　望

【引用参照文献】

1. Aghajari, N., et al. (1998) Crystal Structures of the psycrophilicα-amylase from Alteromonas haloplanctis in its native form and complexed with an inhibitor. Protein Sci., 7, 564-572
2. Anesio, A. M., et al. (2009). High microbial activity on glaciers: importance to the global carbon cycle. Global Change Biology, 15(4), 955-960.
3. Anesio, A. M., et al. (2012). Glaciers and ice sheets as a biome. Trends Ecol. Evol., 27(4), 219-225.
4. Aoki, T., et al. (2011). Physically based snow albedo model for calculating broadband albedos and the solar heating profile in snowpack for general circulation models. J. Geophys. Res.: Atmospheres, 116 (D11).
5. Ball, M. M., et al. (2014). Bacteria recovered from a high-altitude, tropical glacier in Venezuelan Andes. World J. Microbiol. and Biotechnology, 30(3), 931-941.
6. Becker, B. (2013). Snow ball earth and the split of Streptophyta and Chlorophyta. Trends Plant Sci., 18(4), 180-183.
7. Berggren, S. (1871). Algae from the inland ice of Greenland. [Translation from: Kongl. Vetenskaps-Akademiens Forhandlingar 1871 (2) 293-296, 1871.]. Algae, 80, 100.
8. Bulat, S. A. (2016). Microbiology of the subglacial Lake Vostok: First results of borehole-frozen lake water analysis and prospects for searching for lake inhabitants. Philosophical Transactions of the Royal Society A: Mathematical, Phys. Eng. Sci., 374(2059).
9. Chan, M., et al. (1971) Fatty acid composition of thermophilic, mesophilic and psychrophilic clostridia. J. Bacteriol. Vol 106, 876-811.
10. Christner, B. C., et al. (2008). Ubiquity of biological ice nucleators in snowfall. Science, 319(5867), 1214-1214.
11. Christner, B. C., et al. (2014). A microbial ecosystem beneath the West Antarctic ice sheet. Nature, 512 (7514), 310-313.
12. Cook, J. M., et al. (2017). Quantifying bioalbedo: a new physically based model and discussion of empirical methods for characterising biological influence on ice and snow albedo. The Cryosphere, 11(6), 2611-2632.
13. Dial, C. R., et al. (2012). Historical biogeography of the North American glacier ice worm, Mesenchytraeus solifugus (Annelida: Oligochaeta: Enchytraeidae). Molecular Phylogenetics and Evolution, 63(3), 577-584.
14. Dunham, E. C., et al. (2021). Lithogenic hydrogen supports microbial primary production in subglacial and proglacial environments. Proc. Natio. Acad. Sci., 118(2), e2007051117.
15. Edwards, A., et al. (2011). Possible interactions between bacterial diversity, microbial activity and supraglacial hydrology of cryoconite holes in Svalbard. The ISME J. 5(1), 150-160.
16. Feller, G. (2013). Psychrophilic enzymes: from folding to function and biotechnology. Scientifica, 2013.
17. Flanner, M. G., et al. (2005). Snowpack radiative heating: Influence on Tibetan Plateau climate. Geophys. Res. Let., 32(6).
18. Franks, F. (1985) Biophysics and Biochemistry at Low Temperatures. Cambridge University Press.
19. Fritsch, F. E. (1912). Freshwater Algae collected in the South Orkneys by Mr. R. N. Rudmose Brown, B.Sc., of the Scottish National Antarctic Expedition, 1902-04., 40(276), 293-338.
20. Fujii, M., et al. (2010). Microbial community structure, pigment composition, and nitrogen source of red snow in antarctica. Microbial Ecol., 59(3), 466-475.
21. Fukuhara, H., et al. (2002). Spring red snow phenomenon 'Akashibo'in the Ozegahara mire, Central Japan, with special reference to the distribution of invertebrates in red snow. Internationale Vereinigung für theoretische und angewandte Limnologie: Verhandlungen, 28(4), 1645-1652.
22. Fukushima, H. (1961). Algal Vegetation in the Ongul Islands , Antarctica, (11), 869-871.
23. Fukushima, H. (1963). Studies on cryophytes in Japan. J. Yokohama Municipal Univ. Ser. C, 43, 1-146.
24. Gajda, R. T. (1958). Cryoconite phenomena on the Greenland Ice Cap in the Thule area. Canadian Geographer/Le Géographe canadien, 3(12), 35-44.
25. Ganey, G. Q., et al. (2017). The role of microbes in snowmelt and radiative forcing on an Alaskan icefield. Nat. Geosci. 10(10), 754-759.
26. Gerdel, R. W., et al. (1960). The cryoconite of the Thule area, Greenland. Trans. Am. Microscop. Soc. 79(3),

256-272.

27. Gerike, U., et al. (1998) Preliminaly crystallographic studies of citrate synthase from an Antarctic psychro-tolerant bacterium. Acta Crystallogra. D54, 1012-1013

28. Goodman, D., et al. (1971). Ultrastructure of the epidermis in the ice worm, Mesenchytraeus solifugus. J. Morphol. 135(1), 71-86.

29. Gray, A., et al. (2020). Remote sensing reveals Antarctic green snow algae as important terrestrial carbon sink. Nat. Com., 11(1).

30. Hisakawa, N., et al. (2015). Metagenomic and satellite analyses of red snow in the Russian Arctic. PeerJ, 3, e1491.

31. Hodson, A., et al. (2008). Glacial ecosystems. Ecol. Monographs, 78(1), 41-67.

32. Hodson, A., et al. (2010). The structure, biological activity and biogeochemistry of cryoconite aggregates upon an Arctic valley glacier: Longyearbreen, Svalbard. J. Glaciol., 56(196), 349-362.

33. Hoffman, P. F., et al. (2017). Snowball Earth climate dynamics and Cryogenian geology-geobiology. Sci. Adv., 3(11), e1600983.

34. Hoham, R. W. (1975). Optimum temperatures and temperature ranges for growth of snow algae. Arc. Alp. Res., 7(1), 13-24.

35. Hoham, R. W. et al. (2001). Microbial ecology of snow and freshwater ice with emphasis on snow algae. In: Snow ecology: An interdisciplinary examination of snow-covered ecosystems. 168-228.

36. Hoham, R. W., et al. (2020). Snow and glacial algae: a review1. J. Phycology, 56(2), 264-282.

37. Hori, S.et al. (1996) Discovery of the Family Boreidae (Mecoptera) from Japan, with Description of a New Species Jpn. Ent.,64(1):75-81.

38. Hoshiai, T. (1981). Proliferation of ice algae in the Syowa Station area, Antarctica. Memoirs Nati. Inst. Pol. Res.. Ser. E, 34, 1-12.

39. Hågvar , S. (2010). A review of Fennoscandian arthropods living on and in snow. Eur. J. Entomol., 107(3), 281-298.

40. Irvine-Fynn, T. D., et al. (2011). Polythermal glacier hydrology: A review. Rev. Geophys., 49(4).

41. Jehlička, J., et al. (2016). Colonization of snow by microorganisms as revealed using miniature Raman spec-trometers—possibilities for detecting carotenoids of psychrophiles on mars? Astrobiology, 16(12), 913-924.

42. Jones, H. G. (1991). Snow chemistry and biological activity: a particular perspective on nutrient cycling. In Seasonal snowpacks: Processes of compositional change, 173-228.

43. Khan, A. L., et al. (2021). Spectral characterization, radiative forcing and pigment content of coastal Antarctic snow algae: Approaches to spectrally discriminate red and green communities and their impact on snowmelt. The Cryosphere, 15(1), 133-148.

44. Kikuchi, Y. (1994). Glaciella, a new genus of freshwater Canthocamptidae (Copepoda, Harpacticoida) from a glacier in Nepal, Himalayas. Hydrobiologia, 292, 59-66.

45. Kim, S. Y., et al. (1999). Structural basis for cold adaptation: sequence, biochemical properties, and crystal structure of malate dehydrogenase from a psychrophile Aquaspirillium arcticum. J. Biological Chemistry, 274(17), 11761-11767.

46. Kobayashi, K., et al. (2023). High prevalence of parasitic chytrids infection of glacier algae in cryoconite holes in Alaska. Sci. Rep., 13(1), 3973.

47. Kohshima, S. & Hidaka, T. (1981). Lifecycle and behavior of the wingless winter stonefly (Eocapnia nivalis). Biol. Inland Water, 2, 39-43

48. Kohshima, S. (1984). A novel cold-tolerant insect found in a Himalayan glacier. Nature, 310(5974), 225-227.

49. Kohshima, S. (1985a). Migration of the Himalayan wingless glacier midge (Diamesa sp.): Slope direction assessment by sun-compassed straight walk. J. Ethol. 3, 93-104.

50. Kohshima, S. (1985b). Patagonian glaciers as insect habitats. Bul. Glacier Res., 4, 94-99.

51. Kohshima, S. (1987). Formation of dirt layer and surface dusts by micro-plants growth in Yala glacier, Nepal Himalaya. Bul. Glacier Res., 5. 63-68.

52. Kohshima, S., et al. (1993). Biotic acceleration of glacier melting in Yala Glacier, Langtang Region, Nepal, Snow and Glacier Hydrology. In Proc. the Kathmandu Symp.

53. Kohshima, S., et al. (2002). Glacier ecosystem and biological ice-core analysis. The Patagonian icefields: A

unique natural laboratory for environmental and climate change studies, In: The Patagonian Icefields. Series of the Centro de Estudios Científicos. 1-8.

54. Kohshima, S., et al. (2007). Estimation of net accumulation rate at a Patagonian glacier by ice core analyses using snow algae. Glob. Planet. Change, 59(1-4), 236-244.

55. Kol, E. (1942). The snow and ice algae of Alaska. Smithsonian misc. collections. 101(16).

56. Kuja, J. O., et al. (2018). Phylogenetic diversity of prokaryotes on the snow-cover of Lewis glacier in Mount Kenya. African J. Microbiol. Res., 12(24), 574-579.

57. Lang, S. A., et al. (2020). Structural Evolution of the Glacier Ice Worm Fo ATP Synthase Complex. The Protein J. 39, 152-159.

58. Lee, J. E., et al. (2020). Excess methane in Greenland ice cores associated with high dust concentrations. Geochimica et Cosmochimica Acta, 270, 409-430.

59. Lovelock, J. E. (1989). Geophysiology, the science of Gaia. Rev. Geophys., 27(2), 215-222.

60. Lutz, S., et al. (2014). Variations of algal communities cause darkening of a Greenland glacier. FEMS Microbiol. Ecol., 89(2), 402-414.

61. Lutz, S., et al. (2016). The biogeography of red snow microbiomes and their role in melting arctic glaciers. Nat. Com., 7(1), 1-9.

62. Matsuzaki, R., et al. (2019). Taxonomic re-examination of "Chloromonas nivalis (Volvocales, Chlorophyceae) zygotes" from Japan and description of C. muramotoi sp. nov. PLoS One, 14(1), e0210986.

63. Matsuzaki, R., et al. (2021). The Enigmatic Snow Microorganism, Chionaster nivalis, Is Closely Related to Bartheletia paradoxa (Agaricomycotina, Basidiomycota). Microbes and Environments, 36(2), ME21011.

64. Melnikov, A. (1997). Arctic Sea Ice Ecosystem. CRC Press.

65. Mikucki, J. A., et al. (2007). Bacterial diversity associated with blood falls, a subglacial outflow from the Taylor Glacier, Antarctica. Appl. Env. Microbiol., 73(12), 4029-4039.

66. Miteva, V. I., et al. (2004). Phylogenetic and physiological diversity of microorganisms isolated from a deep Greenland glacier ice core. Appl. Env. Microbiol., 70(1), 202-213.

67. Morita, R. Y. (1975). Psychrophilic bacteria. Bacteriological reviews, 39(2), 144-167.

68. Morris, C. E., et al. (2008). The life history of the plant pathogen Pseudomonas syringae is linked to the water cycle. The ISME J. 2(3), 321-334.

69. Mueller, D. R., et al. (2004). Gradient analysis of cryoconite ecosystems from two polar glaciers. Polar Biol., 27(2), 66-74.

70. Murakami, T., et al. (2015). Census of bacterial microbiota associated with the glacier ice worm Mesenchytraeus solifugus. FEMS Microbiol. Ecol., 91(3).

71. Murakami, T., et al. (2018). Metagenomic analyses highlight the symbiotic association between the glacier stonefly Andiperla willinki and its bacterial gut community. Env. Microbiol., 20(11), 4170-4183.

72. Murakami, T., et al. (2022). Metagenomics reveals global-scale contrasts in nitrogen cycling and cyanobacterial light-harvesting mechanisms in glacier cryoconite. Microbiome, 10(1), 1-14.

73. Mölg, N., et al. (2017). Ten years of monthly mass balance of conejeras glacier, Colombia, and their evaluation using different interpolation methods. Geografiska Annaler, Series A: Physical Geography, 99(2), 155-176.

74. Nagatsuka, N., et al. (2010). Sr, Nd and Pb stable isotopes of surface dust on Ürümqi glacier No. 1 in western China. Ann. Glaciol., 51(56), 95-105.

75. Nakashima, T., et al. (2021). Spatial and Temporal Variations in Pigment and Species Compositions of Snow Algae on Mt. Tateyama in Toyama Prefecture, Japan. Front. Plant Sci., 12.

76. Nedbalová, L., et al. (2008). New records of snow algae from the andes of Ecuador. Arnaldoa, 15(1), 17-20.

77. Nordenskjöld, N. E. (1872) Account of an expedition to Greenland in the year 1870. Geological Magazine, 9, 289-306.

78. Oerlemans, J., et al. (2009). Retreating alpine glaciers: increased melt rates due to accumulation of dust (Vadret da Morteratsch, Switzerland). J. Glaciol., 55(192), 729-736.

79. Ono, M., et al. (2021). Snow algae blooms are beneficial for microinvertebrates assemblages (Tardigrada and Rotifera) on seasonal snow patches in Japan. Sci. Rep., 11(1), 1-11.

80. Ono, M., et al. (2022). Description of a new species of Tardigrada Hypsibius nivalis sp. nov. and new phylogenetic line in Hypsibiidae from snow ecosystem in Japan. Sci. Rep., 12(1), 14995.

81. Onuma, Y., et al. (2018). Observations and modelling of algal growth on a snowpack in north-western Greenland. The Cryosphere, 12(6), 2147-2158.
82. Onuma, Y., et al. (2020). Physically based model of the contribution of red snow algal cells to temporal changes in albedo in northwest Greenland. The Cryosphere, 14(6), 2087-2101.
83. Onuma, Y., et al. (2022). Global simulation of snow algal blooming by coupling a land surface and newly developed snow algae models. J. Geophys. Res.: Biogeosciences, 127(2), e2021JG006339.
84. Owens, P. N., et al. (2019). Extreme levels of fallout radionuclides and other contaminants in glacial sediment (cryoconite) and implications for downstream aquatic ecosystems. Sci. Rep., 9(1), 12531.
85. Perini, L., et al. (2022). Interactions of fungi and algae from the Greenland ice sheet. Microbial Ecol., 1-15.
86. Prinz, R., et al. (2018). Mapping the loss of Mt. Kenya's glaciers: An example of the challenges of satellite monitoring of very small glaciers. Geosciences, 8(5), 174.
87. Prochazkova, L., et al. (2019). Sanguina nivaloides and Sanguina aurantia gen. et spp. nov. (Chlorophyta): the taxonomy, phylogeny, biogeography and ecology of two newly recognised algae causing red and orange snow. FEMS Microbiol. Ecol., 95(6), fiz064.
88. Pörtner, H. O., et al. (2019). The ocean and cryosphere in a changing climate. IPCC special report on the ocean and cryosphere in a changing climate, 1155.
89. Rabatel, A., et al. (2018). Toward an imminent extinction of Colombian glaciers? Geografiska Annaler, Series A: Physical Geography, 100(1), 75-95.
90. Raymond W. et al. (2009) Cold hardiness in the adults of two winter stonefly species: Allocapnia granulata (Claassen, 1924) and A. pygmaea (Burmeister, 1839) (Plecoptera: Capniidae), Aquatic Insects, 31:2, 145-155.
91. Russell, N. J. (2000) Toward a molcular understanding of cold activity of enzymes from psychrophiles. Extremophiles. 4: 83-90
92. Segawa, T., et al. (2005). Seasonal change in bacterial flora and biomass in mountain snow from the Tateyama Mountains, Japan, analyzed by 16S rRNA gene sequencing and real-time PCR. Appl. Env. Microbiol., 71(1), 123-130.
93. Segawa, T., et al. (2010). Altitudinal changes in a bacterial community on Gulkana Glacier in Alaska. Microbes and environments, 25(3), 171-182.
94. Segawa, T., et al. (2017). Biogeography of cryoconite forming cyanobacteria on polar and Asian glaciers. J. Biogeography, 44(12), 2849-2861.
95. Segawa, T., et al. (2018a). Bipolar dispersal of red-snow algae. Nat. Com., 9(1), 1-8.
96. Segawa, T., et al. (2018b). Demographic analysis of cyanobacteria based on the mutation rates estimated from an ancient ice core. Heredity, 120(6), 562-573.
97. Segawa, T., et al. (2020). Redox stratification within cryoconite granules influences the nitrogen cycle on glaciers. FEMS Microbiol. Ecol., 96(11), fiaa199.
98. Shimada, R., et al. (2016). Inter-annual and geographical variations in the extent of bare ice and dark ice on the Greenland ice sheet derived from MODIS satellite images. Front. Earth Sci. 4, 43.
99. Shimizu, T. et al. (2007): Three species of the genus Apteroperla (Plecoptera: Capniidae) from the North Japan Alps (Hida Mountains). Bul. Toyama Science Museum, 30, 37-62.
100. Siegert, M. J., et al. (2001). Physical, chemical and biological processes in Lake Vostok and other Antarctic subglacial lakes. Nature, 414(6864), 603-609.
101. Stanish, L. F., et al. (2013). Environmental factors influencing diatom communities in Antarctic cryoconite holes. Env. Res. Let., 8(4), 045006.
102. Suzuki, T., et al. (2023). Influence of vegetation on occurrence and color of snow algal blooms in Mt. Gassan, Yamagata Prefecture, Japan. Arc. Ant Alp. Res., 55(1), 2173138.
103. Takeuchi, N., et al. (2000). Effect of debris cover on species composition of living organisms in supraglacial lakes on a Himalayan glacier. IAHS-AISH publ., 267-275.
104. Takeuchi, N. (2001). The altitudinal distribution of snow algae on an Alaska glacier (Gulkana Glacier in the Alaska Range). Hydrolog. Proc., 15(18), 3447-3459.
105. Takeuchi, N., et al. (2001a). Structure, formation, and darkening process of albedo-reducing material (cryoconite) on a Himalayan glacier: a granular algal mat growing on the glacier. Arc. Ant. Alp. Res.., 33 (2), 115-122.

106. Takeuchi, N., et al. (2001b). Characteristics of cryoconite (surface dust on glaciers) and surface albedo of a Patagonian glacier, Tyndall Glacier, Southern Patagonia Icefield. Bul. Glaciol. Res., 18, 65-70.
107. Takeuchi, N., et al. (2001c). Biological characteristics of dark colored material (cryoconite) on Canadian Arctic glaciers (Devon and Penny ice caps). Memoirs Nat. Inst. Pol. Res.
108. Takeuchi, N. (2002). Optical characteristics of cryoconite (surface dust) on glaciers: the relationship between light absorbency and the property of organic matter contained in the cryoconite. Ann. Glaciol., 34, 409-414.
109. Takeuchi, N., et al. (2004). A snow algal community on Tyndall Glacier in the Southern Patagonia Icefield, Chile. Arc. Ant. Alp. Res., 36(1), 92-99.
110. Takeuchi, N., et al. (2006a). Spatial distribution and abundance of red snow algae on the Harding Icefield, Alaska derived from a satellite image. Geophys. Res. Let., 33(21).
111. Takeuchi, N., et al. (2006b). A snow algal community on Akkem glacier in the Russian Altai mountains. Ann. Glaciol., 43, 378-384.
112. Takeuchi, N., et al. (2008). Characteristics of surface dust on Ürümqi glacier No. 1 in the Tien Shan mountains, China. Arc. Ant. Alp. Res., 40(4), 744-750.
113. Takeuchi, N., et al. (2010). Structure and formation process of cryoconite granules on Ürümqi glacier No. 1, Tien Shan, China. Ann. Glaciol., 51(56), 9-14.
114. Takeuchi, N. (2013). Seasonal and altitudinal variations in snow algal communities on an Alaskan glacier (Gulkana glacier in the Alaska range). Env. Res. Let., 8(3), 035002.
115. Takeuchi, N., et al. (2014). Spatial variations in impurities (cryoconite) on glaciers in northwest Greenland. Bul. Glaciol. Res., 32, 85-94.
116. Takeuchi, N., et al. (2015). The effect of impurities on the surface melt of a glacier in the Suntar-Khayata mountain range, Russian Siberia. Front. Earth Sci., 3, 82.
117. Tanabe, Y., et al. (2011). Utilizing the effective xanthophyll cycle for blooming of Ochromonas smithii and O. itoi (Chrysophyceae) on the snow surface. PloS one, 6(2), e14690.
118. Tanaka, S., et al. (2016). Snow algal communities on glaciers in the Suntar-Khayata Mountain Range in eastern Siberia, Russia. Polar Sci. 10(3), 227-238.
119. Telling, J., et al. (2012). Microbial nitrogen cycling on the Greenland Ice Sheet. Biogeosci., 9(7), 2431-2442.
120. Thomas, W. H., et al. (1995). Sierra Nevada, California, USA, snow algae: snow albedo changes, algal-bacterial interrelationships, and ultraviolet radiation effects. Arc. Alp. Res., 27(4), 389-399.
121. Uetake, J., et al. (2006). Biological ice-core analysis of Sofiyskiy glacier in the Russian Altai. Ann. Glaciol., 43, 70-78.
122. Uetake, J., et al. (2011). Evidence for propagation of cold-adapted yeast in an ice core from a Siberian Altai glacier. J. Geophys. Res.: Biogeosci., 116 (G1).
123. Uetake, J., et al. (2012). Isolation of oligotrophic yeasts from supraglacial environments of different altitude on the Gulkana Glacier (Alaska). FEMS Microbiol. Ecol., 82(2), 279-286.
124. Uetake, J., et al. (2014). Novel biogenic aggregation of moss gemmae on a disappearing african glacier. PLoS ONE, 9(11).
125. Uetake, J., et al. (2016). Microbial community variation in cryoconite granules on Qaanaaq Glacier, NW Greenland. FEMS Microbiol. Ecol., 92(9), fiw127.
126. Uetake, J., et al. (2022). Spatial Distribution of Unique Biological Communities and Their Control Over Surface Reflectivity of the Stanley Glacier, Uganda. Front. Earth Sci., 10.
127. Vishnivetskaya, T., et al. (2000). Low-temperature recovery strategies for the isolation of bacteria from ancient permafrost sediments. Extremophiles, 4, 165-173.
128. Willerslev, E., et al. (2007). Ancient biomolecules from deep ice cores reveal a forested southern Greenland. Science, 317(5834), 111-114.
129. Williamson, C. J., et al. (2019). Glacier algae: A dark past and a darker future. Front. Microbiol., 10, 524.
130. Williamson, C. J., et al. (2020). Algal photophysiology drives darkening and melt of the Greenland Ice Sheet. Proc. Natio. Acad. Sci., 117(11), 5694-5705.
131. Yoshimura, Y., et al. (1997). A community of snow algae on a Himalayan glacier: change of algal biomass and community structure with altitude. Arc. Alp. Res.., 29(1), 126-137.
132. Yoshimura, Y., et al. (2000). Himalayan ice-core dating with snow algae. J. Glaciol., 46(153), 335-340.

133. Yoshimura, Y., et al. (2006). Snow algae in a Himalayan ice core: new environmental markers for ice-core analyses and their correlation with summer mass balance. Ann. Glaciol., 43, 148-153.
134. Zawierucha, K., et al. (2015). What animals can live in cryoconite holes? A faunal review. J. Zoology, 295(3), 159-169.
135. Zawierucha, K., et al. (2018). High mitochondrial diversity in a new water bear species (Tardigrada: Eutardigrada) from mountain glaciers in central Asia, with the erection of a new genus Cryoconicus. Annales Zoologici, Vol. 68, No. 1, pp. 179-201.
136. 岩田修二 (2010) 赤道高山の縮小する氷河. 立教大学観光学部紀要, 12, 73-92.
137. 幸島司郎 (2007) ヒマラヤの氷河生態系. ヒマラヤ学誌, 8, 113-120.
138. 中尾正義 (2007) ヒマラヤと地球温暖化：消えゆく氷河. 昭和堂.
139. 日本雪氷学会 (2010) 積雪観測ガイドブック. 朝倉書店.
140. 根来尚 (2009) 富山県山地・高山地でのセッケイカワゲラ類の季節的消長. 富山市科学博物館研究報告第 32 号, 61-69.
141. 萩原薫 (1977) 芦生演習林におけるセッケイカワゲラ Eocapnia nivalis (UENO)：特に積雪期を中心に. 昆蟲, 45: 421-430.
142. 水野一晴 (2003) ケニア山における氷河の後退と植生の遷移. 地学雑誌, 112(4), 608-619.
143. 安成哲三 & 藤井理行 (1984) ヒマラヤの気候と氷河：大気圏と雪氷圏の相互作用. 地学雑誌, 93(3), 186-187.

索　引

180

竹内　望（たけうち・のぞむ）
　　千葉大学大学院理学研究院地球科学研究部門教授
植竹　淳（うえたけ・じゅん）
　　北海道大学北方生物圏フィールド科学センター准教授
幸島司郎（こうしま・しろう）
　　京都大学野生動物研究センター特任教授，京都大学名誉教授

雪と氷にすむ生きものたち
雪氷生態学への招待

　　　　　　　　　　　　　令和 5 年 7 月 30 日　発　行

著作者　　竹　内　　　望
　　　　　植　竹　　　淳
　　　　　幸　島　司　郎

発行者　　池　田　和　博

発行所　　丸善出版株式会社
　　　　　〒101-0051　東京都千代田区神田神保町二丁目17番
　　　　　編集：電話（03）3512-3264／FAX（03）3512-3272
　　　　　営業：電話（03）3512-3256／FAX（03）3512-3270
　　　　　https://www.maruzen-publishing.co.jp

組版・美研プリンティング株式会社／印刷・日経印刷株式会社
製本・株式会社　松岳社

ISBN 978-4-621-30822-6　C 3045　　　　　　　Printed in Japan